Biochemie

Eine Einführung

von

Michael Yudkin und Robin Offord

Übersetzt und bearbeitet

von

Wolf-Dieter Thomitzek

W DE G

1977

Walter de Gruyter · Berlin · New York

SAMMLUNG GÖSCHEN 2607

Titel der Originalausgabe:
A Guidebook to Biochemistry
A New Edition of A Guidebook to Biochemistry
by *K. Harrison*

Copyright:

Authors:
Michael Yudkin
Lecturer in Biochemistry, University of Oxford
Tutor in Biochemistry, University College, Oxford
Robin Offord
Lecturer in Molecular Biophysics, University of Oxford
Tutor in Biochemistry, Christ Church, Oxford

Übersetzer:
Dr. *Wolf-Dieter Thomitzek*
Wiss. Rat und Professor am Physiologisch-Chemischen Institut
der Universität Düsseldorf

CIP-Kurztitelaufnahme der Deutschen Bibliothek

Yudkin , Michael
Biochemie: e. Einf. / von Michael Yudkin u. Robin Offord.
Übers. u. bearb. von Wolf-Dieter Thomitzek. – 1. Aufl. –
Berlin, New York: de Gruyter, 1976. –
(Sammlung Göschen; 2607)
Einheitssacht.: A guidebook to biochemistry <dt.>.
ISBN 3-11-004464-1
NE: Offord, Robin; Thomitzek, Wolf-Dieter [Bearb.]

Vorwort des Übersetzers

Das hier als deutsche Ausgabe vorliegende Buch „A guidebook to biochemistry“ von Yudkin und Offord ist die zweite Auflage des unter dem gleichen Titel erschienenen Werkes von K. Harrison.

Bei der Übersetzung wurde die Darstellungsweise der beiden Autoren gewahrt. Es schien aber notwendig, ungewöhnliche Schreibweisen zu ändern, kleine Fehler bzw. Unkorrektheiten aufgrund neuerer Forschungsergebnisse zu korrigieren und den Text durch vereinzelte Fußnoten zu ergänzen. Lediglich bei der Beschreibung der Entstehung der Ketokörper schien es angebracht, den Text zu ändern, um nicht durch die zu starke Vereinfachung einen falschen Eindruck über diesen Stoffwechselweg entstehen zu lassen.

Die Empfehlung der IUB, statt Fructose-1,6-diphosphat künftig Fructose-1,6-bisphosphat zu schreiben, hat sich bisher nicht durchgesetzt. Wir haben daher die alten Namen noch beibehalten.

Dem Walter de Gruyter-Verlag gebührt Dank für das Entgegenkommen und das verständnisvolle Eingehen auf Wünsche bei der Gestaltung des Buches.

Düsseldorf, Mai 1974

W.-D. Thomitzek

Inhalt

Vorwort des Übersetzers 3
Vereinbarungen und Abkürzungen 7
1. Einführung 13

Abschnitt I. Struktur und Funktion von Makromolekülen

2. Einführende Bemerkungen über Makromoleküle 15
3. Die Struktur von Proteinen 26
4. Die Funktion von Proteinen I 42
5. Die Funktion von Proteinen II – Die Enzyme 57
6. Nucleinsäuren, Polysaccharide und Lipide 67

Abschnitt II. Der intermediäre Stoffwechsel

7. Freie Energie und biochemische Reaktionen 77
8. Die biologische Oxydation 93
9. Einführung in den Intermediärstoffwechsel 103
10. Die Synthese von ATP – Die Glykolyse 110
11. Die Bildung von ATP – Der Citronensäurezyklus 120
12. Die Bildung von ATP beim Abbau von Lipiden 127
13. Die Synthese von ATP und $NADPH_2$ – Der Pentosephosphat-Zyklus 133
14. Die Bildung von ATP und $NADPH_2$ – Die Lichtreaktion der Photosynthese 140
15. Die Synthese von Polysacchariden unter Verbrauch von ATP und $NADPH_2$ 145
16. Der Verbrauch von ATP und $NADPH_2$ bei der Synthese von Lipiden 160
17. Der Aminosäurestoffwechsel 166

Abschnitt III. Molekularbiologie, Genetik und Proteinsynthese

18. Molekularbiologische Grundlagen der Genetik 178
19. Die Synthese von DNA und RNA 184
20. Die Synthese von Proteinen 197
21. Regulationsmechanismen im Stoffwechsel 208
Register 223

Vereinbarungen und Abkürzungen

Die biochemischen Reaktionen laufen bei einem pH-Wert von etwa 7 ab. Damit taucht das Problem auf, wie man die Strukturformel von Verbindungen schreiben soll, die an Säure-Basen-Gleichgewichten teilnehmen. Solche Stoffe können bei einem pH von 7 entweder völlig, teilweise oder gar nicht dissoziiert sein. Das hängt von dem pK-Wert, also der Dissoziationskonstanten, ab.

Um keine Verwirrung zu stiften, haben wir meist die Struktur der Moleküle in der nicht ionisierten Form geschrieben, unabhängig von dem pK und dem wirklichen Ionisationsgrad bei pH 7. So formulieren wir z. B. in der Gleichung 11, S. 117 die Synthese von Milchsäure, während tatsächlich überwiegend Lactationen

$$CH_3 \cdot CHOH \cdot COO^-$$

und hydratisierte Protonen, H_3O^+, gebildet werden.

Wir weichen von dieser Regel nur in den wenigen Fällen ab, in denen ihr Befolgen das Verständnis eher erschweren als fördern würde (z. B. S. 87).

Im Falle der Wasserstoffüberträger NAD und NADP sehen wir von der Ionisation völlig ab (s. S. 40 und 92) und schreiben NAD bzw. NADP für die oxydierte Form und $NADH_2$ bzw. $NADPH_2$ für die reduzierte Form.

Diese Abkürzungen sind nach der internationalen Konvention noch zulässig, wenn auch den Symbolen NAD^+, $NADP^+$ und NADH und NADPH jetzt der Vorrang gegeben wird. Wir sind diesem Vorschlag jedoch nicht gefolgt, weil wir glauben, daß so die Abläufe im Kapitel 8 schwerer zu verstehen sind.

Wir haben uns dem weit verbreiteten Brauch angeschlossen, die Ionisation der Phosphatgruppe nicht zu berücksichtigen und Ⓟ für organisch-gebundenes Phosphat sowie P_a für anorganisches

Phosphat zu schreiben. Ähnlich bedeuten P – P organisches und $(P - P)_a$ anorganisches Pyrophosphat.
So wird die Reaktion

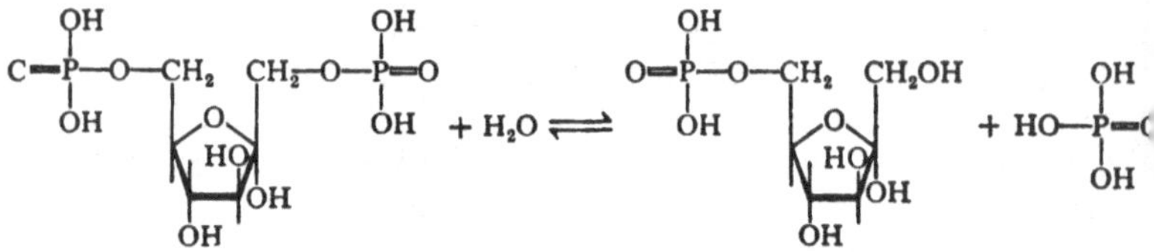

(in der bereits die mögliche Dissoziation der Phosphatgruppen vernachlässigt wurde) auf S. 156 folgendermaßen geschrieben

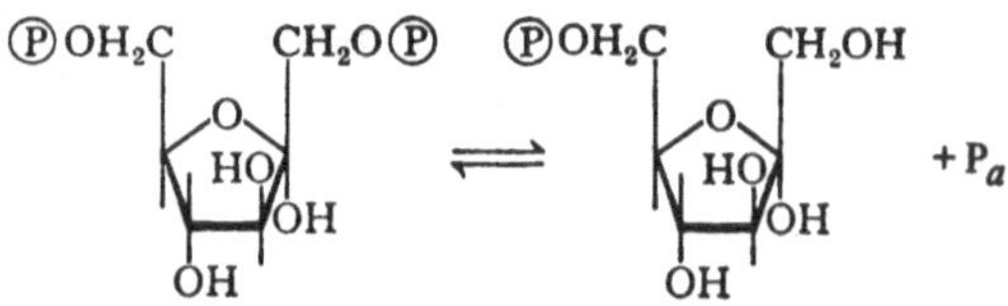

Außer der größeren Schnelligkeit, mit der die Reaktionen formuliert werden können, liegt der Vorteil dieser Übereinkunft darin, daß wir nicht mehr H_3PO_4 als Substrat oder Produkt schreiben und damit den Eindruck erwecken, daß bei vielen biochemischen Reaktionen eine starke Säure gebildet oder verbraucht wird.

Eine Folge der Vernachlässigung der Dissoziationsgleichgewichte ist, daß die Bilanz bezüglich H^+ und OH^--Gruppen nicht immer stimmt. So würde die Gleichung auf S. 127 ohne Vernachlässigung der Dissoziation heißen:

$$\underset{\text{Pyruvat-Ion}}{CH_3 \cdot CO \cdot COO^-} + CO_2 + ATP \rightarrow \underset{\text{Oxalacetat-Ion}}{\begin{array}{l} CO \cdot COO^- \\ | \\ CH_2 \cdot COO^- \end{array}} + ADP + P_a$$

während wir schreiben:

$$\begin{array}{l} CH_3\cdot CO\cdot COOH + CO_2 + ATP \rightarrow \begin{array}{l} CO\cdot COOH + ADP + P_a \\ | \\ CH_2\cdot COOH \end{array} \end{array}$$

Wie man sieht, fehlt in der ersten Formulierung ein Proton auf der rechten Seite. Wir führen es nicht an, wenn wir der Tatsache Ausdruck geben wollen, daß es am Mechanismus der Hauptreaktion nicht teilnimmt.

Reversible Reaktionen werden wie üblich mit $\rightleftharpoons$ gekennzeichnet. In den Fällen jedoch, in denen bekannt ist, daß das Gleichgewicht sehr stark in die eine Richtung verschoben ist, wird dies mit $\underset{\dashleftarrow}{\longrightarrow}$ oder $\underset{\dashleftarrow}{\dashrightarrow}$ angedeutet (S. 85).

Wenn ein Reaktionsschema gekoppelte Reaktionen enthält, ist es oft praktisch, die Schreibweise von Baldwin zu wählen:

Diese Formulierung soll jedoch nicht heißen, daß die Reaktion irreversibel ist. Es wäre zwar möglich, jedoch unübersichtlich, die Pfeile für die Rückwärtsreaktion mitzuschreiben.

Danksagungen

Die Abbildungen 3.6 und 5.5.1 wurden speziell für dieses Buch durch einen ARGUS-Computer geschrieben, der von Dr. A. C. T. North programmiert und bedient wurde. Dafür sind ihm die Autoren zu Dank verpflichtet. Die Abb. 4.4 und 6.1 stammen aus *The structure and action of proteins* von R. E. Dickerson und I. Greis, Verlag Harper und Row. Die Winkel der Perspektive, die in den Abbildungen 3.4 und 4.1.2 benutzt wurden, sind den Figuren entnommen, die diese Autoren für ihr Buch entworfen haben, ebenso wie die Darstellung der Seitenketten der Aminosäuren in der Tabelle 3.1. Jedoch stammt die Anordnung der Tabelle von uns. Das Titelbild ist nach J. Brachet, Sci. Amer. *205*,3 (1961), die Abb. 3.3 aus *The nature of the chemical bond* von L. Pauling, Cornell Press. Die Abb. 6.2 wurde nach *The biochemistry of the nucleic acids* von J. N. Davidson (Methuen) und nach M. F. H. Wilkins und Mitarbeiter, Nature *175*,834 (1955) gezeichnet. Die Abb. 6.5 stellt eine Überarbeitung einer Zeichnung von D. L. D. Caspar durch J. N. Davidson (s. o.) dar. Die Abb. 6.8 stammt aus *Introduction to Lipids* von D. Chapman, McGraw-Hill-Verlag. Wir danken den Autoren und Verlegern für die Überlassung des Materials.

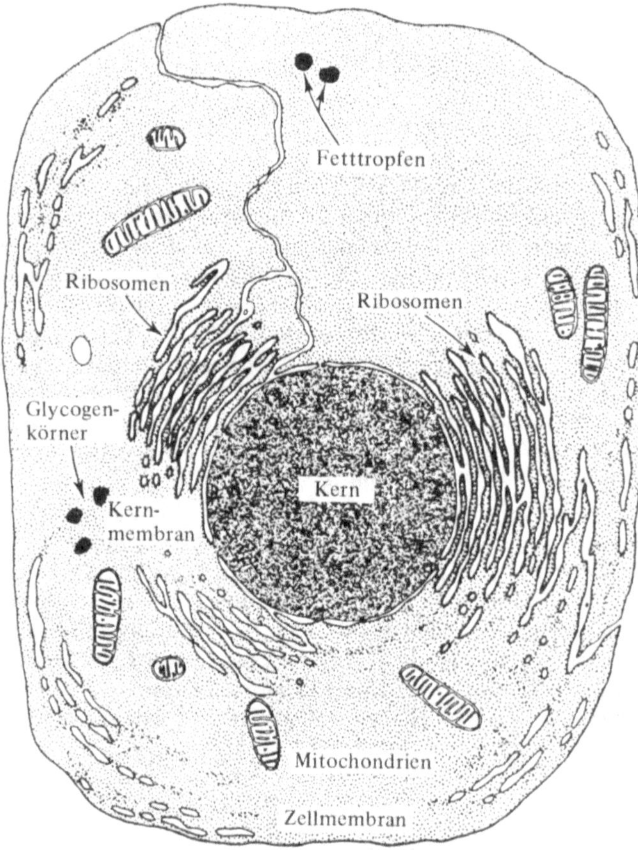

Eine typische tierische Zelle, in der die Mehrzahl der Vorgänge abläuft, die in dem vorliegenden Buch beschrieben sind. Die Funktion des Kerns ist in den Kapiteln 18, 19 und 21 besprochen, die der Mitochondrien im Kapitel 8. Die Struktur und Funktion der Ribosomen wird in den Kapiteln 6 und 20 abgehandelt. Von der Synthese des Glykogens ist in den Kapiteln 15 und von der der Fette in Kapitel 16 die Rede, während die Struktur und Funktion des Glykogens im Kapitel 6 besprochen werden. Der Aufbau der äußeren Zellmembran, der inneren Membranen (des endoplasmatischen Reticulums) und der Mitochondrienmembran ist grundsätzlich gleichförmig und wird im Kapitel 6 beschrieben.

1. Einführung

Eine grundlegende Schwierigkeit beim Abfassen eines Buches über die Biochemie ist die Entscheidung über die Reihenfolge der Kapitel. Bei einem Gebiet wie der Mathematik kann man komplizierte Zusammenhänge nur verstehen, wenn man die elementaren Tatsachen kennt. So ergibt sich in Büchern über Mathematik zwangsläufig ein bestimmter Aufbau des Stoffes. Im Gegensatz dazu ist der Stoff der Biochemie wie ein Kreislauf, den man überall beginnen kann und in dem bereits das Studium irgendeines Zusammenhanges viele Gesichtspunkte in anderen Kapiteln klarer werden läßt. Eine zwangsläufige Reihenfolge der Kapitel besteht so nicht. Trotzdem lassen sich durch geschickte Wahl der Darstellung und Anordnung des Stoffes viele Schwierigkeiten verringern.

Ein Buch, das als Einführung gedacht ist, soll den Leser mit den wichtigsten Grundzügen und den Eigenheiten des Gebietes bekanntmachen. In diesem Sinne soll das vorliegende Buch nicht umfassend sein. Viele wichtige Tatsachen, die in einem Lehrbuch (auch in einem elementaren) enthalten sind, fehlen in dem vorliegenden Buch. Beispielsweise sind wir nicht näher auf die spezielle Organisation der Zellorganellen, auf experimentelle Methoden, auf die Enzymkinetik und auch nicht auf einige wichtige Synthesewege, wie die Harnstoffbildung, eingegangen. Unsere Absicht war, gewisse entscheidende biochemische Tatsachen durch Beispiele zu erläutern und durchzusprechen. Wir haben *die* Punkte ausgewählt, die für die Darstellung am besten geeignet sind, auch wenn die Auswahl des Materials naturgemäß willkürlich sein muß.

Um das komplexe Gebiet klarer darstellen zu können, ist das Buch in drei Abschnitte unterteilt, denen einführend die Leitgedanken jedes Abschnittes vorangestellt sind. Der erste Abschnitt behandelt die makromolekularen Bausteine der lebenden Materie. Er wird eingeleitet durch ein Kapitel über die

Kräfte, die für die Aufrechterhaltung der Struktur von Makromolekülen sorgen. Der zweite Abschnitt bespricht den Intermediärstoffwechsel. Ihm ist ein Kapitel über Energie, ein Kapitel über oxydative Prozesse und ein kurzer Abriß über die Wege des Kohlenstoffs im intermediären Stoffwechsel vorangestellt. Der dritte Abschnitt handelt von der Synthese der informationtragenden Makromoleküle – DNA, RNA und der Eiweiße – und der Kontrolle der Stoffwechselprozesse. Er wird eingeleitet durch ein Kapitel über das genetische Material (DNA) und seine Rolle bei der Proteinsynthese.

So beginnt und endet das Buch mit Abhandlungen über Makromoleküle, die die bemerkenswertesten Bausteine der lebenden Organismen sind. Zum besseren Verständnis sollen ausgiebige Hinweise dienen, nicht nur auf schon Besprochenes, sondern häufig auch auf Fakten in folgenden Kapiteln. Durch diese Hinweise soll dem Leser das Eindringen in das Gebiet erleichtert werden, und wir geben der Hoffnung Ausdruck, daß der Leser nach Abschluß der Lektüre des Büchleins zum Anfang zurückblättern und es noch einmal lesen möchte.

ABSCHNITT I

Struktur und Funktion von Makromolekülen

2. Einführende Bemerkungen über Makromoleküle

Lebende Materie ist durch die Erhaltung spezifischer Eigenschaften bestimmter Gruppen von extrem großen Molekülen gekennzeichnet. Von diesen Gruppen sind 1. die Proteine, 2. die Nucleinsäuren und 3. die Polysaccharide besonders erwähnenswert. Alle haben im Aufbau Gemeinsamkeiten, obwohl diese auf den ersten Blick durch Unterschiede verschleiert werden, die die notwendige Folge der Vielzahl von Funktionen sind, die diese Moleküle erfüllen müssen.

Die gemeinsame Grundeigenschaft besteht darin, daß alle drei kettenförmige Polymere sind, die durch Kondensation, d. h. durch Vereinigung von kleineren Molekülen unter Wasseraustritt, gebildet werden. In allen Fällen gehören die kleineren Moleküle zu einer polymer-homologen Reihe.

Die Proteine sind aus Aminosäuren zusammengesetzt, deren allgemeine Formel

$$R \cdot CHNH_2 \cdot COOH$$

ist (s. Kap. 3). Sie werden durch Kondensation zwischen den Amino- und Carboxylgruppen polymerisiert. Die entstandene Bindung zwischen den Aminosäuren (die nun Aminosäurereste genannt werden) ist als Peptidbindung bekannt. An den Enden der Kette befindet sich eine Amino- bzw. eine Carboxylgruppe, die als *terminale Amino-* bzw. *Carboxylgruppe* bezeichnet wird.

Ähnlich sind die *Nucleinsäuren* aus *Nucleotiden* zusammengesetzt. Diese haben die allgemeine Formel:

Base-Pentose-Phosphat, wobei die Base ein Purin- oder ein Pyrimidinderivat ist (s. Kap. 6). Die Nucleotide werden durch

Kondensation der Phosphatgruppe und einer –OH-Gruppe einer Pentose des benachbarten Nucleotids verknüpft. Die Bindung zwischen den Nucleotidresten wird als *Phosphodiester-Bindung* bezeichnet. Ein Ende der Kette besteht aus einer Pentose, in der die 3' –OH-Gruppe nicht an der Bindung teilnimmt, und das andere Ende aus einer Pentose, in der die 5' –OH-Gruppe frei ist. Diese Enden werden als 3'- bzw. 5'-Enden bezeichnet (s. S. 193).

Polysaccharide bestehen aus Monosacchariden (Zuckern) (S. 73), die über die OH-Gruppen verbunden sind. Die zwischen den Zuckerresten entstandene Bindung wird Glykosid-Bindung genannt. Es ist kennzeichnend für die glykosidische Bindung, daß immer die OH-Gruppe vom C-Atom 1 eines Zuckers daran beteiligt ist. Die andere OH-Gruppe kann jede beliebige des zweiten Zuckers sein. Weil zwangsläufig in jeder Bindung eine OH-Gruppe am C-Atom 1 enthalten sein muß, kann ein Zucker (unabhängig vom Polymerisationsgrad) nur an einem Ende der Kette eine freie OH-Gruppe in 1-Stellung besitzen. Wegen der reduzierenden Eigenschaft der freien OH-Gruppe in 1-Stellung

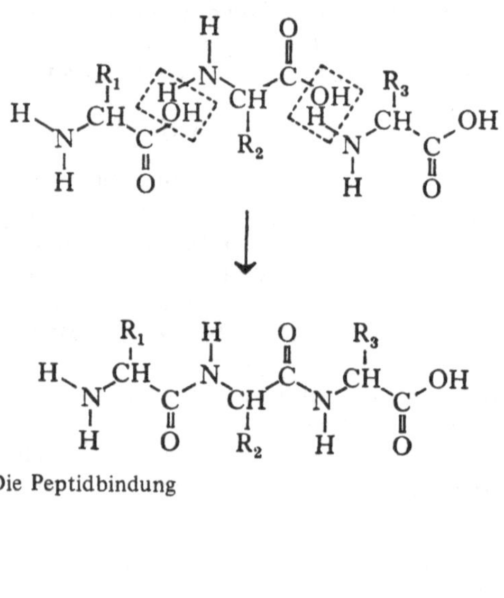

Abb. 2.1. Die Peptidbindung

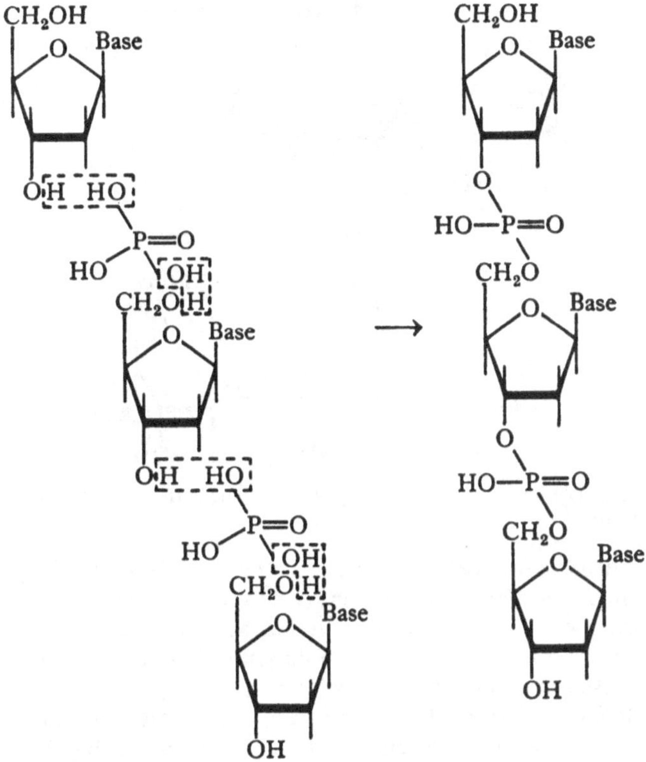

Abb. 2.2. Die Phosphodiester-Bindung. Das 5'-Ende der Kette ist am oberen Ende der Abbildung.

wird dieses Ende das *reduzierende* genannt. Das andere heißt entsprechend das *nicht-reduzierende* (Abb. 2.3).
Man sieht, daß in jedem der angeführten Beispiele ein unverzweigtes Polymer entstanden ist. Es bestehen jedoch in jedem Fall Möglichkeiten für Querverknüpfungen. In den Proteinen können die Aminosäuren in den Seitenketten Gruppen enthalten, die zu Querverbindungen führen können. Tatsächlich passiert das nur in wenigen der möglichen Fälle (s. S. 33) und

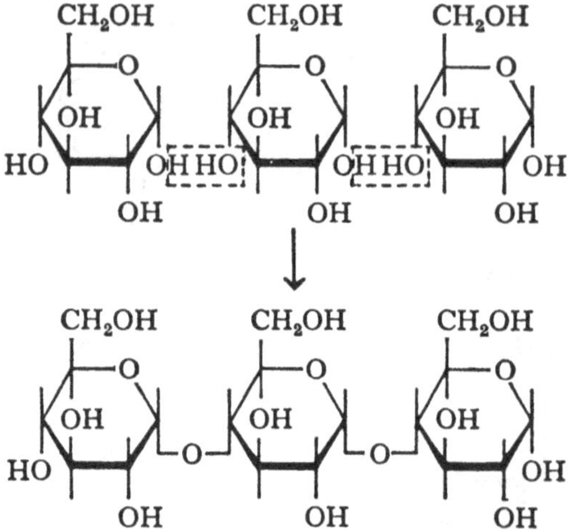

Abb. 2.3. Die glykosidische Bindung. Das reduzierende Ende befindet sich rechts.

in normalen Proteinen nie durch Bildung einer Peptidbindung. An solchen Stellen kann also eine Verzweigung oder eine Verknüpfung von Ketten eintreten. In den Nucleinsäuren besitzt die Pentose mehr als die zwei erwähnten OH-Gruppen, und theoretisch die Möglichkeit, daß Verzweigungen auftreten könnten. Jedoch scheinen solche überhaupt nicht vorzukommen. Polysaccharide sind dagegen häufig verzweigt, besonders die, bei denen die Hauptaufgabe darin besteht, als Nahrungsreserve zu dienen. Diese Funktion ist in keiner Weise von der Struktur abhängig, und so spielt es keine Rolle, daß die Struktur infolge der mehr oder weniger zufälligen Verknüpfungen der Ketten von Molekül zu Molekül variiert. Gelegentlich kommen andere Bindungen als die glycosidische bei Vernetzungen vor (S. 73). Wenn man sich die Natur der beteiligten polymer-homologen Reihen ansieht und die Art, in der eine Auswahl zum Aufbau des Moleküles getroffen wird, so beginnt man Unterschiede festzustellen. Die Proteine haben etwa zwanzig verschiedene Aminosäuren mit einer großen Zahl von verschiedenen Typen von Seitenketten zur Verfügung (Tab. 3.1). Der Unterschied zu den Nucleinsäuren ist augenscheinlich. Wenn bei diesem erst einmal die richtige der beiden Pentosen (Tab. 6.1) festgelegt ist, so wird das gesamte Molekül aus einer großen Zahl von nur vier verschiedenen Mononucleotiden zusammengefügt. Es gibt zwar gewisse spezielle Nucleinsäuren, die eine viel größere Zahl verschiedener Nucleotide aufweisen (S. 200), aber diese Nucleotide sind in den meisten Fällen von den häufiger vorkommenden durch einfache chemische Substitution abzuleiten.

Diese Differenz zwischen den Proteinen und den Nucleinsäuren spiegelt die verschiedenen Anforderungen wider, die an sie gestellt werden. Wie wir später sehen werden, haben die Proteine in einem weiten Bereich Funktionen zu erfüllen, von mechanischen bis zu katalytischen. Da die *Aminosäuren* in jedem Falle beteiligt sind, ist es erforderlich, daß ein genügend großer Spielraum besteht, damit strukturelle Abwandlungen in ausreichender Zahl möglich sind. Andererseits haben die *Nucleinsäuren* nur eine Hauptfunktion: die *Speicherung* und die *Weitergabe* von Informationen (s. S. 67, 178). Hier reicht die Permutation von 4 verschiedenen Untereinheiten völlig aus.

Bei den Polysacchariden ist die Lage wieder anders. Ihre Funktionen als Strukturbaustein und als Reservestoff erfordern keine so große Feinheit bei der Kombination der Untereinheiten. Bei der Bildung der gewöhnlichen Polysaccharide sind relativ wenig Zuckerarten beteiligt. Bezeichnend ist, daß in vielen Fällen ein Polysaccharid nur aus ein oder gelegentlich zwei Arten von Zuckern aufgebaut ist.

Wie wir gesehen haben, sind alle diese Makromoleküle so konstruiert, daß sie aus einem Satz kleinerer Moleküle zusammengesetzt werden. Wie streng ist nun die Kontrolle der Reihenfolge, in der die einzelnen Bausteine in ein Protein, eine Nucleinsäure oder ein Polysaccharid eingebaut werden?

Die Antwort ist überraschend, und man hielt sie früher für unglaublich: Es scheint, daß in den Proteinen und Nucleinsäuren eine nahezu absolute Kontrolle der Reihenfolge vorliegt. Von Ausnahmen abgesehen wird ein Protein, das viele hundert

Aminosäuren enthält, oder eine Nucleinsäure, die viele tausend Nucleotide enthält, vom synthetisierenden Apparat der Zelle immer wieder neu ohne jede Veränderung synthetisiert. Jeweils eine Art von Protein oder Nucleinsäure ist klar von jeder anderen durch ihre Aminosäure- oder Nucleotidsequenz unterschieden. Diese scharfe Kontrolle ist notwendig, weil die Funktionen dieser Makromoleküle in hohem Maße von der Struktur abhängen und schon kleine Änderungen der Eigenschaften fatale Folgen für das feinabgestimmte Gleichgewicht der physikalischen und chemischen Vorgänge in dem lebenden Organismus haben könnten.

Die Frage nach der Sequenz erhebt sich bei den Polysacchariden, die aus einem einzigen Zucker bestehen, nicht. Bei denen, die mehr als nur einen Zucker enthalten, findet man manchmal ein gewisses Maß einer Kontrolle der Reihenfolge, so daß, wenn z. B. zwei verschiedene vorkommen, diese in der Kette alternieren können. In anderen Molekülen, bei denen die gewünschte Funktion weniger von der Struktur abhängig ist, finden wir eine noch geringere Kontrolle.

In den folgenden Kapiteln wird einiges über die Struktur dieser Makromoleküle, über die Art und Weise, in der die Struktur die Funktion beeinflußt, und in der der Organismus sicherstellt, daß die richtige Struktur während der Synthese der Makromoleküle entsteht, abgehandelt. Diese Kapitel sollen verdeutlichen, daß die bemerkenswerten Eigenschaften, die die lebende Materie von der unbelebten unterscheiden, zum großen Teil das Ergebnis der Eigenschaften der Makromoleküle sind. Diese leiten sich wiederum von augenfälligen Eigenschaften der Struktur ab. Die Entwicklung des Lebens war von der Entdeckung von Wegen abhängig, die garantieren, daß Strukturen mit günstigen Eigenschaften reproduziert und von Generation zu Generation gegen deletäre Veränderungen geschützt werden konnten.

Die Analogien zwischen den drei Typen von Makromolekülen werden noch klarer, wenn man die Lipide (S. 75) als Gegenbeispiel nimmt. Diese Moleküle sind im einzelnen nicht so groß wie Makromoleküle, obwohl sie alles in allem größer sind als die Bausteine der drei Klassen, die wir besprochen haben. Allerdings bilden sie Aggregate, die vom Typ her makromolekular sind, die aber nicht durch Austritt von Wasser unter Bildung von kovalenten Bindungen, sondern durch nicht-kovalente Kräfte zustande kommen (s. unten). Das verleiht ihnen einen völlig anderen Charakter, und Fragen wie die der speziellen Sequenz tauchen nicht auf.

Nicht-kovalente Wechselwirkungen

Von den kovalenten Bindungen, die bei der Bildung von Makromolekülen auftreten, war bereits die Rede, und wir müssen uns jetzt mit den *sonstigen Verknüpfungsmöglichkeiten* befassen. Wie in den entsprechenden Kapiteln klar werden wird, sind diese ebenso wichtig für die Struktur und Funktion des Endproduktes wie die kovalenten Bindungen. Tatsächlich macht eine Betrachtung der Rolle dieser nicht-kovalenten Kräfte zum Teil verständlich, warum in erster Linie biologische Makromoleküle benötigt wurden.

Bei kovalenten Bindungen ist nur sehr wenig Variation bezüglich der Stärke, der Richtung und anderen Eigenschaften möglich. Andererseits hängen die Eigenschaften der nicht-kovalenten Bindungen weit mehr vom Milieu ab. Für die Vielzahl biochemischer Reaktionen und die Notwendigkeit ihrer Kontrolle und Koordination würden die Möglichkeiten der verfügbaren, kovalenten chemischen Wechselwirkungen bald nicht mehr ausreichen, so zahlreich sie auch sind. Da sich *kleine* Moleküle nach Belieben in freier, verdünnter Lösung bewegen, können die nicht-kovalenten Wechselwirkungen, die die erforderliche Vielseitigkeit aufweisen, nicht in verwertbarer Weise genutzt werden. Wenn jedoch die miteinander in Wechselwirkung stehenden Gebilde in *Makromolekülen* verankert sind, ändert sich die Situation entscheidend. Es können nun Kombinationen von nicht-kovalenten Kräften entstehen, die vorteilhaft und stark sind und die genau und fast unbeschränkt vielseitig variiert werden können.
Diese Vielfalt von verschiedenen Kräften und die große Konzentrierung von reagierenden Stoffen in bestimmten Bezirken, die durch sie ermöglicht werden (S. 61, 63), bestimmen die Unter-

schiede zwischen biologischer und nicht-biologischer Chemie und damit für die Differenzen zwischen der belebten und unbelebten Natur.

Potentiell ist die stärkste der nicht-kovalenten Wechselwirkungen die *Ionenbindung,* die sich zwischen ionisierten Gruppen mit entgegengesetzten Vorzeichen ausbildet. In Makromolekülen sind die meisten dieser Gruppen der Einwirkung von Wasser ausgesetzt (S. 24, Ausnahme s. S. 66), und die Ionenbindung wird, wie alle elektrostatischen Kräfte, infolge der hohen Dielektrizitätskonstante des Wassers abgeschirmt und damit stark abgeschwächt. Man hält sie daher heute in der Biochemie nicht mehr für so wichtig wie früher.

Die *Wasserstoffbrückenbindung* ist in der Reihenfolge der potentiellen Wirksamkeit die nächste. Eine vereinfachte, aber verständliche Erklärung für sie ist, daß einige Gruppen, die Wasserstoff enthalten, besonders –OH und $-NH_2$, eine ungleichmäßige Verteilung der Elektronen aufweisen, bei der das Wasserstoffatom weniger Anteil an negativer Ladung hat als das Atom, an das es gebunden ist. Andere Gruppen, die keinen Wasserstoff enthalten, wie z. B. $>C=O$, zeigen ebenfalls eine ungleiche Ladungsverteilung. Eine schwache elektrostatische Wechselwirkung kann sich folgendermaßen bilden:

$$\overset{\delta-}{-\mathrm{O}}\!-\!\overset{\delta+}{\mathrm{H}} \qquad \overset{\delta-}{\mathrm{O}}\!=\!\overset{\delta+}{\mathrm{C}}\!<$$

Dabei bedeutet das Zeichen δ einen Bruchteil der Elementarladung. Wenn dabei wenigstens eine der Gruppen ein Wasserstoffatom besitzt, spricht man von einer *Wasserstoffbrücke.* Obwohl Gruppen, die zur Ausbildung von Wasserstoffbrücken befähigt sind, häufig in Makromolekülen vorkommen (was zweifellos kein Zufall ist), hat man in der Vergangenheit die Rolle dieser Bindung, obwohl sie von großer Bedeutung ist, etwas überschätzt, da sie auch durch die Wassermoleküle abgeschirmt werden kann. Jedoch gibt es solche Gruppen in Bezirken von Makromolekülen, die nicht vom Wasser erreichbar sind, und hier liefern diese Gruppen, obwohl die Kräfte gering sind, aufgrund ihrer großen Zahl einen bedeutsamen Anteil an den Bindungskräften (s. S. 70).

Die Wasserstoffbrückenbindung ist ein Spezialfall der sogenannten *Dipolkräfte.* Außerdem gibt es viele andere Arten von ungleichmäßig verteilten Ladungen, sowohl permanenter als auch vorübergehender Natur, in Molekülen, die in der Biochemie vorkommen. Einzeln sind sie schwach und wirken nur über eine sehr kurze Distanz. Man könnte daher glauben, daß sie sehr unwichtig sind. Es wäre jedoch aus zwei Gründen falsch, sie zu unterschätzen. Erstens gibt es eine große Zahl von Dipolen in den Makromolekülen, und die resultierende Kraft, die man durch Summation aller Dipolwechselwirkungen erhält, kann ganz erheblich sein. Der zweite Grund ist, wie die mathematische Analyse ergibt, daß in vielen Fällen solch eine Resultante, obwohl sie sich von kurzreichenden Kräften ableitet, selbst über große Distanzen wirksam ist. Es ergibt sich die Tatsache, daß die Resultante einer großen Zahl von Dipolkräften langsamer abfällt als Kräfte, die dem quadratischen Abstandsgesetz gehorchen. So kann die Resultante, obwohl sie ursprünglich schwächer war, normale elektrostatische Kräfte erreichen.

Die letzte Art dieser Kräfte, die wir erwähnen wollen, ist die *Wechselwirkung* zwischen *hydrophoben Gruppen.* Ebenso wie zwei Öltropfen zusammenfließen, wenn sie einander in Wasser berühren, so bilden benachbarte hydrophobe Strukturen (nichtpolare Moleküle, Kohlenwasserstoffe oder Seitenketten bestimmter Aminosäuren) einen um so festeren Zusammenhalt, je näher sie einander kommen können (Abb. 2.4). Die Theorie, die dieser allgemein verständlichen Schlußfolgerung zugrunde liegt, hängt mit den wasserstoffbindenden Eigenschaften des Wassers zusammen und kann hier nicht diskutiert werden.

Die Kräfte zwischen hydrophoben Gruppen sind von primärer Bedeutung für die Struktur und die Funktion von Makromolekülen (s. Kap. 3, 4, 5 und 6). Sie spielen eine wichtige Rolle bei der Aufrechterhaltung der Struktur sowohl der Proteine (S. 38) als auch der Nucleinsäuren (S. 70). Beide Arten von Makromolekülen haben Anteile, die hydrophobe Bindungskräfte

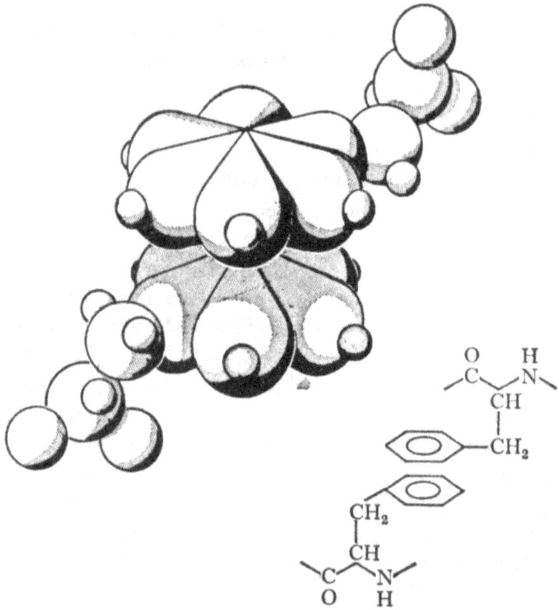

Abb. 2.4. Die dichte Annäherung zweier hydrophober Seitenketten

begünstigen, und Anteile, die hydrophil sind. Die hydrophoben Bezirke werden natürlich so weit wie möglich im Inneren des Moleküls, also weit vom Wasser entfernt, liegen. Die hydrophilen Gruppen werden sich im Gegensatz dazu auf der Oberfläche des Moleküls befinden, wo sie mit dem Wasser in Wechselwirkung treten können. Die Analogien zu einer Micelle aus Detergentien sind einleuchtend (Abb. 2.5). Detergentien haben auch eine hydrophobe und eine hydrophile Region. Die ersteren lagern sich untereinander zusammen und die letzteren treten mit Wasser in genau der gleichen Weise in Wechselwirkung wie die entsprechenden Anteile von Makromolekülen. Das erklärt die prinzipielle Ähnlichkeit der Abb. 2.5 mit dem schematischen Bild eines Proteins (Abb. 2.6) und einer Nucleinsäure (Abb. 6.3). Die hydrophoben Bezirke tragen einmal einfach zur Aufrechter-

Hydrophile Region

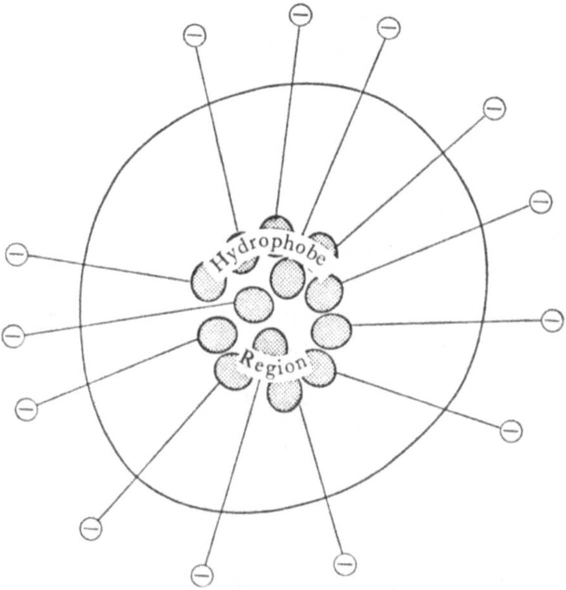

Hydrophile Region

Abb. 2.5. Eine Micelle aus Detergentienmolekülen

haltung der Struktur bei, und bilden außerdem ein chemisches Milieu, das ganz verschieden von dem in freier wäßriger Lösung ist. Die ungewöhnliche Reaktionsfähigkeit bestimmter Wirkgruppen, z. B. im katalytischen Zentrum von Enzymen (S. 66), ist in ihrer Lage in einer solchen Umgebung begründet.

So darf man das Wasser in der Biochemie nicht einfach nur als ein passives Lösungsmittel ansehen, obwohl das ein Teil seiner Funktion ist, noch nur als Quelle für die Protonen und Hydroxylionen, die für biochemische Reaktionen benötigt werden, obwohl das auch ein Teil seiner Funktion ist, sondern auch als aktive und

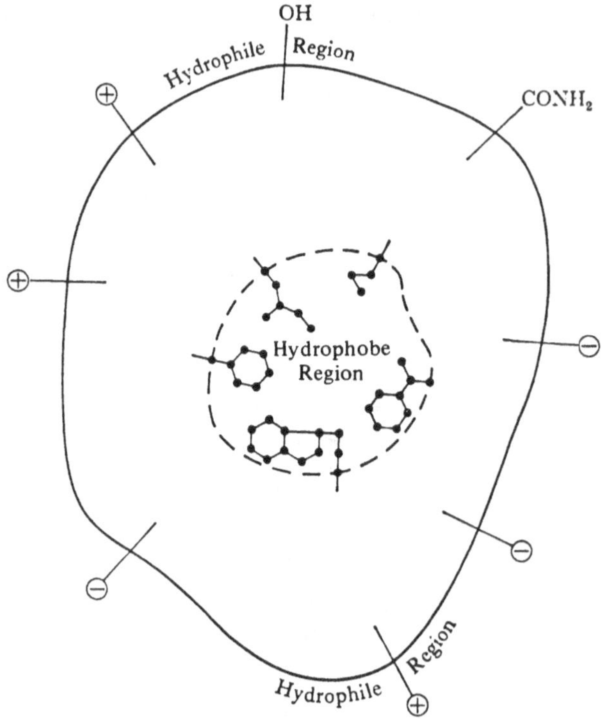

Abb. 2.6. Die Verteilung von hydrophoben und hydrophilen Regionen in einem Proteinmolekül

einzigartige Komponente, die den Charakter und die Stabilität von wesentlichen Grundbausteinen der lebenden Materie mitbestimmt.

3. Die Struktur von Proteinen

Wie in dem letzten Kapitel ausgeführt wurde, unterscheiden sich die Proteine untereinander durch die Auswahl und Anordnung der in ihnen vorkommenden Aminosäuren. Die nächsten beiden Kapitel behandeln einige der Funktionen, die die Proteine erfüllen. Die bemerkenswerte Vielfalt wird entweder nur durch Variation der Aminosäuren oder, häufiger durch das Hinzutreten eines oder zweier kleiner Moleküle, die keine Aminosäuren sind, erreicht (s. S. 41). Wir werden nun die in den Proteinen vorkommenden Aminosäuren vom Standpunkt der verschiedenen Bindungskräfte, die im letzten Kapitel besprochen wurden, betrachten und sehen, welche Eigenschaften jede mitbringt, um dazu beizutragen, daß ein funktionsfähiges Molekül entsteht.

Proteine besitzen eine beträchtliche Größe und bestehen im allgemeinen aus Hunderten von Aminosäuren. Man könnte sie nun für sperrige, strukturell wenig festgelegte Verbindungen halten. Tatsächlich sind die meisten der Proteine kompakte, stark verknäulte Moleküle, in denen die Stellung jedes Atoms in Bezug auf die anderen mit großer Genauigkeit bestimmt ist. Eine Abweichung in der Stellung eines Bausteins von der Größe nur eines Atoms kann ausreichen, um das Protein zu inaktivieren. Deshalb ist es notwendig, mehr als nur die paar Reste zu betrachten, die direkt mit der Funktion zu tun haben, indem sie das Verbindungsglied zwischen dem Protein und dem anderen Molekül bilden (s. nächstes Kapitel). Viele andere Reste tragen indirekt entscheidend dazu bei, die erforderliche Genauigkeit in der Struktur des Proteins selbst aufrechtzuerhalten. In beiden Anteilen sind die kovalenten und nicht-kovalenten Wechselwirkungen enthalten, die im letzten Kapitel erwähnt wurden, und ein Hauptteil dieses Kapitels wird der Untersuchung gewidmet, in welcher Weise diese Wechselwirkungen für die Stabilisierung der Struktur ausgenutzt werden. Ihre Anwendung auf das Verhalten der Proteine gegenüber der Umgebung wird aber besser für das Kapitel über die Proteinfunktion aufgespart.

Die Tab. 3.1 zeigt jene Aminosäuren, die normalerweise in Proteinen gefunden werden. Es gibt noch viele andere in der Natur vorkommende Aminosäuren, diese aber finden sich nicht in Proteinen. Alle Aminosäuren mit Ausnahme des Prolins tragen ihre Amino- und Carboxylgruppe an dem gleichen Kohlenstoff-

HYDROPHOBE

Tab. 3.1. Die Seitenketten der Aminosäuren (entsprechen – R auf S. 15)

Zahl der Kohlenstoffatome in der Seitenkette

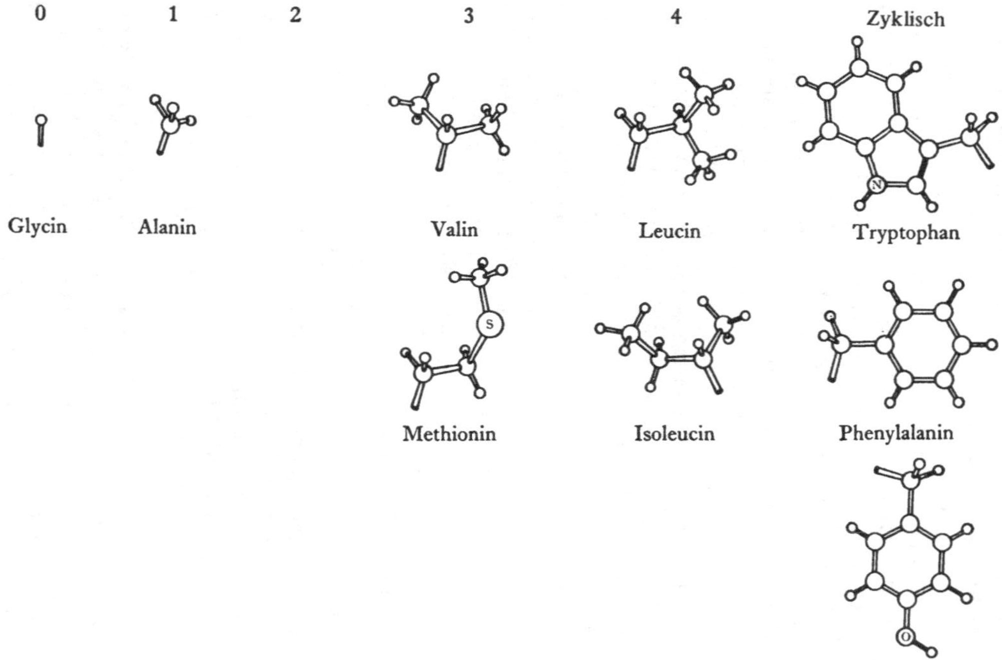

HYDROPHILE ANDERE

Hydroxy- Amid- Sauer und basisch

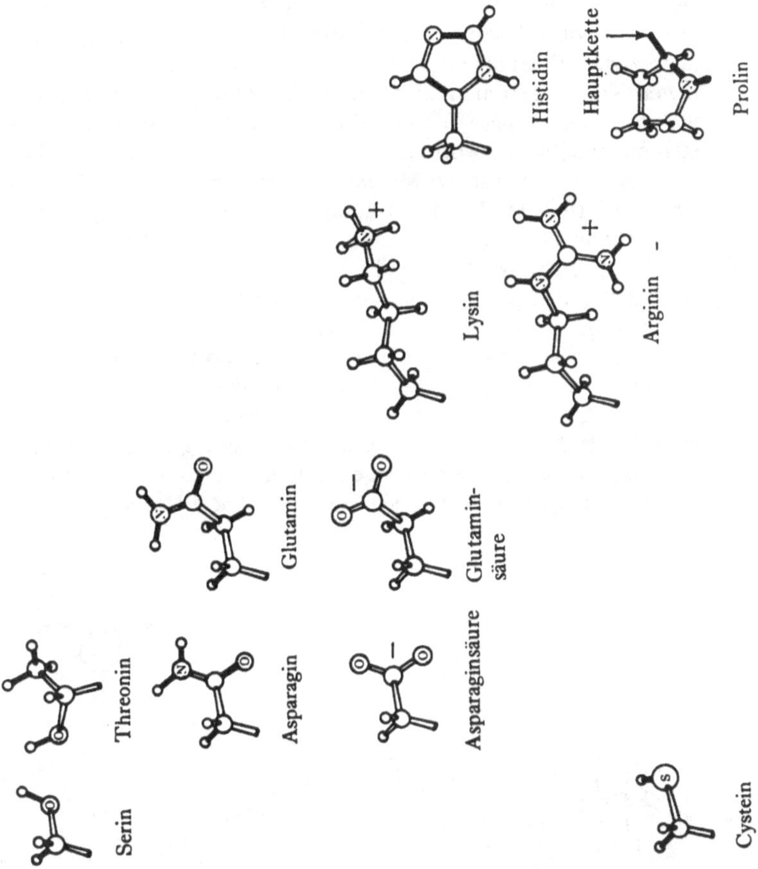

atom (dem sog. α-Kohlenstoffatom). Alle haben wenigstens *ein* Asymmetriezentrum, außer dem Glycin. Die Konfiguration am asymmetrischen Kohlenstoffatom ist die, die in der Abb. 3.1.1 gezeigt ist, und nicht die wie in der Abb. 3.1.2. Aminosäuren, die ein zweites Asymmetriezentrum in der Seitenkette haben, bevorzugen ebenfalls ausschließlich die eine der beiden möglichen Konfigurationen am zweiten Zentrum. Wir wissen nicht, warum das α-Kohlenstoff und die Seitenkette für diese Sonderstellung ausgewählt wurden, aber es ist charakteristisch für die Chemie von biologischen Molekülen, daß, wenn einmal die Auswahl getroffen ist, daran mit großer Beharrlichkeit festgehalten wird. Dieser Art von stereospezifischem Verhalten werden wir bei den Zuckern wieder begegnen. Sie wird durch die Tatsache ermöglicht, daß die Synthese der Moleküle in der Biochemie, gleich ob groß oder klein, an *Oberflächen* stattfindet. (Im Gegensatz dazu ist bei Synthesen in freier Lösung, die gewöhnlich in der nicht-biologischen Chemie überwiegen, eine Unterscheidung zwischen optischen Isomeren nahezu unmöglich).
Die Oberflächen, von denen die Rede war, sind größtenteils die Oberflächen von Makromolekülen, und da diese selbst asymmetrische Elemente enthalten, sind sie in der Lage, Isomere zu unterscheiden.

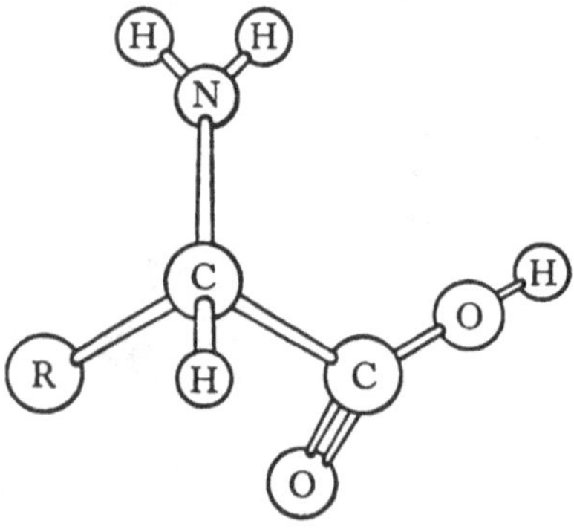

Abb. 3.1.1. Eine L-Aminosäure

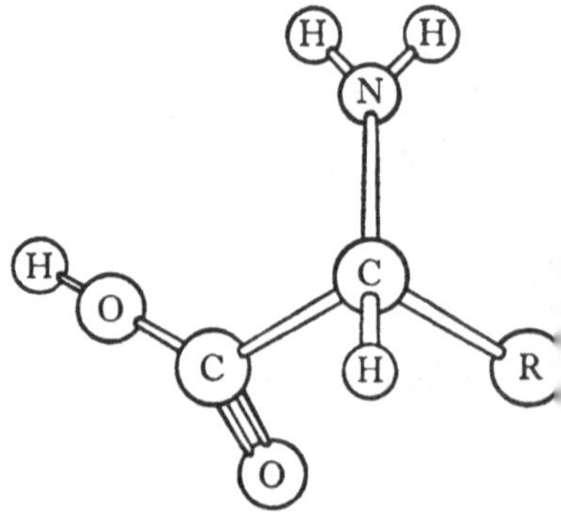

Abb. 3.1.2. Eine D-Aminosäure

Die Aminosäuren in der Tabelle 3.1 sind nach den Charakteristika der Seitenkette eingeteilt, die für die Proteinstruktur und -funktion von ausschlaggebender Bedeutung sind. Die Mitglieder der ersten Gruppe zeigen eine stufenweise Zunahme der hydrophoben Eigenschaften in dem Maße, wie die Seitenkette länger wird. In der zweiten Gruppe, die hydrophile Seitenketten aufweist, kann man wieder eine stufenweise Unterteilung treffen. Die Asparaginsäure ist eine stärkere Säure als die Glutaminsäure, Histidin ist eine schwächere Base als Lysin, während Arginin eine stärkere ist. Außerdem gibt es noch eine Vielzahl von mehr allgemeinen hydrophilen, wasserstoffbindenden Eigenschaften. Cystein bildet eine Klasse für sich, da es durch Oxydation zu Cystin umgewandelt werden kann (s. Abb. 3.2). Prolin steht ebenfalls allein, da es eigentlich keine echte Aminosäure, sondern eine Iminosäure ist. Die Peptidbindung, die von der >NH-Gruppe des Prolins gebildet wird, wird verständlicherweise geometrische und chemische Eigenschaften haben, die sich von den Peptidbindungen unterscheiden, die durch eine NH_2-Gruppe gebildet werden. Eine Folge davon ist, daß sich Prolinreste z. B. nicht in die α-Helix (s. S. 35) einordnen lassen.
Man darf nicht denken, daß die Charakteristika, die für jede Gruppe erwähnt wurden, nur für diese zutreffen, oder daß sie die einzigen sind. So haben mehrere Aminosäuren, die nicht in der hydrophoben Gruppe stehen, bestimmte hydrophobe Eigenschaften in Teilen ihrer Seitenkette wie z. B. der aliphatische Kohlenwasserstoffteil der Lysinseitenkette (s. S. 62). Ein anderes Beispiel ist die Fähigkeit der –OH-Gruppe des Tyrosins und der SH-Gruppe des Cysteins zur Ionisation. Verschiedene Seitenketten dienen in den Proteinen für die chemische Reaktionsfähigkeit, besonders Cystein und Serin. Die Kondensation der Aminosäuren zu Polypeptidketten mit Hilfe der Peptidbindung wurde im vorangegangenen Kapitel besprochen. Die Sequenz der eingebauten Aminosäuren, die sogenannte Primärstruktur, ist ganz wichtig. Obwohl ein Protein mit 300 Aminosäureresten etwa 10^{500} mögliche Kombinationen aufweist, gibt es Analysenverfahren, die es ermöglichen, in einer bemerkenswert kurzen Zeit die Reihenfolge zu bestimmen.

Wir haben schon erwähnt, daß die Eigenschaften eines Proteins von der besonderen Stellung der Seitenketten zueinander abhängen, woraus sich Wechselwirkungen der verschiedenen erwähnten Arten ergeben. Die Aneinanderreihung entlang der Kette ist nicht rein eindimensional. Die Kette erstreckt sich in allen drei Dimensionen, und es ist die Aufknäulung in eine genau festgelegte Gestalt (Tertiärstruktur), die eine optimale Wechselwirkung der bestimmten Eigenschaften der Seitenketten ermöglicht. Proteine, die ziemlich kompakt sind, werden oft in die zwei Gruppen der *globulären* bzw. *fadenförmigen* Eiweiße unterteilt. Eine absolut sphärische Form ist nicht erforderlich, um das Protein zu den globulären zu rechnen. Wenn aber das Verhältnis von Länge zu Dicke (bekannt als das Achsenverhältnis) 5 : 1 erreicht oder übersteigt, spricht man von fadenförmig.

Die Stabilisierung der Proteinstruktur

Die wichtigste *kovalente* Bindung entsteht durch die Oxydation von zwei Cysteinresten unter Bildung von Cystin. So kann es zur Vereinigung oder Schleifenbildung von Polypeptidketten ohne Mitwirkung einer Peptidbindung kommen (s. Abb. 3.2). Diese sogenannten *Disulfidbrücken* dienen in Proteinen häufig als generelles Mittel zur Stabilisierung der Struktur, und man findet sie dort, wo spezielle mechanische Eigenschaften erforderlich sind (z. B. s. S. 45). In Ausnahmefällen entstehen Quervernetzungen durch andere kovalente Bindungen. Diese werden auf S. 46 abgehandelt.

Die *Ionenbindung* kann durch die Wechselwirkung zwischen den positiven Ladungen am Histidin, Lysin, Arginin und der α-Aminogruppe einerseits und den negativen Ladungen der Asparaginsäure, Glutaminsäure und der α-Carboxylgruppe andererseits entstehen. Sie werden seltener zur Stabilisierung der Proteinstruktur benutzt (s. aber Abb. 3.6), und man findet sie häufiger bei Wechselwirkungen zwischen Proteinen und anderen Molekülen (s. S. 47 ff.).

Die Wasserstoffbindung kommt zwischen den Seitenketten der Aminosäuren der dritten Gruppe der Tab. 3.1 vor. Gerade hier

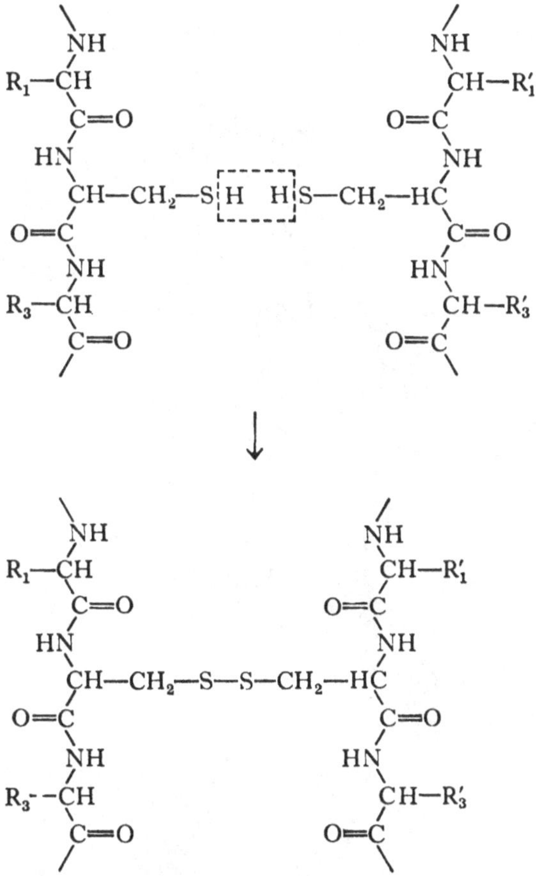

Abb. 3.2. Die Bildung einer Disulfidbrücke

kann man sehen, daß das Peptidgerüst selbst dazu in der Lage ist, mehr eine aktive Rolle bei der Stabilisierung der Struktur zu spielen als nur die Aminosäuren zusammenzuhalten. Im

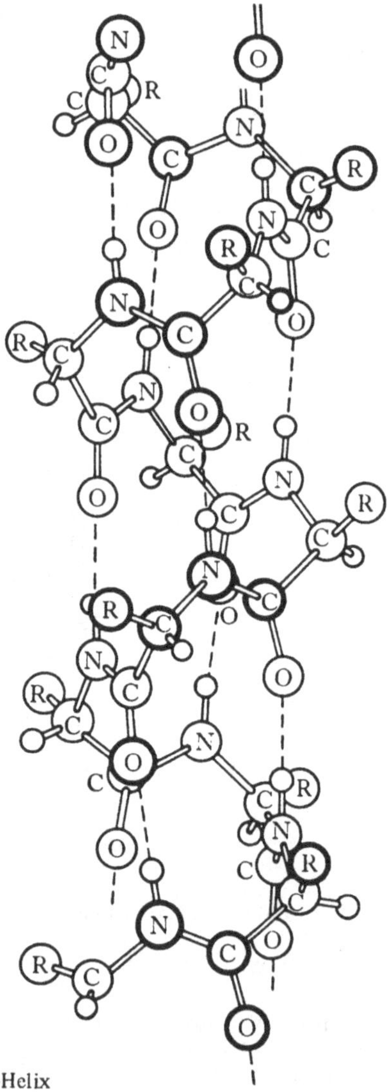

Abb. 3.3. Die *a*-Helix

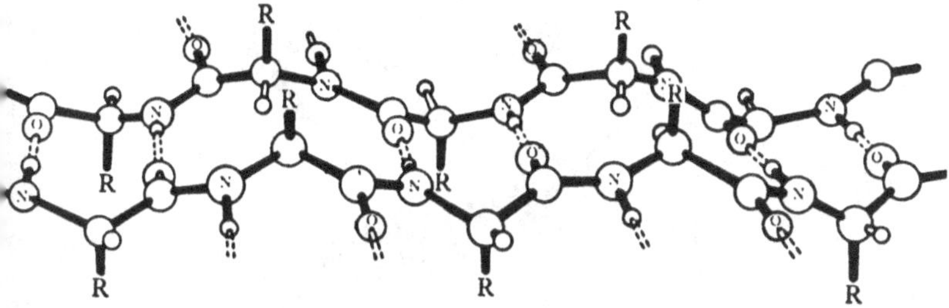

Abb. 3.4. Die β-Faltblatt-Struktur

Peptidgerüst sind die CO- und NH-Gruppen in der ganzen Länge regelmäßig angeordnet und diese Gruppen sind hervorragend dazu geeignet, untereinander Wasserstoffbindungen auszubilden. Da diese Gruppen regelmäßig wiederkehren, ist es nicht erstaunlich, daß die Wasserstoffbrückenbildung zwischen ihnen zu regelmäßigen Strukturen führen kann. Diese Periodizität bezeichnet man als Sekundärstruktur. Es gibt 2 Arten davon, 1. die *α-Helix* und 2. die *β-Faltblattstruktur* (Abb. 3.3 und 3.4), die in den meisten Proteinen zu finden sind. Der Grund, warum die Proteine nicht *ausschließlich* aus Anteilen mit regelmäßiger Sekundärstruktur zusammengesetzt sind, ist der, daß der trennende Effekt anderer Wechselwirkungen zwischen bestimmten Seitengruppen stärker ist. Die α-Helix und die β-Faltblattstruktur sind jedoch sehr häufig und werden als Verstärkungsglieder (Streben und Platten) in vielen Proteinen benutzt (Abb. 3.5). In einigen Fällen bilden sie den überwiegenden Teil der Proteinstruktur (s. S. 44). Die Eigenschaften der Proteine werden also in einem bedeutenden Maße von den Eigenschaften der Bezirke mit einer geordneten Sekundärstruktur abhängen, und diese hängen wiederum von den Eigenschaften der Wasserstoffbrückenbindung ab. Wasserstoffbrückenbindungen sind auch von großer Wichtigkeit bei der Wechselwirkung von Proteinen mit anderen Molekülen (s. S. 47 und 66).

Es müssen in den Proteinen noch andere Dipolkräfte vorkommen, da so viele Strukturelemente Dipole bilden. Man glaubt,

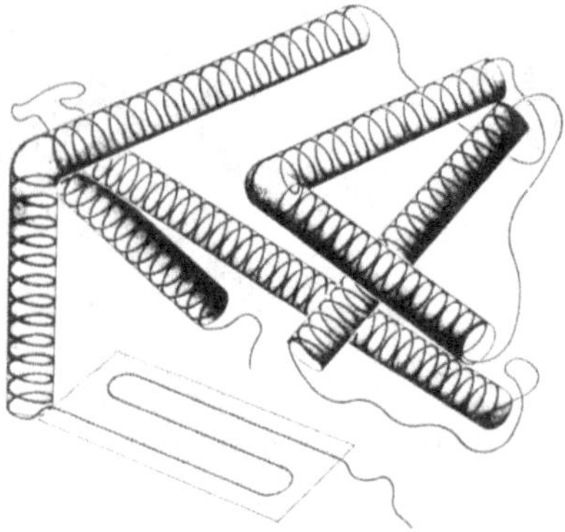

Abb. 3.5. Helicale und faltblatt-ähnliche Strukturen in einem globulären Protein

daß diese sehr wichtig sind, besonders bei der Stabilisierung der Quartärstruktur (S. 38). Wegen der großen Zahl relativ schwacher Wechselwirkungen, die daran beteiligt sind, weiß man über ihren Anteil an der Bindung wenig Genaues.

Abb. 3.6. Ein von einem Computer gezeichnetes perspektivisches Diagramm, das einige der Wechselwirkungen veranschaulicht, die die Konformation des Enzyms Lysozym stabilisieren (s. auch Abb. 5.5.1). Es sind ausgewählte Teile des Polypeptid-Grundgerüstes und ein paar der Seitenketten dargestellt. Es sei auf die Disulfidbrücke (der Cystinrest ist einer von vier in dem Protein), die Ionenbindung zwischen dem $-NH_3^+$ des Lysins und dem $-COO^-$ des Carboxylendes des Proteins (die einzige Ionenbindung im Protein) und die enge Annäherung zwischen den hydrophoben Resten (nur ein paar von denen, die insgesamt vorkommen, sind gezeigt) hingewiesen. Die deutlichste der hydrophoben Wechselwirkungen ist wahrscheinlich das „Sandwich" aus einer Methioninseitenkette und zwei Tryptophanringen. Die Atome sind wegen der Übersichtlichkeit nicht in voller Größe dargestellt; bei maßstabsgerechter Darstellung ergibt sich, daß viele der Seitenketten sich berühren.

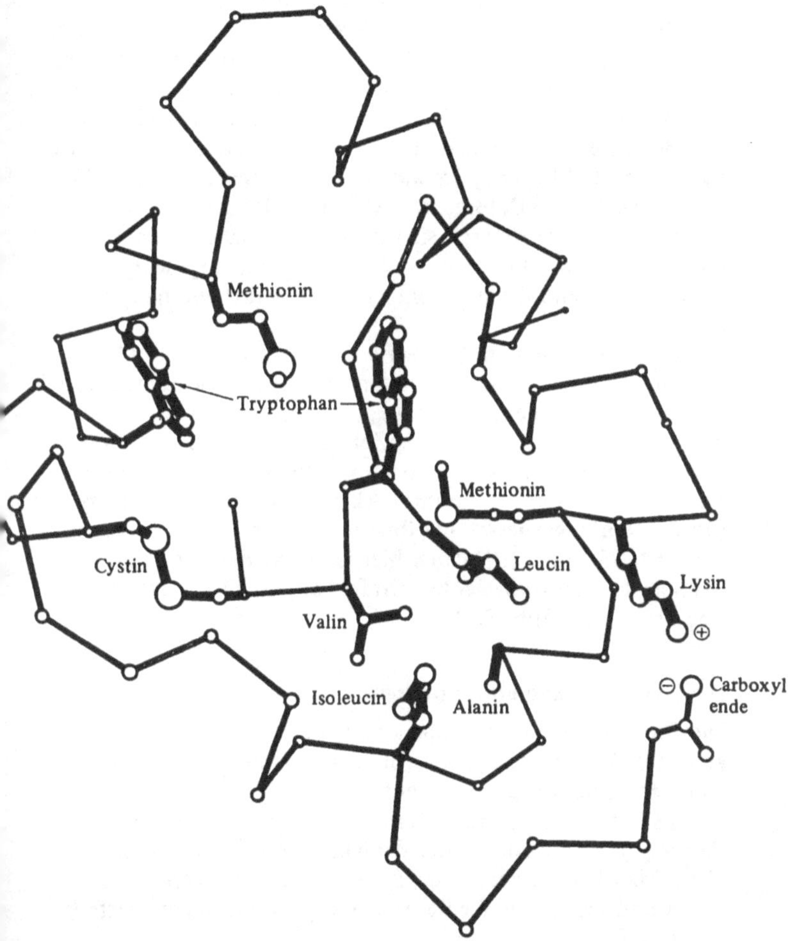
Methionin
Tryptophan
Tryptophan
Methionin
Cystin
Leucin
Lysin
Valin
⊕
⊖
Carboxyl
ende
Isoleucin
Alanin

Die *hydrophoben* Wechselwirkungen sind wahrscheinlich bei der Stabilisierung der Struktur die stärksten und ragen auch unter den Kräften heraus, die bei Wechselwirkung zwischen Proteinen und anderen Molekülen auftreten (s. S. 50). Jetzt, da es die Röntgenstrahlkristallografie möglich macht, die Tertiärstruktur von Proteinen zu beobachten, kann man genau sagen, wie wichtig sie sind (Abb. 3.6). Wie auf S. 25 angedeutet wurde, ähnelt das Molekül einer Detergensmicelle. Die Mehrzahl der hydrophoben Elemente scharen sich im Zentrum zusammen, während nur ein paar von ihnen der wäßrigen Lösung ausgesetzt sind. Andererseits sind die hydrophilen Anteile fast alle nach außen gekehrt.

Einige Proteine stellen Aggregate von (gewöhnlich) ähnlichen Protein-Subunits (=Untereinheiten) dar. Diese sogenannte Quartärstruktur darf nicht als ein Aggregat nach den Gesetzen des Zufalls angesehen werden. Die Zahl der beteiligten Subunits und ihre Geometrie wird exakt kontrolliert. Einige Proteine sind zu vollen Entfaltung ihrer Aktivität auf die speziellen Eigenschaften angewiesen, die ihnen die Quartärstruktur verleiht (s. S. 54, 73 und 219). Auch hier ist es wieder der gesamte Bereich der nicht-kovalenten Kräfte, die die Quartärstruktur stabilisieren (s. Abb. 3.7).

Die Denaturierung von Proteinen

Die Proteine, wie sie im lebenden Gewebe vorkommen, sind gewöhnlich kolloidal lösliche Substanzen mit irgendeiner bestimmten chemischen oder mechanischen Funktion. Wenn man sie unsanft behandelt (s. unten), werden sie weit weniger gut löslich, und sie verlieren die Fähigkeit, ihre Funktion auszuüben. Man bezeichnet sie dann als *denaturiert.* Geronnene Milch und gekochtes Weißei sind Beispiele für denaturierte Proteine.

Die Erklärung für die Veränderungen der Eigenschaften bei der Denaturierung ist die, daß die Tertiärstruktur zerstört ist. So wird jedes Agens, das zu einer Abschwächung irgendeiner der Wechselwirkungen führt, die die Tertiärstruktur aufrechterhal-

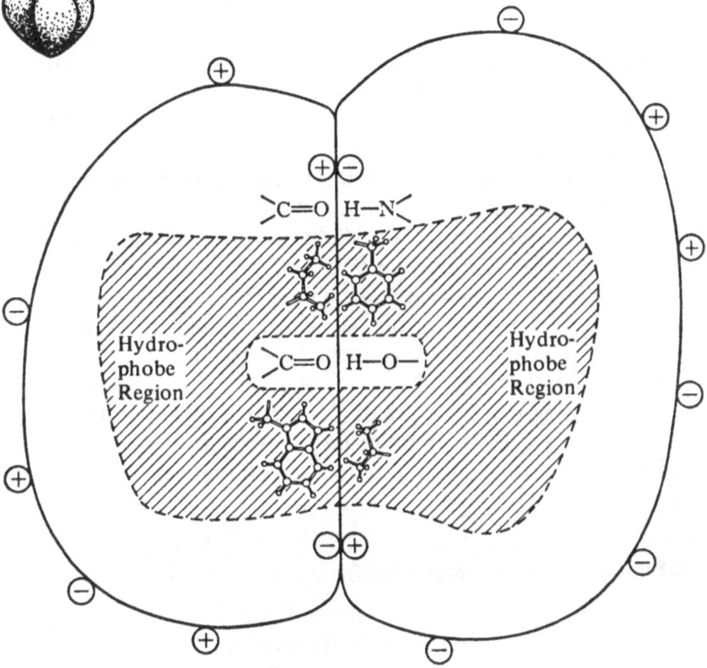

Abb. 3.7. Schematisierter Schnitt durch ein tetrameres Proteinmolekül (s. Bildchen links oben), das die Arten von Wechselwirkungen an der Berührungsfläche der zwei Monomeren zeigt.

ten, eine denaturierende Wirkung haben. Wenn die Tertiärstruktur entfaltet ist, befinden sich Molekülreste, die dazu bestimmt sind, an hydrophoben oder anderen Wechselwirkungen im Inneren des Moleküls teilzuhaben, auf der Oberfläche. Hier haben sie die gleiche Wahrscheinlichkeit einer Wechselwirkung mit ähnlichen Resten, die nun auf der Oberfläche von Nachbarmolekülen liegen. Das entstehende intermolekulare Netzwerk wird verständlicherweise weniger löslich als die Schar der nativen Moleküle sein, da im nativen Zustand die Reste an der

Micellenoberfläche überwiegend die sind, die mehr dazu bestimmt sind, mit dem Wasser zu reagieren als miteinander.
Das zweite Charakteristikum der Denaturierung, der Verlust der biologischen Aktivität, ist auch eine Folge der Entfaltung. Das ist einleuchtend, da bereits erwähnt wurde, daß die volle Funktion eines Proteins eng mit der richtigen Tertiärstruktur zusammenhängt.
Mit unserem Wissen über die Kräfte, die die Tertiärstruktur aufrechterhalten, können wir nun die Wirkungsweise der verschiedenen Denaturierungsmittel erklären. Reduzierende Stoffe denaturieren vor allem durch Spaltung der Disulfidbrücken; extreme pH-Werte denaturieren, indem sie die Ladung ionisierbarer Gruppen verändern; Stoffe, die die Wasserstoffbrücken stören, denaturieren; Detergentien denaturieren, indem sie die hydrophoben Wechselwirkungen unterbinden; und so weiter. Eine Erhöhung der Temperatur führt durch eine Vermehrung der thermischen Bewegung der Bestandteile zu einer größeren Wahrscheinlichkeit, daß alle Arten von Bindungen gelöst werden können.

Cofaktoren und prosthetische Gruppen

Der letzte Punkt, den wir in diesem Kapitel abhandeln müssen, ist eine Gruppe von zusätzlichen Faktoren, die nicht zu den Aminosäuren gehören und die gelegentlich mit Proteinen in ihrem funktionstüchtigen Zustand assoziiert gefunden werden. Sie werden gewöhnlich 1. *Cofaktoren* genannt, wenn sie auswaschbare selbständige Moleküle sind, und 2. *prosthetische Gruppen,* wenn sie kovalent gebundene Molekülteile sind. (Bestimmte Substanzen können Cofaktoren oder prosthetische Gruppen sein, je nachdem mit welchem Protein sie verknüpft sind.) Fast in allen Fällen kann man eine klare Unterscheidung zwischen den beiden Begriffen treffen.
Es gibt erwiesenermaßen Aufgaben, die sogar den ganz respektablen Bereich von Möglichkeiten der Seitenketten der Aminosäuren überschreiten, und die Natur ist deshalb darauf angewiesen, gelegentlich andere Moleküle für spezielle Funktionen

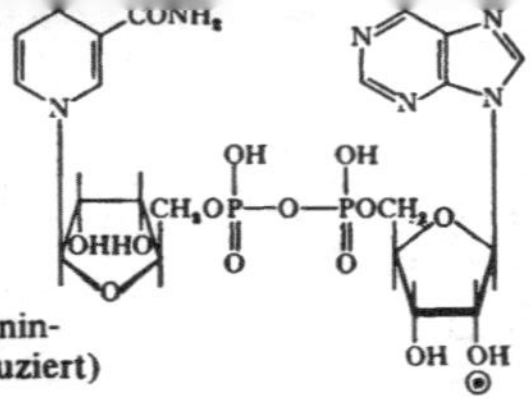

Nicotinamid-adenin-dinucleotid (reduziert) ($NADH_2$)
(s. S. 95)

NADP, $NADPH_2$ haben Ⓟ bei ⊛

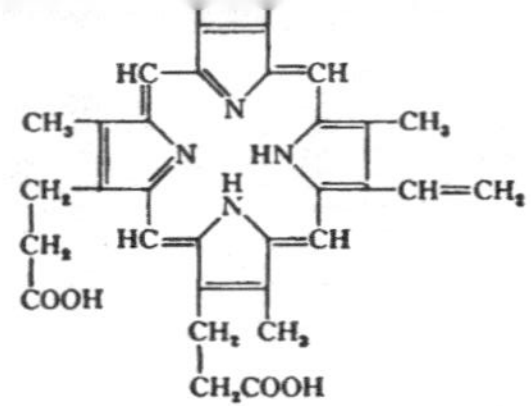

(s. S. 53, 97)

Mit Fe^{2+}: Hämoglobin
$Fe^{2+} \rightleftharpoons Fe^{3+}$: Cytochrome
Mit Mg^{2+} Chlorophyll

(Verschiedene Seitenketten und Substituenten)

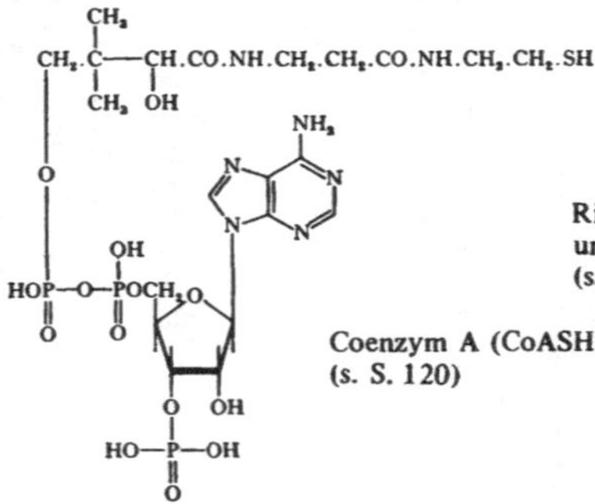

Coenzym A (CoASH)
(s. S. 120)

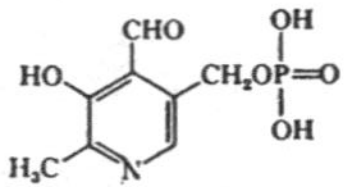

Pyridoxalphosphat
(s. S. 168)

Riboflavin (Vitamin B_2) und Derivate
(s. S. 99)

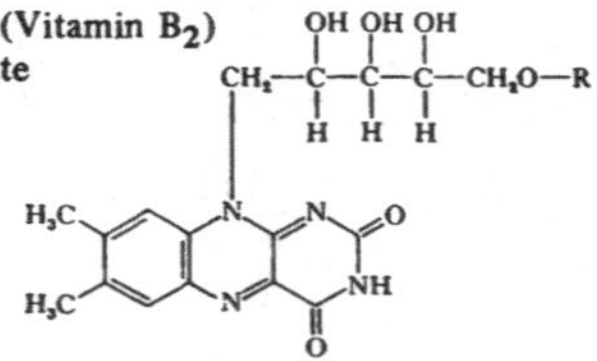

R=H: Riboflavin
R= Ⓟ Flavin-mononucleotid (FMN)
R= – (P–P) –Ribose-Adenin Flavin-adenin-dinucleotid (FAD)

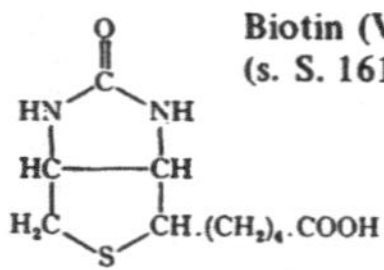

Biotin (Vitamin H)
(s. S. 161)

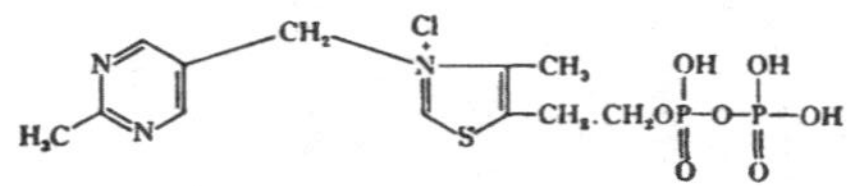

Thiaminpyrophosphat (TPP)
(s. S. 120)

zu benutzen. Cofaktoren und prosthetische Gruppen, die an speziellen, für eine verstärkte Wirkung verantwortlichen Stellen im Protein gebunden sind, können sich in einer Weise verhalten, die man auf Grund ihrer Eigenschaften in freier Lösung nicht erwarten würde. Das ähnelt der Situation, die man bei den Seitenketten der Aminosäuren selbst antrifft. Das Protein paßt daher die Cofaktoren in zweifacher Weise an. Es liefert einen spezifischen Bindungsort, und es kontrolliert das chemische Milieu an diesem Ort.

Die Tabelle 3.2 führt die häufiger vorkommenden Cofaktoren und prosthetischen Gruppen auf. Man sieht, daß einige der angeführten Strukturen ziemlich komplex gebaut sind. Viele Organismen, einschließlich des Menschen, sind nicht in der Lage, diese Stoffe zu synthetisieren. Sie müssen daher in der Nahrung enthalten sein. Viele Vitamine und sogenannte Spurenelemente fallen in diese Gruppe. Der sehr geringe Bedarf an diesen Verbindungen in der Nahrung kann durch die Tatsache erklärt werden, daß die Proteine, die gerade diesen Cofaktor oder diese prosthetische Gruppe benötigen, selbst nur in katalytischen Mengen vorkommen. Wir können diesen Sachverhalt mit dem Bedarf der Organismen an bestimmten Aminosäuren vergleichen. Der Mensch kann z. B. acht der Aminosäuren der Eiweiße nicht selbst synthetisieren. Diese müssen daher in der Nahrung enthalten sein. Es braucht nicht weiter erörtert zu werden, daß an spezifischen Stellen nur Spurenmengen bestimmter Stoffe notwendig sind, während ein allgemeiner Bedarf an Substanzen besteht, die Bausteine aller Proteine sind. Von ihnen müssen erheblich größere Mengen zugeführt werden.

4. Die Funktion von Proteinen I

Im folgenden Kapitel werden wir sehen, wie es zu erklären ist, daß in der lebenden Welt so vielfältige Eigenschaften vorkommen, obwohl die Zahl der Bausteine der Materie beschränkt ist, und auch die wirksamen Kräfte zwischen ihnen sich auf wenige gleiche Typen zurückführen lassen.

Wir können die Proteine in üblicher Weise in drei Klassen einteilen, die sich aus der Art ergeben, wie sie an den Aktivitäten der lebenden Materie beteiligt sind. Die erste Gruppe besteht aus den Nahrungseiweißen, die zweite aus Proteinen, die eine strukturelle oder mechanische Aufgabe erfüllen und die dritte aus denen, die dadurch wirken, daß an sie andere Moleküle gebunden werden.

Die Nahrungseiweiße

Bei diesen können wir uns kurz fassen. Um ein Protein aufbauen zu können, muß ein Organismus ein ausreichendes Angebot an Aminosäuren haben. In einigen Fällen mag er in der Lage sein, alle Bedürfnisse aus eigener Kraft zu befriedigen, indem er von den Wegen zur Neusynthese, die im Kapitel 17 beschrieben sind, Gebrauch macht. Wenn der Bedarf die eigene Leistungsfähigkeit überschreitet oder wenn ein Organismus gar nicht in der Lage ist, eine bestimmte Aminosäure zu synthetisieren (s. z. B. S. 179), ist eine exogene Quelle erforderlich.
Als solche dienen aufgenommene Nahrungsproteine, die durch hydrolytische Enzyme zu Aminosäuren abgebaut werden (S. 58). Fast jedes Protein kann auf diesem Wege als Quelle von Aminosäuren dienen, aber für besondere Zwecke gibt es spezialisierte Proteine. Junge Säugetiere sind z. B. von ihrer Muttermilch abhängig, weil sich unter anderem nur durch die in ihr enthaltenen Aminosäuren die ernsten Ernährungsprobleme der ersten Wachstumsphase lösen lassen.
Dieser Bedarf an Aminosäuren wird durch eine Zahl von Milcheiweißen, insbesondere durch die *Caseine* gedeckt. Die Caseine, die bis zu ihrer Verdauung löslich sind, werden ganz besonders leicht durch die Verdauungssäfte denaturiert. Dadurch werden viele Peptidbindungen zugänglich, die für eine enzymkatalysierte Hydrolyse empfindlich sind, und das Protein wird leicht verdaut. Wir werden später (S. 57) sehen, daß es schwierig ist, den Zeitpunkt festzulegen, wann man alle Funktionen eines Proteins erkannt hat. Jedoch ist die Leichtigkeit, mit der das Caseinmolekül denaturiert und verdaut wird, seine Hauptfunktion.

Strukturproteine

Elastische und kollagene Strukturen

Im folgenden wollen wir uns mit den Proteinen befassen, die mehr oder weniger als inerte, strukturelle Elemente wirken. Diese Proteine sind häufig vom fadenförmigen Typ, d. h. sie haben ein großes Achsenverhältnis von Länge zu Dicke. Bei einigen ist es erforderlich, daß sie elastisch sind (z. B. Haut oder Haare); andere sind unelastisch (z. B. Seide). α-Keratin ist ein gutes Beispiel für eine elastische Struktur. Ihre Stärke und Elastizität hängen von der α-Helix, einer der regelmäßigen Anordnungen von Wasserstoffbrücken im Peptidgerüst, ab (Abb. 3.3), die wir im letzten Kapitel erwähnt haben. Man sieht, daß die Bindungen, obwohl sie einzeln nur sehr schwach sind, eine Struktur gleich einer Feder erzeugen können, bei der diese parallel liegen und bei der man erwarten kann, daß sie zusammen eine bestimmte Stärke entwickeln (Abb. 4.1.1).

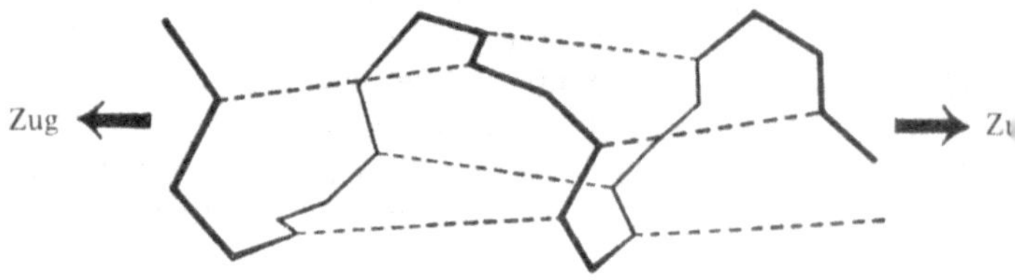

Abb. 4.1.1. Wirkung von Zug auf eine α-Helix

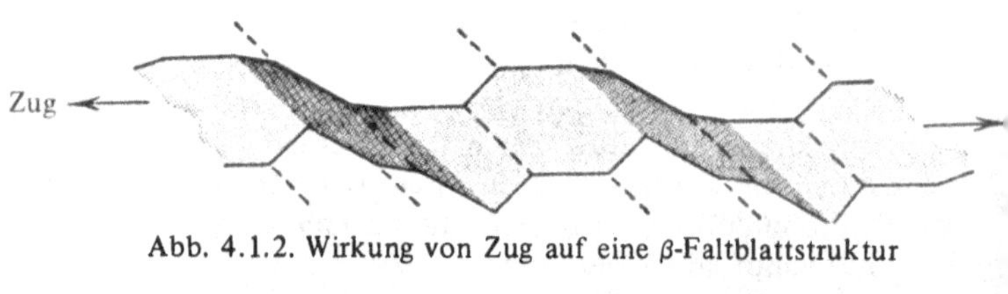

Abb. 4.1.2. Wirkung von Zug auf eine β-Faltblattstruktur

Das unelastische Protein α-Fibroin kommt in bestimmten Seidenarten vor. In ihm finden wir die β-Faltblattstruktur (Abb. 3.4), eine andere Form der durch Wasserstoffbrücken erzeugten

Proteinstruktur. Hier stehen die Wasserstoffbrückenbindungen im rechten Winkel zur Zugrichtung und halten einfach das Bündel von Peptidketten zusammen. Der Ausdehnung wird durch die ganze Stärke der kovalenten Bindungen, die in diesem Falle nicht rechtwinklig, sondern in der Zugrichtung liegen, Widerstand entgegengesetzt (Abb. 4.1.2). Collagen ist ein weiteres relativ unelastisches Faserprotein. Es hat eine bemerkenswert hohe Zugfestigkeit und ist, bezogen auf Gewichtsbasis, so kräftig wie Stahl. Es besitzt eine komplexe Struktur, die auf der helicalen Anordnung basiert.

Die Elastizität oder die Rigidität kann durch kovalente Quervernetzungen der Proteinkette gesteuert werden. Ein relativ weites Netzwerk von Querverbindungen ergibt ein elastisches Verhalten, während ein engeres System mit zahlreichen Brükken Rigidität hervorruft (Abb. 4.2). Als kovalente Bindungen können S-S-Brücken (S. 32) benutzt werden, oder sie entstehen auf andere Art, besonders durch spezielle Reaktionen freier aromatischer Radikale, die durch Enzyme erzeugt werden. Im Haar wird die natürliche Elastizität von α-Keratin dadurch erhöht, daß es in eine Matrix von S-S-verknüpften Protein-

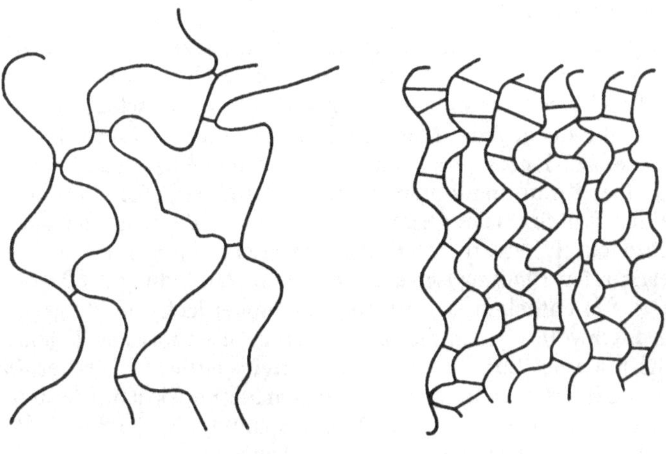

Abb. 4.2. Quervernetzung von Peptidketten

ketten eingebettet ist. In den Hornsubstanzen, einer weiteren Struktur von Keratincharakter, besitzt die Matrix mehr S-S-Brücken und ist daher rigid. Bestimmte elastische Sehnen, die in ihren Eigenschaften den modernsten synthetischen Gummisorten gleichkommen, haben keine Matrix, sondern machen von der Methode der freien aromatischen Radikale für eine direkte Quervernetzung der Kette Gebrauch.
Diese Reaktionen freier Radikale werden auch zur Bildung von rigiden Strukturen benutzt. Die Cuticula der Insekten besteht z. B. aus Proteinen, die auf diese Art und Weise hochgradig vernetzt ist. (Nur dadurch, daß diese Methode der Vernetzung ausgebildet wurde, gewannen die Insekten die Fähigkeit, ein leichtes Exoskelet zu entwickeln, daß trotzdem genügend fest war, um den Anforderungen des Fliegens zu genügen. Spinnen, die nie die Fähigkeit zum Fliegen erworben haben, haben im Gegensatz zu den Insekten daher auch einen weichen Körper.)
Rigide Strukturen kann man auch erhalten, wenn das Protein in eine Matrix aus einem anderen Material als Protein eingebettet wird. Das bestbekannte Beispiel dafür ist der Knochen, bei dem die Matrix mineralisch ist.

Die Muskeleiweiße

Die strukturellen Grundbausteine der Muskelzellen sind Bündel der Faserproteine *Actin* und *Myosin.* Eine Muskelkontraktion tritt auf, wenn die Bündel sich gegeneinander verschieben und dabei die Länge jeder Muskelzelle verringern und damit den Muskel als Ganzes verkürzen. Dieses Gleiten dürfte das Ergebnis einer Konformationsänderung an der Oberfläche eines der beiden Proteine sein. Diese Veränderung wird höchstwahrscheinlich dadurch hervorgerufen, daß chemische Energie, die in einer bestimmten Bindung der energiereichen Verbindung ATP (s. S. 87) enthalten ist, auf die Proteinoberfläche übertragen wird. Obwohl Myosin fast ausschließlich die typischen Eigenschaften eines fibrillären Strukturproteins aufweist, zeigt es die Besonderheit, daß es auch eine enzymatische Aktivität besitzt. Diese Aktivität ist die Katalyse der Spaltung des ATP und ist eindeutig mit dem Kontraktionsmechanismus verbunden.

Das Fibrin und die Blutgerinnung

Das Fibrin ist ein interessantes Strukturprotein. In seiner nativen Form (Fibrinogen) ist es ein lösliches Protein mit einem beachtlichen Achsenverhältnis (s. S. 32). Bei der Blutgerinnung entstehen durch ein Enzym drei kleine Brüche in der Peptidkette, und das Gleichgewicht der Kräfte, die die fibrilläre Struktur stabilisiert hatten, wird gestört. Eine Verschiebung tritt ein und das Protein nähert sich mehr der globulären Form (Fibrin). Dabei treten Gruppen, die vorher in der Tiefe verborgen waren, an die Oberfläche. Viele von ihnen können durch hydrophobe und andere Wechselwirkungen eine große Zahl von intermolekularen Bindungen bilden – die Ähnlichkeit mit dem Denaturierungsprozeß (S. 38) ist augenfällig. So wird die Löslichkeit verringert, und es bildet sich ein Fibringerinsel. Der letzte Vorgang ist die Vernetzung der Moleküle durch kovalente Bindungen, im besonderen durch Disulfidbrücken.

Dieses Phänomen einer Aktivierung durch Abspaltung eines Teils der Kette wird auch an anderen Stellen angetroffen. Es tritt auf, wenn ein Protein seine volle Aktivität erst dann entfalten darf, wenn es benötigt wird. Das trifft bei einigen Hormonen und bei Enzymen zu, die zelluläre Bausteine abbauen.

Strukturproteine mit kleinem Achsenverhältnis

Globuläre Proteine werden manchmal auch zur Lösung von strukturellen Problemen herangezogen, obwohl viel häufiger fibrilläre Proteine für diese Aufgabe benutzt werden. Ein Beispiel für die Verwendung von globulären Proteinen ist die Einkapslung von Virusnucleinsäure in eine feste und schützende Quartärstruktur (s. S. 73).

Proteine, die andere Moleküle binden

Wir kommen jetzt zur dritten und am besten untersuchten Klasse der Proteine. Diese nutzen die Möglichkeiten der Kombination verschiedener Aminosäureseitenketten voll aus. Auf diese Weise bilden sie an ihrer Oberfläche einen Ort, der sowohl eine spezifische Gestalt als auch eine spezifische Anordnung von Kräften aufweist. Dieser Ort bindet ein bestimmtes

Molekül oder Abschnitte eines Moleküls mit großer Festigkeit. Das geschieht, weil eine perfekte Paßform sowohl im geometrischen Sinn als auch in Bezug auf die wirksamen Kräfte vorliegt, die gerade die Teile der Struktur bindet, mit denen sie am besten in Wechselwirkung treten kann. So ist die Bindung zugleich fest und recht spezifisch, da schon eine kleine Veränderung der zu bindenden Struktur mit Wahrscheinlichkeit die Affinität stört und das Wechselspiel der bindenden Kräfte verhindert (s. auch unter Enzymspezifität, S. 61).

Wenn die einzige Funktion der Proteine die Bindung anderer Moleküle wäre, was bis zu einem gewissen Grade bei den Immunproteinen (s. unten) der Fall ist, wären wir mit unserer Besprechung am Ende. In den meisten Fällen ist es jedoch notwendig, ein Molekül nicht nur zu binden, sondern auch das spezifische Milieu zu schaffen, in dem seine Eigenschaften verändert werden können. Hämoglobin (s. unten) ist dafür ein Beispiel. Das gilt auch für die Enzyme (Kap. 5), die die Reaktionsfähigkeit der Moleküle, die sie binden, erhöhen.
Die Tabelle 4.1 zeigt eine übliche Klassifikation der besser bekannten Arten dieser Klasse.
Es erscheint uns günstig, eines dieser Moleküle, nämlich das Hämoglobin, als Beispiel für die anderen ganz ausführlich zu beschreiben. Jedoch erscheinen zuvor ein paar Bemerkungen zu der Tabelle 4.1 angebracht:

Tab. 4.1. Proteine, die sich an andere Moleküle binden

Hormone*	übermitteln Informationen für die Kontrolle (S. 221) der Stoffwechselaktivität
Immunproteine	binden sich an Fremdsubstanzen, die in den Körper eingedrungen sind, und inaktivieren diese
Enzyme	katalysieren biochemische Reaktionen
Carrierproteine	transportieren Moleküle, Ionen und Elektronen von einem Ort zu einem anderen entweder innerhalb der Zelle oder über größere Entfernungen im Organismus

* Nicht alle Hormone sind Eiweiße

Die Hormone, ob sie nun Proteine sind oder nicht, sollen die Stoffwechselwege dadurch beeinflussen, daß sie an einem bestimmten Ort gebunden werden. Dieser Ort kann an einer Membran lokalisiert sein, die ihre Eigenschaften als Folge der Bindung verändert. Die Geschwindigkeit des Durchtritts von Metaboliten durch eine Membran kann dadurch ganz erheblich verändert werden, und das kann selbstverständlich die Geschwindigkeit der Stoffwechselaktivität in der Zelle oder anderen Strukturen, die an die Membran gebunden sind, beeinflussen. Als Alternative kann ein Hormon sich an ein bestimmtes Protein binden und eine Veränderung der Tertiärstruktur hervorrufen, wodurch sich die katalytische Aktivität ändert. Wir werden später (Kap. 21) sehen, daß die Veränderung der Aktivität nur eines Enzyms die Geschwindigkeit einer großen Zahl biochemischer Reaktionen beeinflussen kann. Letztlich besteht noch die Möglichkeit, daß Hormone auf den genetischen Apparat wirken können und die Geschwindigkeit der Enzymneubildung beeinflussen können (S. 209). Die Veränderung der Menge eines Enzyms in der Zelle ist in vielen Fällen mit einer Veränderung seiner Aktivität gleichbedeutend und hat ähnliche Konsequenzen.

Das Insulin ist ein gut bekanntes Proteohormon, das durch bestimmte spezialisierte Zellen im Pankreas sezerniert wird. Es ist praktisch das kleinste bekannte Protein und besteht nur aus 51 Aminosäuren. Es übt aber tiefgreifende Wirkungen, speziell auf den Kohlenhydratstoffwechsel, aus. Es ist anzunehmen, daß seine Wirkung an Membranen erfolgt.

Die Immunoglobuline stehen im Zusammenhang mit Substanzen, die in den Körper eindringen. Sie sind für solche Phänomene wie Immunität und Transplantatabstoßung verantwortlich. Das System arbeitet folgendermaßen: Der Körper ist in der Lage, die Anwesenheit gewisser Klassen von Fremdstoffen, die als Antigene bezeichnet werden, festzustellen. (Antigene sind gewöhnlich Makromoleküle wie Proteine, Nucleinsäuren, Polysaccharide, Fette oder eine Kombination dieser Stoffe.) Wenn der Körper erst einmal die Anwesenheit eines Antigens erkannt hat, beginnt die Synthese der Immunoproteine (Antikörper).

Als Antwort auf irgendein einzelnes Antigen wird eine große Zahl verschiedener Antikörper produziert. Alle enthalten einen Bindungsort (s. oben), der zu einem charakteristischen Strukturbezirk des Antigens, der sonst in keinem der Moleküle des Wirtsorganismus vorkommt, paßt und an diesen gebunden wird. Stellen wir uns z. B. vor, daß an dem eindringenden Antigen ein Bezirk vorhanden ist, der die Form und die Kombination der Kräfte der Abb. 4.3.1 besitzt. Irgendwie wird nun aus den vielen Variationsmöglichkeiten des Organismus ein Antikörper mit einem Bindungsort ausgewählt, der einer perfekten Paßform (Abb. 4.3.2) im Sinne der Ausführungen auf S. 48 am nächsten kommt. Da es so aussieht, als ob der Organismus Millionen möglicher Strukturen zur Verfügung hat, ist es wahrscheinlich, daß die jeweils beste davon für die meisten vorstellbaren Antigenstrukturen tatsächlich eine sehr gute Paßform darstellt. Wenn das so ist, wird sich der Antikörper irreversibel mit dem Antigen verbinden.

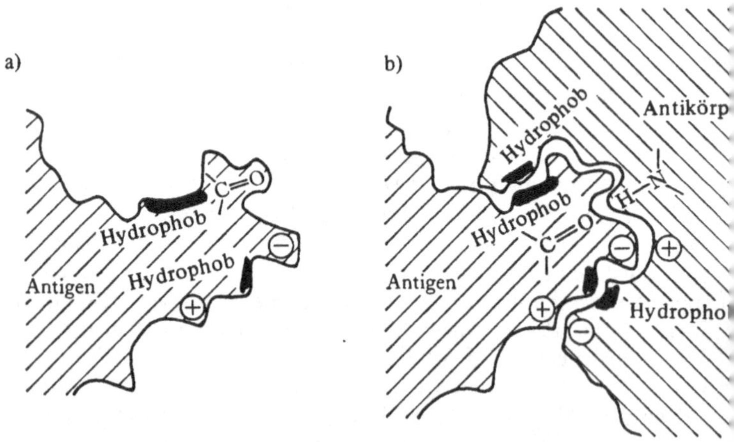

Fig. 4.3.1 Fig. 4.3.2

Abb. 4.3. Antigen-Antikörper-Reaktion

Das Antigen, das in dieser Form komplex gebunden ist, verliert mit hoher Wahrscheinlichkeit seine Wirkfähigkeit. Ein Bakterium oder Gewebstransplantat, das von Antikörpern bedeckt ist, wird wahrscheinlich aufhören zu funktionieren. Die Immunisierung basiert auf der Tatsache, daß, wenn der Körper erst einmal gelernt hat, einen Antikörper zu bilden, er in der Lage ist, ihn viel schneller wieder zu bilden, wenn er irgendwann einmal zur erneuten Synthese angeregt wird. Sich schnell vermehrende Viren und Bakterien haben dann eine geringere Chance, die Oberhand zu bekommen, bevor die Antikörperkonzentration einen ausreichenden Spiegel erreicht, um mit ihnen fertig zu werden. Die Proteinstruktur der Antikörper wird gegenwärtig intensiv erforscht. Damit fallen große Mengen an Ergebnissen an und das Studium der Antikörperstruktur ist zur Zeit eines der aussichtsreichsten Gebiete der Proteinchemie. Es sieht so aus, als ob ein Antikörper sich von einem anderen nur in einem begrenzten Teil des Moleküls (der vermutlich den Bindungsort einschließt) unterscheidet. Große Teile der Struktur sind bei allen aber mehr oder weniger gleich gebaut. Die Aufmerksamkeit wendet sich jetzt der Aufklärung der Struktur des Bindungsorts selbst und den Mechanismen zu, mit denen der Organismus es fertigbringt, nur die speziellen Antikörper zu produzieren, die Bindungsorte haben, die an das Antigen passen. Die Enzyme als Katalysatoren der biochemischen Reaktionen gehören zu den wichtigsten Bestandteilen der lebenden Materie. Sie werden in einem eigenen Kapitel (Kap. 5) abgehandelt.

Es gibt Trägermoleküle (Carrier), die Moleküle, Ionen oder Elektronen über nur ganz kleine Entfernungen transportieren. So haben die Zellmembranen einige Eigenschaften von semipermeablen Membranen, die in der gewöhnlichen Chemie vorkommen, aber in der Zellmembran kommen noch eine Zahl bemerkenswerter Eigenschaften hinzu, für die Protein-Lipid-Komplexe (S. 76) verantwortlich gemacht werden. Als Besonderheit können biologische Membranen im Gegensatz zu gewöhnlichen semipermeablen Membranen den Transport von gelösten Mole-

külen in Bezirke *höherer* Konzentration bewerkstelligen. Die biologischen Membranen zeigen eine große Spezifität hinsichtlich der Moleküle, die sie transportieren, und der Richtung, in der der Transport erfolgt. Es gibt z.B. Membranen, die mit D-Zuckern reagieren, nicht aber mit der L-Form, und Nervenmembranen konzentrieren auf der einen Seite Na^+-Ionen und auf der anderen K^+-Ionen.
Die Cytochrome (Kap. 8) transportieren in der Zelle Elektronen über kurze Distanzen, und von vielen Enzymen kann man sagen, daß sie ebenso Transportfunktionen über kleine Entfernungen wie katalytische Funktionen ausüben. Das ist so, weil in mehreren Stoffwechselwegen die betreffenden Enzyme in enger und genau bestimmter Nachbarschaft in Komplexen, die in die Membranen eingebaut sind, angeordnet sind. Die Reaktionsgeschwindigkeit einiger dieser Komplexe ist so groß, daß offenbar nicht genügend Zeit für die Reaktionsteilnehmer zur Verfügung steht, daß sie auf dem Wege von einem Reaktionsort zum anderen in die freie Lösung diffundieren könnten. Sie müssen direkt von einer Enzymoberfläche an die nächste weitergegeben werden. Außerdem existieren Proteine mit Carrierfunktionen, die notwendige Substanzen von einem Teil des Organismus in einen anderen weit entfernten transportieren. Diese Transportproteine fungieren häufig als Speicher, indem sie die Stoffe gebunden halten, bis sie benötigt werden. Das wichtigste Beispiel für solche Proteine ist wohl das Hämoglobin, ein Sauerstoff-Carrier (s. unten). Außerdem gibt es eine Zahl von Proteinen, die bestimmte Metallionen im Körper transportieren, und weiterhin solche, die andere spezielle kleine Moleküle befördern. Bei allen entsteht durch die Wirkung der üblichen kovalenten und nicht-kovalenten Kräfte ein Bezirk hoher Affinität für die zu transportierende Substanz.

Hämoglobin – biologische Phänomene und ihre molekulare Deutung

Um mit der größtmöglichen Ausführlichkeit zu zeigen, wie man die Prinzipien des Kapitels 3 dazu benutzen kann, die Aktivität von Proteinen zu erklären, haben wir zwei Beispiele ausgewählt. Eins ist das Enzym Lysozym, das im nächsten Kapitel besprochen wird, das andere das Hämoglobin. Hämoglobin wurde als Repräsentant der Proteine ohne enzymatische Aktivität teils wegen seiner medizinischen und biologischen Bedeutung, teils deshalb ausgewählt, weil es eines der lohnendsten Beispiele für das Studium der Biologie auf dem molekularen Sektor darstellt.

Der Ort der Wechselwirkung zwischen Sauerstoff und Hämoglobin ist das Eisen(II)-Atom. Es ist für seine Rolle bei der Sauerstoffbindung dadurch prädestiniert, daß es an einem Ort

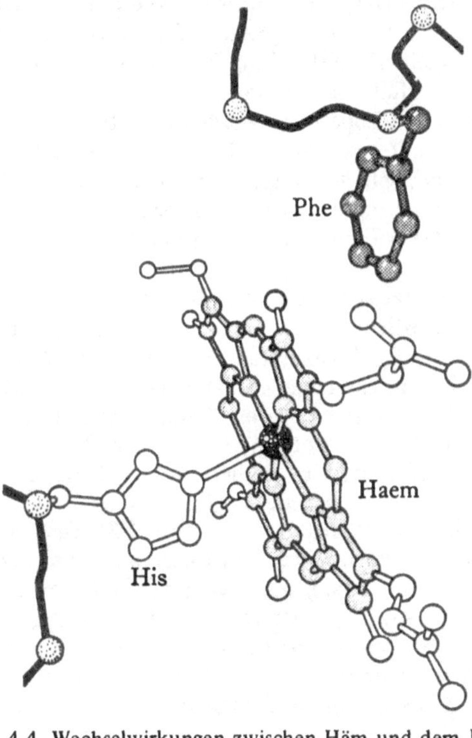

Abb. 4.4. Wechselwirkungen zwischen Häm und dem Protein

fixiert ist, der fünf Stickstoffatome in einer solchen Anordnung enthält, daß die Abstände das Auftreten von koordinativen Bindungen ermöglichen. Die Lage der Stickstoffatome wird dadurch kontrolliert, daß vier von ihnen in einem starren Ringsystem der richtigen Dimensionen (dem Porphyrinring, s. Abb. 4.4) gebunden sind. Dieses Molekül hat mehrere hydrophobe Bezirke, und diese und andere Wechselwirkungen werden dazu benutzt, den Ring an einem zum Teil hydrophoben Gebiet mit der geeigneten räumlichen Struktur auf dem Proteinmolekül zu fixieren. Mit dem Stickstoff einer Histidinseitenkette wird die fünfte koordinative Bindung gebildet. Die sechste Stelle, die sich aus der Geometrie von koordinativ gebundenem Eisen ergibt, hat sich als besonders geeignet für die Bindung von Sauerstoff herausgestellt. Diese Bindung ist stark genug, damit die Carrierfunktion erfüllt werden kann, jedoch nicht so stark, daß der Sauerstoff nicht abgegeben werden könnte, wenn er benötigt wird. Kohlenmonoxid wirkt als Gift, weil es sich an derselben Stelle, aber sehr viel fester, bindet und deshalb keinen Platz für Sauerstoff macht, wenn es erforderlich ist. Dieses Phänomen ist der kompetitiven Hemmung bei Enzymen analog (S. 62).

Das Hämoglobin hat sich zumindest bei den Wirbeltieren zu einem außerordentlich weit differenzierten System entwickelt. Es ist uns heute möglich abzuschätzen, wie dies geschehen ist, da die Struktur der Moleküle auf atomarer Basis bestimmt worden ist. Es liegt sehr im Interesse eines Tieres, einen Sauerstoffcarrier zu besitzen, der nicht eine lineare Beziehung zwischen der Menge an verfügbarem (oder benötigtem) Sauerstoff und der prozentualen Oxygenierung des Carriers, sondern eine sogenannte sigmoide Kennlinie aufweist (Abb. 4.5). Der Vorteil der sigmoiden Kurve liegt darin, daß fast die volle Kapazität des Sauerstoffcarriers bei einem nur geringen Abfall der Sauerstoffkonzentration in Anspruch genommen werden kann. Wenn eine geradlinige Charakteristik vorläge, würde selbst bei sehr geringen Sauerstoffkonzentrationen noch ein Teil des Sauerstoffs am Carrier gebunden sein, und andererseits würde der Carrier dazu neigen, auch noch bei sehr hohen Sauerstoffspiegeln etwas von

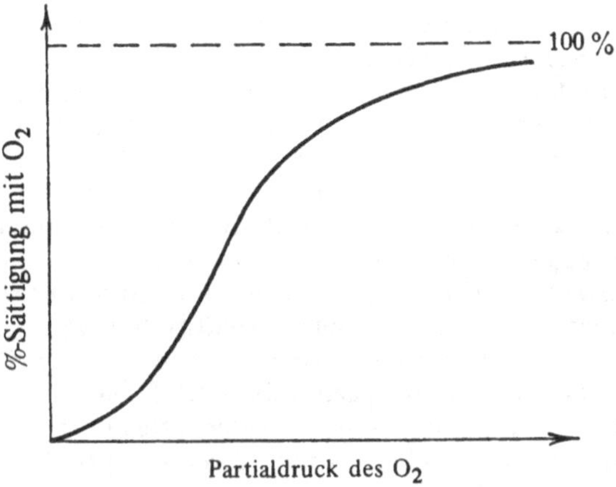

Abb. 4.5. Die Sauerstoffbindungskurve von menschlichem Hämoglobin

seinem Sauerstoff abzugeben. Der größere Wirkungsgrad infolge der sigmoiden Kennlinie gestattet es den Wirbeltieren, in einem Milieu ohne größere Schwankungen des Sauerstoffspiegels zu existieren, die notwendig wären, um die Kapazität eines weniger raffinierten Carriers voll auszunutzen. Diese Vorteile müssen als Teilursache für die erfolgreiche Entwicklung der Vertebraten als Tierstamm trotz der kleinen Zahl von Arten angesehen werden (es gibt etwa 50 000 beschriebene Arten von Vertebraten bei insgesamt rund 1 000 000 tierischer Species). Der aktive Teil des Hämoglobins der Wirbeltiere ist der Porphyrinring (Abb. 4.4). Die Verbesserung der Wirkungsweise wird durch eine Verfeinerung des Mechanismus erreicht, durch den Proteinseitenketten ihre Umgebung beeinflussen. Das ist so geschehen, daß sich vier Proteinmoleküle zu einer spezifischen quartären Struktur zusammengelagert haben (Abb. 4.6). Diese Struktur ist so beschaffen, daß, wenn eine prosthetische Gruppe oxygeniert wird, die Störung der Proteinstruktur an diesem Punkt durch Umordnung der Seitenketten auf den Wirkort eines anderen Hämrings übertragen wird. Die Folge ist eine Veränderung der Umgebung dieses zweiten Ringes und damit

eine Zunahme der Affinität für Sauerstoff. Wenn erst einmal ein Sauerstoffmolekül sich mit dem Tetramer verbunden hat, wird ein weiteres mit viel größerer Wahrscheinlichkeit folgen. Das bedingt den steilen Anstieg der Oxygenierungskurve, der notwendig ist, um den sigmoiden Verlauf zu erzeugen. Das Phänomen der Aktivierung (oder Deaktivierung) eines Wirkortes an einer quartären Struktur durch die Bindung eines Moleküls an einem entfernten Ort wird auch zur Regulation der katalytischen Aktivität von Enzymen ausgenutzt (s. S. 21
Hämoglobin hat eine weitere wichtige biologische Aufgabe, d leicht übersehen werden könnte. Es ist eine der wichtigsten Quellen der Pufferkapazität des Blutes. Die Dissoziationsgleic gewichte seiner ionisierbaren Seitenketten (von denen viele in Lösung hineinreichen), kontrollieren den pH-Wert sehr wirks auf die gleiche Weise wie die Puffersubstanzen, die in der nic biologischen Chemie verwendet werden. Das Hämoglobin-Pufsystem ist sogar noch raffinierter eingerichtet. Das Molekü ist so aufgebaut, daß, wenn die tetramere Struktur durch Ox genierung oder Deoxygenierung gestört wird, jeweils verschiedene Reste nach außen gelangen, um so die pH-Änderungen auszugleichen, die sich dann ergeben, wenn beim Verbrauch von Sauerstoff Kohlensäure gebildet wird (Abb. 4.6).
Die Struktur weist einige bemerkenswerte Eigenschaften auf, und es ist klar, daß schon kleine Veränderungen mit Wahrsch lichkeit zu ungünstigeren Ergebnissen führen würden. Eine Za von Mutationen (S. 180) ist bekannt, die bei bestimmten Ind

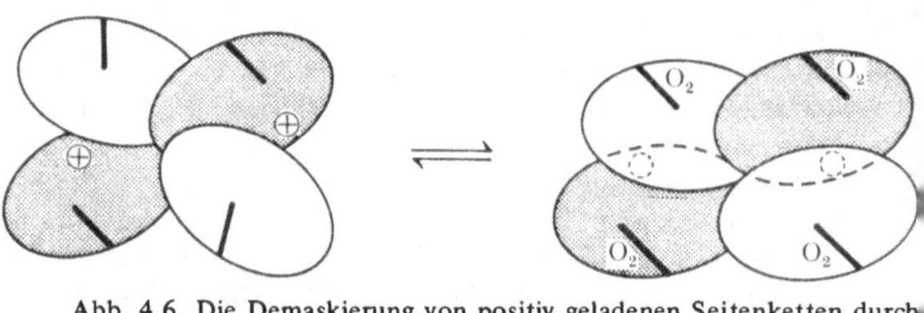

Abb. 4.6. Die Demaskierung von positiv geladenen Seitenketten durch Formänderung des Hämoglobins nach Abgabe des Sauerstoffs (schematisch).

duen zur Entwicklung von Hämoglobinen geführt haben, in denen eine (einzige) Aminosäure durch eine andere ersetzt ist. Wenn diese Veränderung, wie es oft der Fall ist, zu einer Störung der Funktion führt, finden wir bei dem Betreffenden das Bild einer Anämie. Die genauen klinischen Symptome dieser Anämie werden von der Natur und der Schwere der Funktionsstörung des Moleküls abhängen. Viele Anämien, die zuerst nur durch ihr klinisches Erscheinungsbild bekannt waren, das oft eine große Vielfalt aufwies, sind nun auf molekularer Ebene erklärt worden – ein hoffnungsvoller Beginn zur Bekämpfung anderer Erkrankungen. Durch die Kenntnis der Lokalisation der besonderen Aminosäuresubstitution im Hämoglobin des betreffenden Patienten ist es häufig möglich, die Veränderung der Eigenschaften des Proteins aus der Art der Substitution vorauszusagen. Die Folgen dieser Veränderung können dann in Beziehung zu der Natur der Erkrankung gesetzt werden.
Fassen wir das Kapitel zusammen, so muß betont werden, daß das Hämoglobin nur als ein *Beispiel* ausgewählt wurde, wie komplexe biologische Erscheinungen mit Hilfe von ein paar relativ einfachen Grundprinzipien zu erklären sind. Informationen dieser Art, die etwas weniger vollständig sind, gibt es für eine Reihe anderer Proteine, und in naher Zukunft wird wahrscheinlich sehr viel mehr darüber erforscht werden.

5. Die Funktion von Proteinen II – Die Enzyme

Die Enzyme sind Katalysatoren biochemischer Reaktionen. Es wurde bisher keine Substanz mit den Eigenschaften eines Enzyms entdeckt, die nicht ein Protein war, obwohl viele Enzyme Cofaktoren oder prosthetische Gruppen mit Nichteiweißcharakter besitzen. Man ist sich heute darüber einig, daß, wenn je eine solche Substanz gefunden werden sollte, sie nicht als Enzym bezeichnet werden würde. Die Enzyme sind als Katalysatoren der meisten Reaktionen des Intermediärstoffwechsels von besonderer Wichtigkeit. Ihre katalytische Wirkung ist enorm – oft mehrere Größenordnungen stärker als die entsprechenden nicht-biologischen Katalysatoren. Ein einziges Molekül des Enzyms, das Wasserstoffperoxid spaltet, ist z. B. in der Lage, etwa 5 000 000 Moleküle H_2O_2 in der Minute umzusetzen. Ebenso wie die große katalytische Potenz ist die Spezifität der Enzyme bemerkenswert. Wir haben bereits ein Beispiel erwähnt (S. 30), das uns zeigte, daß bei Reaktionen in der belebten Natur zwischen verschiedenen optischen Isomeren unterschieden werden kann, was in der üblichen Laboratorium-Chemie oft nur schwer möglich ist. Dies ist nur ein Beispiel für die Fähigkeit von Enzymen zwischen möglichen Substraten zu unterscheiden, seien sie auch noch so nahe miteinander verwandt. Die Urease ist ein Beispiel für die sehr hohe Spezifität. Sie ist bei der Katalyse der Spaltung von Harnstoff nach der Gleichung

$$CO(NH_2)_2 + H_2O \rightarrow CO_2 + 2\ NH_3$$

aktiv. Es gibt viele Substanzen, bei denen Substituenten an den NH_2-Gruppen des Harnstoffs gebunden sind. Keine dieser abgewandelten Substanzen wird durch das Enzym angegriffen. Andere Gruppen von Enzymen haben eine etwas geringere Spezifität. So katalysieren z. B. die Verdauungsenzyme die Spaltung von Proteinen durch Hydrolyse der Peptidbindung. Solche Enzyme zeigen die Tendenz zu einer spezifischen Wirkung, indem sie nur Peptidbindungen spalten, in denen bestimmte Klassen von Aminosäuren einen der Bindungspartner darstellen. Trypsin hydrolysiert nur solche Peptidbindungen, die von den Carboxylgruppen der langkettigen basischen Aminosäuren Lysin und Arginin ausgehen (Abb. 5.3.1). Andererseits zeigt Chymotrypsin keine Reaktion mit solchen Bindungen und greift nur die an, die von den Carboxylgruppen einer Zahl anderer Aminosäuren ausgehen. Es bevorzugt hauptsächlich gewisse hydrophobe Aminosäuren, besonders die aromatischen. Es gibt Enzyme, die fast alle Peptidbindungen spalten, und andere, die fast alle Ester hydrolysieren usw.

Es muß auch festgehalten werden, daß sich die Spezifität auch auf die Produkte erstreckt. Damit soll gesagt werden, daß in fast allen Fällen ein gegebenes Enzym nur eine Art von Reaktion mit einem bestimmten Substrat katalysiert. Das heißt aber

nicht, daß ein Enzym nie mehr als einen Reaktionstyp fördern kann, wenn ihm mehr als eine Art von Substrat angeboten wird. So werden proteolytische Enzyme zu Esterasen, wenn sie mit Peptid- oder Aminosäureestern zusammengebracht werden.
Das Potential dieser großen katalytischen Fähigkeiten zusammen mit der hohen Spezifität hat äußerst wichtige Folgen. Es existiert eine fast unendliche Zahl von Reaktionen, die eine chemische Substanz (z. B. Glucose) vom energetischen Standpunkt aus durchlaufen könnte. Die Produkte von vielen dieser Reaktionen können wiederum in sehr vielen, verschiedenen Arten reagieren und so geht es mit deren Produkten weiter (Abb. 5.1). Wie wir später sehen werden, können Enzyme energetisch unmögliche Reaktionen auch nicht katalysieren. Sie beschleunigen nur solche, die energetisch möglich sind. Diese Beschleunigung ist so groß, daß sie auf einen Selektionsprozeß hinausläuft. Im Beisein von geeigneten Enzymen wird eine Ausgangssubstanz durch das Labyrinth von Reaktionen so gelenkt, als ob die sich selbst vermehrenden Möglichkeiten gar nicht existierten. Dieses Vermögen der Enzyme, kraft ihrer Spezifität und ihrer Reaktionsbeschleunigung organisatorisch zu wirken, wird durch

Abb. 5.1. Auswahl eines speziellen Reaktionsweges aus einer großen Zahl möglicher Reaktionen durch eine Kette von Enzymen.

die Art, wie sie in der Zelle angeordnet sind, und durch viele ausgeklügelte Mechanismen, die je nach Bedarf für einen Anstieg oder eine Abnahme der Aktivität sorgen, noch verstärkt (Kap. 21).

Bevor wir den Versuch unternehmen, zu erläutern, wie Enzyme funktionieren, müssen wir etwas darüber sagen, wie chemische Reaktionen zustande kommen.

Nehmen wir die Reaktion

$$A + B \rightleftharpoons C + D.$$

Auch wenn die Hinreaktion (von links nach rechts) energetisch begünstigt ist (S. 78), muß folgendes eintreten, damit die Reaktion in meßbarem Ausmaß ablaufen kann: zunächst müssen A und B auf ganz bestimmte Weise in räumlichen Kontakt miteinander treten. (Die überwiegende Zahl von Kollisionen in freier Lösung ist ohne Effekt, da nur ein sehr geringer Spielraum für die räumliche Orientierung der speziellen Bindungen und Gruppierungen besteht, damit eine Reaktion eintreten kann.) Die zweite Voraussetzung ist, daß die Energiebarriere (Abb. 5.2) für die Reaktion überwunden werden muß. Aufgrund dieser Barriere laufen viele Reaktionen nicht ab, obwohl

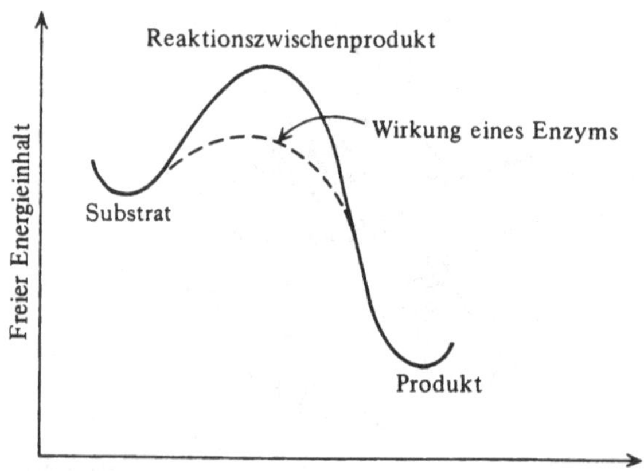

Abb. 5.2.

sie energetisch möglich sind. Diese Barriere kann damit erklärt werden, daß bei der Reaktion von *A* und *B* unter Bildung von *C* und *D* ein temporärer und unstabiler Komplex gebildet wird, der als Reaktionszwischenprodukt bezeichnet wird. Die freie Energie (S. 78) dieses Intermediats ist oft viel größer als die der Produkte oder der Ausgangsstoffe. In diesen Fällen ist die Existenz eines Intermediärproduktes, obwohl es für den Ablauf der Reaktion unumgänglich ist, zur gleichen Zeit eine Barriere. In Abwesenheit eines Katalysators kann die Barriere nur durch geeignete zufällige Veränderungen des Energieinhalts der Ausgangsprodukte überwunden werden. Wärme steigert diese Energiefluktuationen. Aus diesem Grunde beschleunigt Wärmezufuhr den Ablauf chemischer Reaktionen.

Enzyme können, ebenso wie jeder andere Katalysator eine Reaktion nicht fördern, wenn sie energetisch nicht möglich ist. Sie haben keinen Einfluß auf den Energieinhalt der Reaktionsteilnehmer im Anfangs- oder Endzustand und können eine aus anderen Gründen unmögliche Reaktion auch nicht ermöglichen. Alles, was sie tun können, ist, auf die beiden oben erwähnten Faktoren einzuwirken, die die Reaktionsgeschwindigkeit kontrollieren, und die Geschwindigkeit zu steigern, mit der eine Reaktion abläuft, die aus energetischen Gründen möglich ist. Die Katalysatoren, die mittels ihrer Oberfläche wirken, und zu dieser Klasse gehören die Enzyme, können eine günstige Konstellation für die Kollison und damit für die Reaktion dadurch erzeugen, daß sie *A* und *B* in der richtigen Lage und enger Nachbarschaft binden. Ferner werden *A* oder *B*, wenn die Bindung fest ist, am Enzym fixiert, bis der Partner auch eingetroffen ist, und in diesem Falle ist es *nicht* nötig, auf das relativ seltene Ereignis zu warten, daß alle drei Moleküle, die Reaktionspartner und der Katalysator, gleichzeitig zusammentreffen. (Dieser Vorgang bedeutet praktisch eine Erhöhung der lokalen Konzentration der Reaktionspartner.) Das erste, was ein Enzym macht, ist also die Bindung der Substrate. Dabei wirken die üblichen Kräfte, und die Spezifität wird dadurch erreicht, daß von der im Kapitel 3 beschriebenen strukturellen Vielseitigkeit der Proteine Gebrauch gemacht wird. Die Abb. 5.3 zeigt, wie

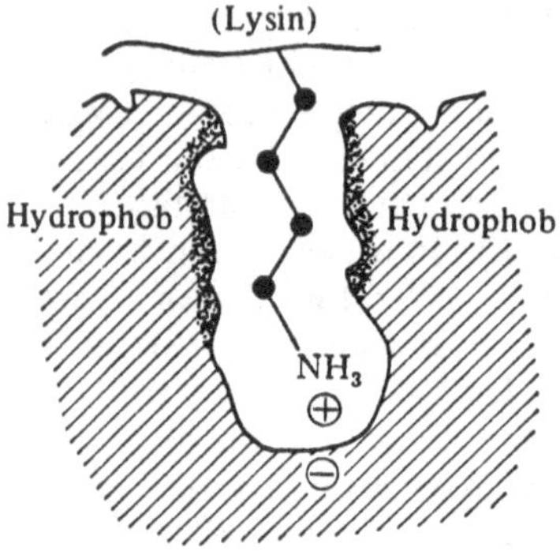

Abb. 5.3.1. Der spezifische Bindungsort des Trypsins

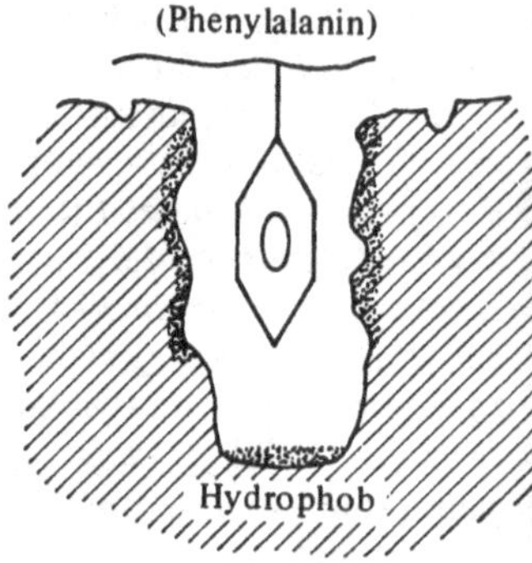

Abb. 5.3.2. Der spezifische Bindungsort des Chymotrypsins

sich in zwei Enzymen, die Proteine abbauen, die Aminosäuresequenzen unterscheiden, wodurch Wirkorte mit unterschiedlichen Bindungseigenschaften für die spezifischen Arten der Aminosäureseitenketten gebildet werden. Man hat oft den Vergleich gebraucht, daß das richtige Substrat eines Enzyms in den Bindungsort paßt wie ein Schlüssel in ein Schloß. Das ist ein statisches Bild und berücksichtigt nicht die Möglichkeit, daß sich das Enzym in manchen Fällen um das Substrat legen kann und so erst die richtige Form des Schlosses bildet, wenn der Schlüssel vorhanden ist. Das Bild von Schlüssel und Schloß ist trotzdem für das Verständnis der Enzymspezifität wertvoll. Die Wirkungsweise der sogenannten *kompetitiven Hemmstoffe* ist nun verständlich. Dies sind Verbindungen, die den Substratmolekülen genügend ähneln, um in geeignete Wechselwirkungen mit dem Bindungsort zu treten, aber doch nicht so ähnlich sind, daß sie an der Reaktion teilnehmen können und dann wieder frei gesetzt werden. Der falsche Schlüssel wird sich in dem Schloß nicht drehen, wenn aber seine Form der richtigen genug ähnelt, kann er sich in dem Schloß festklemmen und kann dann nicht entfernt werden. Betrachten wir z. B. die enzymatische Umwandlung von Succinat in Fumarat (Abb. 5.4, s. S. 124). Malonat bindet sich auch an den Wirkort, da der Abstand seiner Carboxyl-

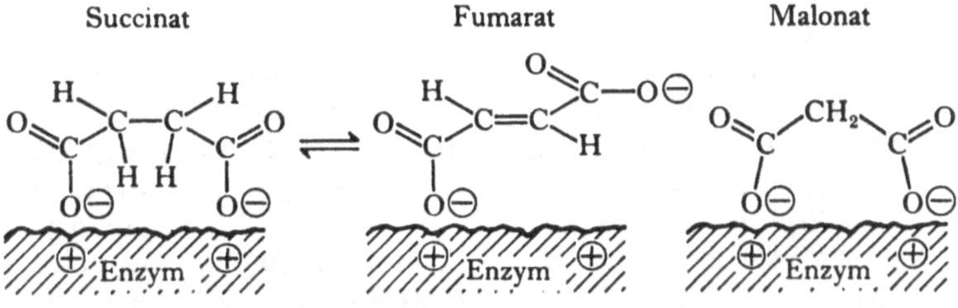

Abb. 5.4. Wechselwirkungen zwischen Fumarase und dem Succinat- bzw. Malonat-Ion.

gruppen nicht sehr von dem des Succinats abweicht. Wenn Succinat in Fumarat umgewandelt wird, kommt es zu einer extremen Veränderung in der räumlichen Struktur des Moleküls, und es kann nicht länger gebunden bleiben. Malonat kann einen solchen Wandel nicht durchlaufen, und so blockiert es weiterhin den Wirkort. In seiner Gegenwart kann das Molekül irgendwelche anderen Moleküle nicht binden. Malonat ist daher ein kräftiger Hemmstoff des Enzyms.

Als Beispiel für den Effekt der Bindungsorte am Protein auf die Erhöhung der wirksamen Substratkonzentration können wir die Gruppe der Reaktionen betrachten, die hydrolytisch verlaufen, und im besonderen die, bei denen Protonen aktiv mitwirken. Die Geschwindigkeit solcher Reaktionen steigt ganz enorm, wenn eine Bindung von Protonen eintritt. Die Konzentration der Protonen bei physiologischem pH ist natürlich sehr klein: laut Definition 10^{-7} Mol pro Liter bei pH 7. (Das Volumen der Zelle ist so klein, daß das nur rund hundert Protonen pro Zelle bedeutet.) Die Speicherung eines Protons in einer Position, in der es für eine hydrolytische Reaktion benutzt werden kann, entspricht einem drastischen pH-Abfall. Das hat jedoch nicht alle die unerwünschten Konsequenzen für die Zelle wie ein genereller Anstieg der Wasserstoffionenkonzentration.

Wer sich in der Thermodynamik auskennt, wird feststellen, daß eine Erhöhung der Zahl der erfolgreichen Kollisionen einen Entropiebeitrag zur Senkung der freien Energie der Potentialbarriere darstellt. Zusätzlich können Enzyme die Potentialbarriere auf direktem Wege senken. Wenn einige der Seitenketten auf der Proteinoberfläche mit dem Zwischenprodukt in Wechselwirkung treten können, ist eine Stabilisierung möglich. Die Stabilisierung einer Struktur ist jedoch gleichbedeutend mit einer Erniedrigung der freien Energie. Es läßt sich zeigen, daß die Wahrscheinlichkeit, daß die thermische Zufallsbewegung, die reagierenden Stoffe über die Potentialbarriere zur Produktseite lenkt, exponentiell mit der Erniedrigung der Barriere ansteigt. Dementsprechend wird die Reaktion ganz enorm beschleunigt (Abb. 5.2). Die Abb. 5.5.2 soll etwas die Vorstellungen veranschaulichen, wie das Reaktionszwischenprodukt im Falle des Enzyms Lysozym, das Polysaccharidketten in Zellwänden von Bakterien hydrolysiert, stabilisiert wird. Wir sehen in der Abbildung die Kette, die bereits durch ein Proton, das von dem Carboxylrest mit der Bezeichnung 35 stammt, gespalten worden ist. Das entstandene positiv geladene Zwischenprodukt wäre in freier Lösung höchst unstabil, aber hier steigt die Stabilität deutlich. Das ist erstens auf die Nähe der negativen Ladung der Caboxylgruppe Nr. 52 und zweitens auf die Wechselwirkungen mit der passend geformten Oberfläche des Enzymmoleküls zurückzuführen, die den Ring in der deformierten Konfiguration halten, der durch die Geometrie des Zwischenprodukts erzwungen wird.

An Hand der Abb. 5.5.2 kann man auch ein anderes Kennzeichen der Zusammenhänge zwischen Enzymstruktur und -funktion illustrieren, von dem schon öfter die Rede war. Es handelt sich um die Plazierung von reaktiven Gruppen in einem unge-

Abb. 5.5.1. Computer-Diagramm über die Wechselwirkungen zwischen einem Hexasaccharid als Substrat (dicke Linien) und der Aminosäure-Seitenkette des Bindungsortes des Lysozyms.
Die Sauerstoffatome sind als große und die Stickstoffatome als kleinere Kreise dargestellt. Die Wasserstoffatome sind fortgelassen. Wasserstoffbrücken sind durch punktierte Linien angedeutet. Der komplexe und spezifische Charakter der Wechselwirkungen ist bemerkenswert. Einige der einzelnen Bindungen sind leicht zu erkennen, z. B. die Wasserstoffbrücke zwischen der CH_3–CO–NH-Seitenkette am zweiten Zuckerring (von unten) und der Seitenkette des Asparagins Nr. 44. Andere Bindungen sind ohne sterische Darstellung oft schwerer zu bemerken.

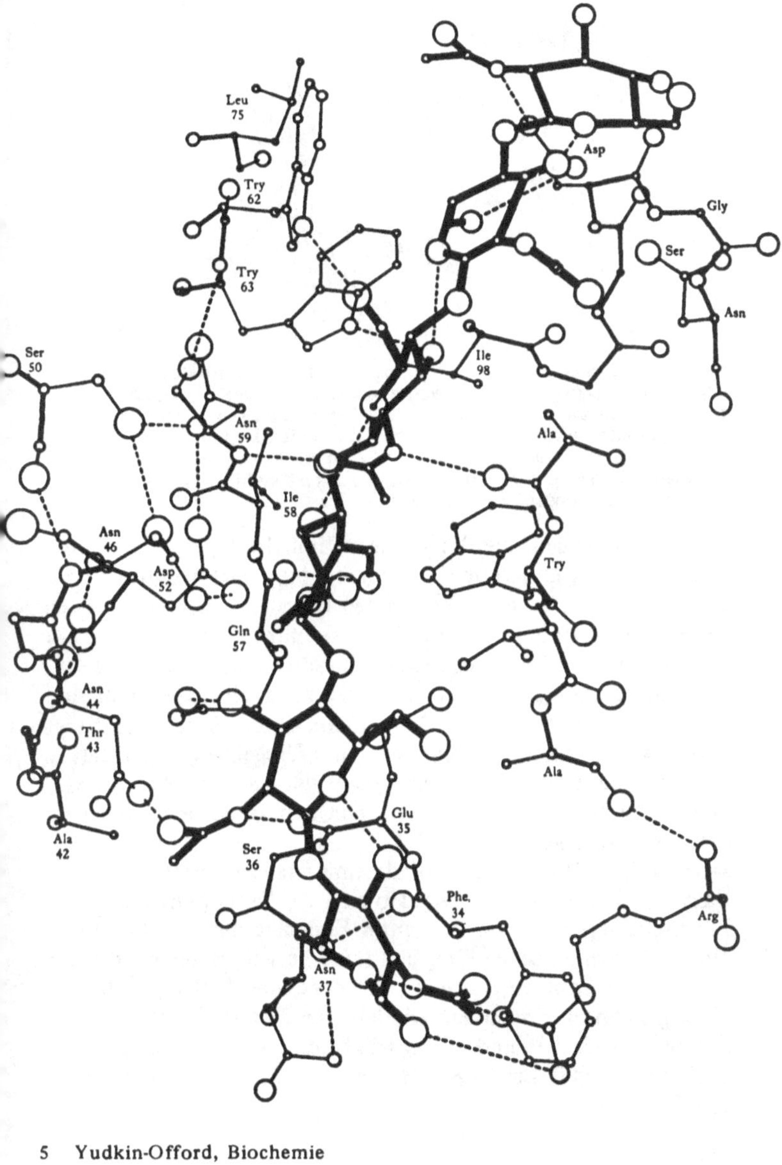
Leu
75
Try
62
Try
63
Asp
Gly
Ser
Asn
Ile
98
Ser
50
Asn
59
Ala
Ile
58
Asn
46
Asp
52
Try
Gln
57
Asn
44
Thr
43
Ala
42
Ala
Glu
35
Ser
36
Phe.
34
Arg
Asn
37

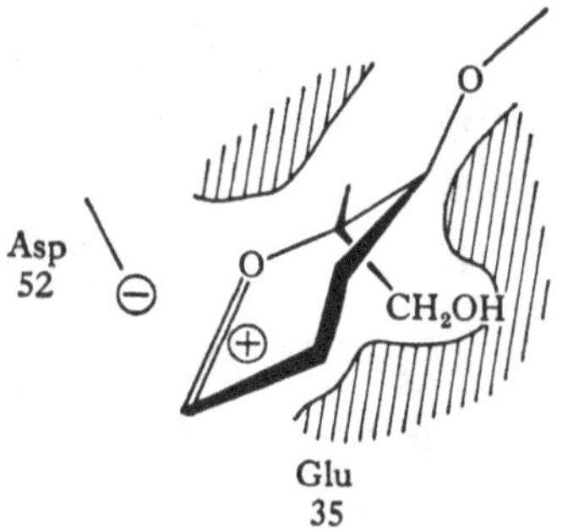

Abb. 5.5.2. Schematische Darstellung der Stabilisierung des transitorischen Zwischenprodukts, das während der Hydrolyse der Bindung zwischen dem zweiten und dritten Zuckermolekül (von unten in Abb. 5.5.1) gebildet wird. Der Kontakt mit den Seitenketten der Aminosäuren stabilisiert die sonst unwahrscheinliche Konformation des Zuckerrings. Die negative Ladung des Aspartats 52 stabilisiert das positiv geladene Zwischenprodukt mittels einer Ionenbindung.

wöhnlichen Milieu, die ihnen ungewöhnliche Eigenschaften verleiht. Die Carboxylgruppe 35 liegt in einer stark hydrophoben Umgebung. In einem solchen Milieu ist es für diese Gruppe sehr viel schwerer zu dissoziieren. Wenn sie mit anderen Worten ein Proton findet, wird sie es gebunden halten, bis sie es für die Reaktion abgibt. Die Carboxylgruppe 52 dagegen befindet sich in einem stark hydrophilen Milieu, und unter diesen Bedingungen wird eine Dissoziation erleichtert. Ihre Umgebung begünstigt also, daß sie geladen bleibt und so in der Lage ist, bei der Stabilisierung der Intermediärstruktur in dem oben beschriebenen Sinne mitzuwirken.

Jeder höhere Organismus enthält einige tausend verschiedene Enzyme. Wahrscheinlich gründen sich die bemerkenswerten Eigenschaften aller Enzyme, unter Einbezug der Cofaktoren und der prosthetischen Gruppen (auf die wir später noch öfter zu sprechen kommen werden), in irgendeiner Weise auf die oben genannten Prinzipien. Die lebende Materie hat viele ungewöhnlich erscheinende Eigenschaften. Zu den auffälligsten gehören die chemischen Reaktionen, die durch die Enzyme bedingt sind.

6. Nucleinsäuren, Polysaccharide und Lipide

Nucleinsäuren

Im letzten Kapitel dürfte klar geworden sein, daß Proteine bei jeder spezifischen Aktivität der lebenden Materie eine wichtige Rolle spielen, mit Ausnahme eines Vorgangs. Dieser bisher nicht erwähnte ist die Reproduktion. Aber auch hier haben Enzyme mitzuwirken, wenn auch die Moleküle, die eigentlich mit der Reproduktion zu tun haben, die *Nucleinsäuren* sind. Ihre Hauptfunktion ist die identische Reduplikation und das erklärt auch, warum sie viel weniger Komponenten als die Proteine enthalten. So ist auch die relativ kleine Zahl verschiedener Typen von Nucleinsäuren verständlich.

Die häufigsten Basen der Nucleinsäuren sind in der Tab. 6.1 aufgeführt. Sie sind über eine glykosidische Bindung (s. S. 16 und 18) mit einem Zucker verknüpft. Dieser Zucker ist die D-Ribose oder die D-Desoxyribose, je nachdem ob es sich um Ribonucleinsäure (RNA) oder Desoxyribonucleinsäure (DNA) handelt. Die aus Zucker und Base aufgebaute Verbindung wird als Nucleosid bezeichnet. Wenn eine OH-Gruppe des Zuckers eines Nucleosids phosphoryliert wird, entsteht ein Nucleotid. Die Nucleotide sind in einer bestimmten Reihenfolge durch Phosphodiesterbindungen, wie sie oben (S. 16) beschrieben wurden, miteinander verknüpft.

Auch hier wirkt wieder ein ganzes Spektrum von Kräften bei der Stabilisierung der dreidimensionalen Struktur mit. Die Wasserstoffbrückenbindung ist wegen der bemerkenswerten Art und Weise, mit der jeweils zwei Basen, wenn sie in der gleichen Ebene liegen, komplementär zueinander passen, besonders wichtig. Dabei wirken die Wasserstoffbrückenbindungen als stabilisierende Kräfte (Abb. 6.1).

In der bekannten Struktur der Doppelhelix (Abb. 6.2) kommen solche Basenpaare in eine Ebene zu liegen. Man sieht, daß in jeder Spirale die Basen übereinander geschichtet sind, wie die Stufen einer Wendeltreppe. Diese Struktur ist nur dann stabil, wenn diese Basenpaare in dem oben beschriebenen Sinne

Tab. 6.1. Basen und Zucker in Nucleinsäuren (die verschiedenen Arten der Numerierung der Ringatome sind zu beachten)

Pyrimidine

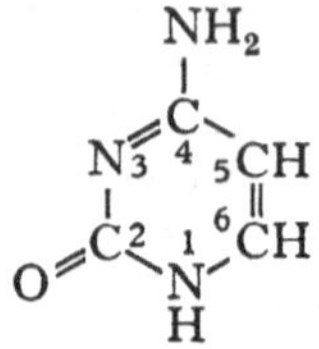

Cytosin

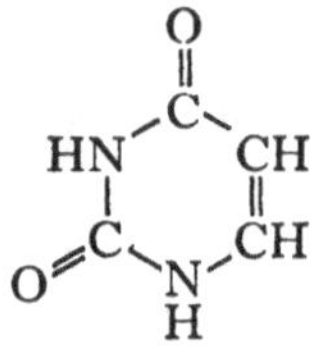

Uracil

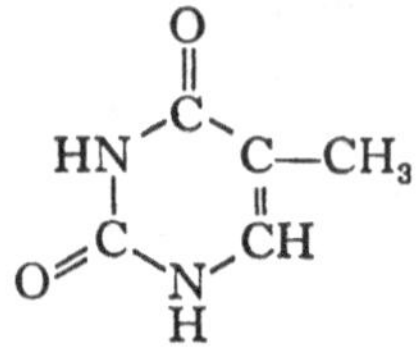

Thymin

Purine

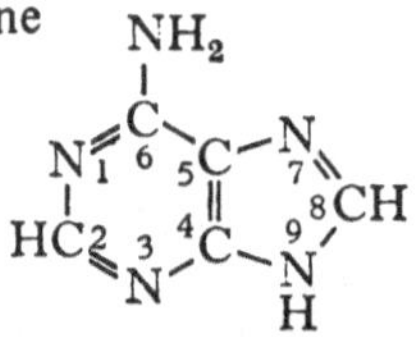

Adenin

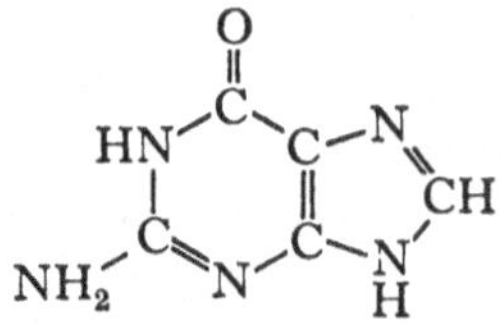

Guanin

Zucker

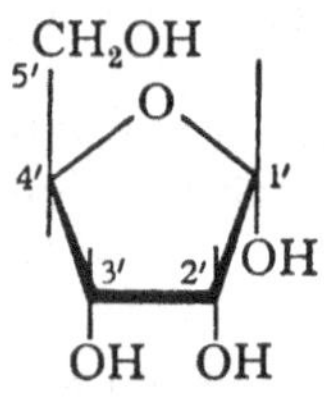

Ribose

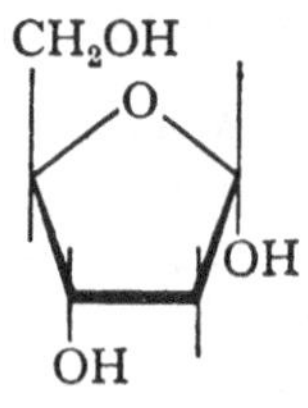

Desoxyribose

komplementär sind. So kann die Basensequenz eines Stranges die des anderen bestimmen (s. Abb. auf S. 192). Auf diesen Bauplan (der durch die Wasserstoffbrückenbindungen gegeben ist) gründet sich die Reduplikation des Moleküls und die Kontrolle der Reihenfolge der anderen Moleküle (s. Kap. 18).
Es wird häufig nicht beachtet, daß die Wasserstoffbrücken nur den letzten, wenn auch entscheidenden Beitrag zur Stabilität einer Struktur beisteuern, die schon durch viel stärkere Kräfte

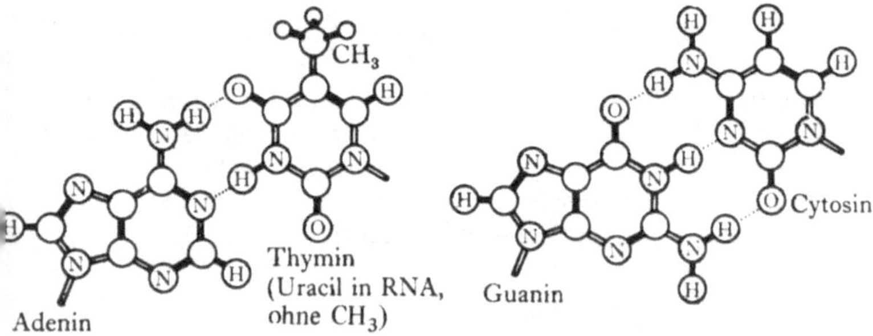

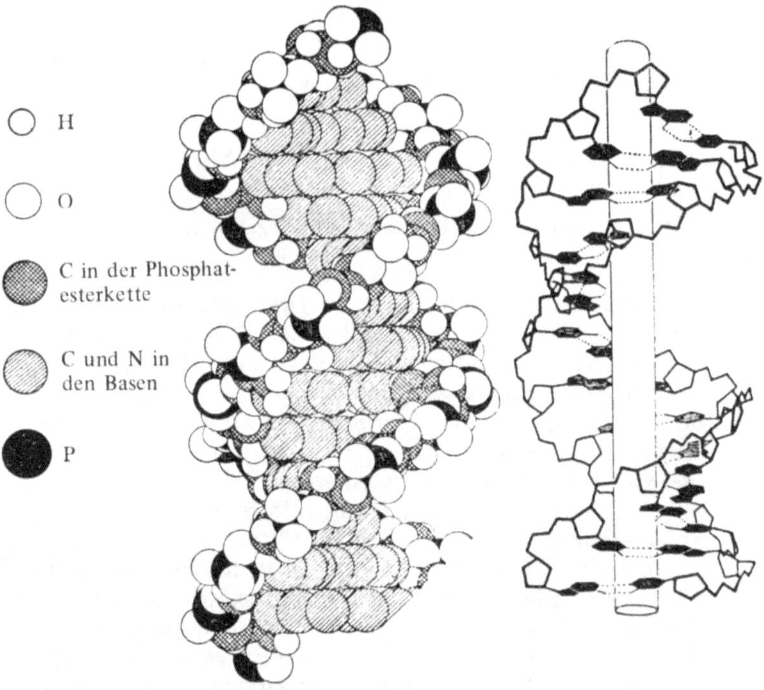

Abb. 6.2. Die DNA. In der linken Zeichnung stellen die schraffierten Atome die Basen dar, während die Zucker nicht schraffiert sind.

nahezu völlig zusammengehalten wird. Von den früher erwähnten nichtkovalenten Kräften stabilisieren hydrophobe und dipolartige Wirkungen die Aneinanderreihung der Basen in jedem Strang und ziehen die beiden Stränge aneinander. Dieser Trend zur engen Zusammenlagerung hält Wassermoleküle von dem Zentrum der Doppelspirale fern und ermöglicht den klaren Aufbau eines Feldes von Wasserstoffbrücken (Abb. 6.3).

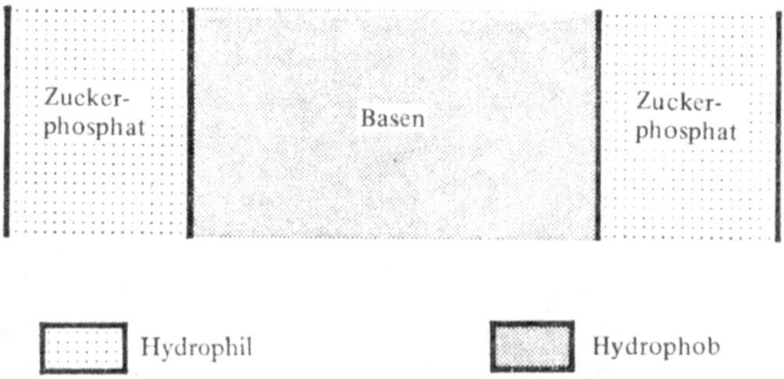

Abb. 6.3. Hydrophobe und hydrophile Regionen in der DNA

Die Doppelhelix-Struktur ist für die DNA charakteristisch. Eine analoge Doppelhelix besteht in der RNA immer dann, wenn komplementäre Basenpaare vorkommen. Hier ist die Struktur etwas anders, weil eine Menge von zusätzlichen Sauerstoffatomen in Stellung 2′ der Ribose in dem gedrängten Raum der Struktur zusätzlich untergebracht werden müssen (Abb. 2.2). Die Abb. 6.4 zeigt, daß es zweisträngige RNS-Moleküle gibt. Häufiger findet man diese Struktur jedoch nur in bestimmten Abschnitten des Moleküls, wo zufällig komplementäre Sequenzen in Positionen vorliegen, die eine Zusammenlagerung möglich machen. Diese Anteile mit Doppelstrangstruktur sind durch einsträngige Abschnitte, in denen keine komplementären Sequenzen zur Verfügung stehen, von einander getrennt (Abb. 20.1). Eine solche Struktur ist durch die Einwirkung der thermischen Molekularbewegungen in kräftiger Bewegung und keinesfalls statisch. Zweiwertige Kationen wie Magnesium fördern den Zusammenhalt der verschiedenen Teile der Struktur, da sie durch ihre positiven Ladungen zwei negativ geladene Phosphatgruppen an verschiedenen Teilen des Moleküls verbinden können. Andere Arten von Querverbindungen sind im Gegensatz zu denen bei den Proteinen und Polysacchariden nicht bekannt.

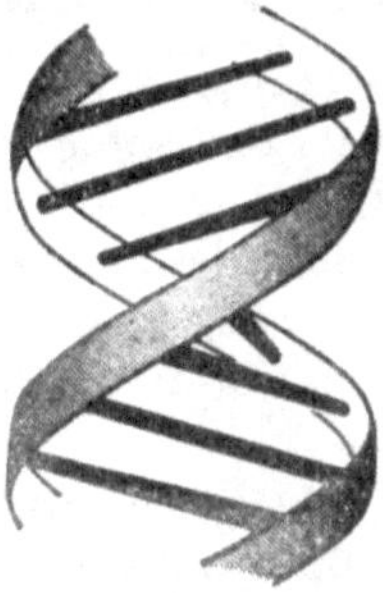

Abb. 6.4. Eine doppelsträngige RNA. Im Gegensatz zu der DNA liegen die Basen weder parallel zueinander noch rechtwinklig zur Helixachse.

DNA kommt außerhalb von Zellen als ein- oder zweisträngige Virus-Nucleinsäure (s. unten) mit einer Länge von 10^3 bis 10^5 Basen vor. Innerhalb der Zelle ist die am besten bekannte Form die in den Chromosomen des Kerns. Diese sind ein Komplex zwischen zweisträngiger DNA und vorwiegend basischen Proteinen. Sie wirkt als Datenbank der genetischen Information für die Zelle (s. Kap. 18). Sie hat eine sehr große Kettenlänge mit Hunderttausenden von Basen. Die DNA eines Bakteriums ist bis zu 1,4 mm lang, und wenn sie nicht so dünn wäre, könnte man sie mit bloßem Auge sehen.

RNA findet sich außerhalb von Zellen als Virusnucleinsäure. Sie ist üblicherweise einsträngig und 10^3 bis 10^4 Basen lang. In der Zelle gibt es drei Typen:

1. Die *Messenger-RNA (mRNA)*, die die genetische Information (S. 198) vom Kern zum Ort der Translation trägt. Sie ist ein einsträngiges Molekül mit einer Länge in der Größenordnung von 10^3 bis 10^4 Basen.

2. *Ribosomale RNA (rRNA)* kommt in den Ribosomen vor. Das sind subzelluläre Partikel, die bei der Translation der genetischen Information (S. 197) mitwirken. Im Ribosom gibt es drei Komponenten von Nucleinsäuren. Eine hat etwa 3×10^3 Basen, die zweite ist halb so lang und die dritte hat nur etwas über 10^2 Basen. Sofern doppelsträngige Abschnitte in ihnen vorkommen, sind sie von der auf S. 71 besprochenen Art.

3. *Transfer-RNA-Moleküle (tRNA)* tragen die Aminosäurereste zum Ribosom, wo sie in einer Reihenfolge in das Eiweiß eingebaut werden, die durch die Wasserstoffbrücken bildenden Eigenschaften der Nucleotidsequenz des Messengers (S. 203) bestimmt wird. Jede Aminosäure hat wenigstens eine Art von tRNA speziell für sich. Sie besteht aus 70–80 Basen in einer charakteristischen Reihenfolge.

Eine ausführlichere Beschreibung der Struktur der verschiedenen tRNA findet man auf S. 200, wo die Struktur eingehender in Hinblick auf die Einzelheiten der Art und Weise, wie das Molekül wirkt, besprochen werden kann. Im Moment sollte der Leser nur einen Blick auf die Abb. 20.1, S. 201 werfen. Er wird dabei abwechselnd ein- und doppelsträngige Bezirke sehen, von denen oben die Rede war.

Nucleinsäuren finden sich häufig in Kombination mit basischen Proteinen (Histonen, Nucleoproteinen, ribosomalen Proteinen usw.). Die genaue Wirkungsweise dieser Proteine ist unklar, doch können die mit der DNA verbundenen basischen Proteine eine Rolle bei der Kontrolle der Übertragung der genetischen Information spielen (S. 216), während die ribosomalen Proteine ein grundlegender Bestandteil der eigentlichen Struktur des Ribosoms sind. Wahrscheinlich vermitteln Ionenkräfte die Wechselwirkungen zwischen den Nucleinsäuren und den basischen Proteinen. Viele der basischen Proteine, die in Verbindung mit Nucleinsäuren vorkommen, haben bis zu 80% Seitenketten aus der basischen Gruppe in der Kategorie 2 der Tabelle 3.1 (S. 28). Es können sich dadurch viele Ionenbindungen zwischen den positiv geladenen Seitenketten und den negativ geladenen Phosphatgruppen des Zucker-Phosphat-Grundgerüstes ausbilden.

Bei einer anderen Gruppe von Proteinen, die in Verbindung mit den Nucleinsäuren vorkommen, spielen die Ionenbindungen keine so große Rolle. Dies sind die Virusproteine, die im Sinne einer festen Quartärstruktur konstruiert sind. Diese umhüllen die Nucleinsäure und schützen sie (Abb. 6.5).

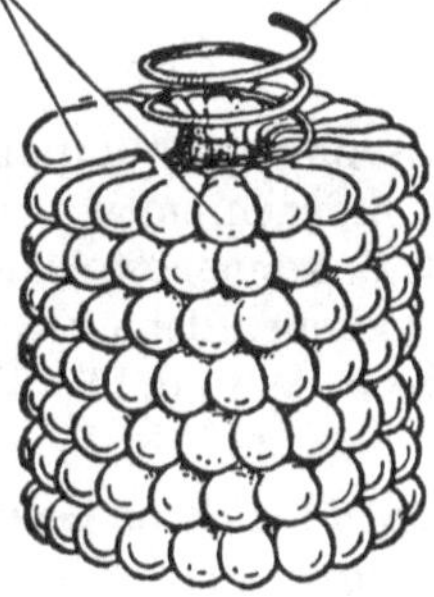

Abb. 6.5. Quartärstruktur in einem zylinderförmigen Virus.

Polysaccharide

Bestimmte D-Hexosen (besonders Glucose und ihre Derivate) und D-Pentosen können, wie bereits erwähnt wurde, durch glykosidische Bindungen polymerisieren. Die gebildeten Moleküle, die eine beträchtliche Größe erreichen können, erfüllen im allgemeinen strukturelle Aufgaben oder dienen als Zuckerreserven. Cellulose ist das am besten bekannte Beispiel für ein Kohlenhydrat mit beachtlicher mechanischer Festigkeit. Sie wird aus unverzweigten Ketten von Glucoseresten gebildet, die durch glykosidische Bindungen in der $1 \rightarrow 4\beta$-Konfiguration verknüpft sind (s. Abb. 6.6). Solche Ketten können sich eng aneinander lagern und streng parallel ausgerichtete Mikrokriställchen bilden, das viele Möglichkeiten zu Wasserstoffbrücken bietet. Zu größerer Festigkeit, z. B. im Holz, kommt es durch reichliche Quervernetzungen durch Reaktionen freier aromatischer Radikale, in einer Art, die etwas an die Proteine erinnert (S. 45). Es gibt viele andere polymere Zucker mit ähnlichen Funktio-

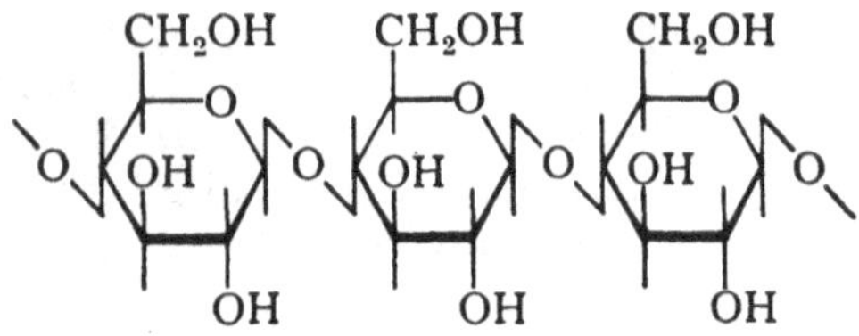

Abb. 6.6. Cellulose. Vergleiche das Bild mit der 1 → 4α-Bindung in der Abb. 2.3.

nen wie die Cellulose. Wenn es sich um andere Zucker handelt, besonders solche, in denen einige der Hydroxylgruppen chemisch modifiziert sind, können Moleküle gebildet werden, die nicht starr sind. Sie können dann z. B. Lösungen bilden, die als Gleitmittel große Bedeutung für die Gelenke von Tieren haben usw.

Sowohl tierische als auch pflanzliche Gewebe benutzen die Polysaccharide als Nährstoffreserve. *Glykogen* ist das typische *tierische* Produkt, *Stärke* das *pflanzliche.* Das *Glykogen* besteht aus Ketten von Glucosemolekülen, die durch glykosidische Bindungen in der 1 → 4 α-Konfiguration verknüpft und durch glykosidische Bindungen hauptsächlich in der 1 → 6 α-Konfiguration verzweigt sind. Ein Molekül besteht aus rund 10^4 Glucoseresten. Die Kontrolle der Kettenlänge und des Verzweigungsgrades ist nicht streng, so daß die Moleküle einen heterogenen Charakter haben.

Die *Stärke* besteht aus zwei Arten von Molekülen. Eine wird als *Amylopektin* und die andere als *Amylose* bezeichnet. Amylopektin hat eine Struktur analog dem Glykogen, nur enthält sie im Durchschnitt erheblich weniger Glucosereste. *Amylose* besitzt eine unverzweigte Polysaccharidkette, die 10^2 bis 10^3 Glucosereste enthält, die durch glykosidische Bindungen in der 1 → 4 α-Konfiguration verknüpft sind. [Zu der Unbestimmtheit der Struktur in den Speicherpolysacchariden gibt es bei den Nahrungsproteinen keine Parallele. Diese haben offenbar genau so fest bestimmte Sequenzen wie alle anderen Proteine. Der Grund für diesen Unterschied liegt möglicherweise darin, daß schon sehr kleine Abweichungen von der richtigen Struktur solche Proteine unbrauchbar machen kann (z. B. dadurch, daß sie unlöslich werden). Etwas Ähnliches ist für die Polysaccharide nur schwer vorzustellen.]

Polysaccharide als Reservestoffe und Strukturmaterial sind unter den Mikroorganismen, Pflanzen und Tieren weit verbreitet. Sie finden sich häufig in Verbindung mit Proteinen (sie werden dann als Glykoproteine oder Mucopolysaccharide bezeichnet) oder mit Lipiden. Solche kombinierten Stoffe haben viele wichtige strukturelle und mechanische Funktionen.

Lipide

Wie schon im Kap. 2 erwähnt wurde, gibt es *noch* eine Gruppe biologischer Moleküle, die Strukturen von erheblicher Größe bilden. Dies sind die *Lipide*, die mit wenigen Ausnahmen Derivate der Fettsäuren sind. Sehr viele Lipide, besonders die, die bei der Betrachtung von Makromolekülen von Bedeutung sind, sind durch Veresterung von Fettsäuren mit verschiedenen mehrwertigen Alkoholen entstanden. Von diesen ist das *Glycerin* der wichtigste (s. Abb. 6.7). In der Abbildung sind R_1

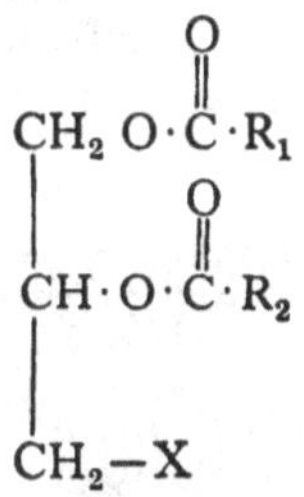

Abb. 6.7.

und R_2 gewöhnlich langkettige Fettsäuren, während *X* für eine Fülle von Gruppen steht, die sowohl neutral als auch geladen, polar als auch apolar sein können. Bei den Lipiden gibt es keine Vereinigung kleiner Moleküle durch Kondensation unter Wasseraustritt zu langen Ketten und damit keine Probleme der Sequenz oder deren Kontrolle. Auch mit den längsten Fettsäuresubstituenten erreichen die Lipide kaum das Molekulargewicht der kleinsten der echten Makromoleküle. Sie werden in diesem Kapitel nur deshalb abgehandelt, weil die Lipide das ganze Spektrum von nicht-kovalenten Kräften dazu ausnutzen können, zu sehr großen Strukturen zu assoziieren (vgl. die Ähnlichkeit der einzelnen Bausteine mit denen der Abb. 2.5). Diese Strukturen sind eng mit den anderen Arten von Makromolekülen verknüpft (siehe unten).

Membranen

Es ist wahrscheinlich, daß nur wenige der Prozesse, die in diesem Buch beschrieben sind, in freier Lösung ablaufen würden. Sehr viele der im Stoffwechsel aktivsten Enzyme sind an die verschiedenen Membranstrukturen gebunden, die durch Aggregation von Lipiden entstanden sind. Dazu gehören die Grenzmembran der Zelle selbst, das endoplasmatische Reticulum und die Cristae der Mitochondrien (s. Titelbild). Heute ist man der Meinung, daß in vielen Fällen diese Bindung des Proteins nicht nur den Sinn einer einfachen Bindung an der nächstbesten Oberfläche hat. Viele Systeme biologisch aktiver Proteine benötigen die enge Nähe einer Zahl anderer Proteinmoleküle in einer bestimmten räumlichen Anordnung zueinander (s. S. 163). Die Lipidmembran dürfte eine spezifische Rolle bei der Kontrolle der Bildung solcher Einheiten zu spielen haben.

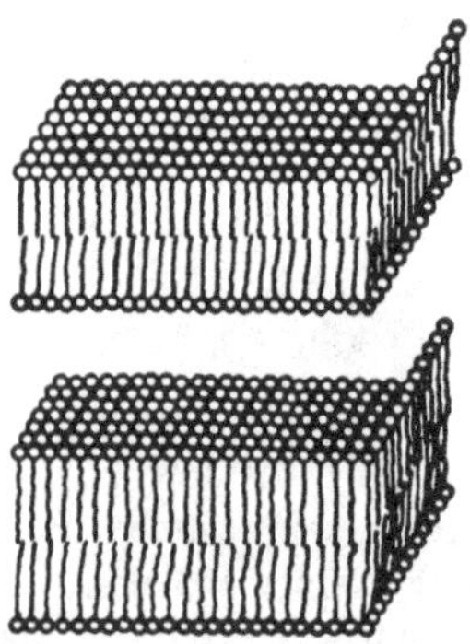

Abb. 6.8. Ein typisches Aggregat aus Lipiden – in diesem Falle eine gepaarte, planare Struktur.

ABSCHNITT II

Der intermediäre Stoffwechsel

7. Freie Energie und biochemische Reaktionen

Es ist eine alltägliche Erfahrungstatsache, daß alle Prozeßabläufe in zwei Gruppen eingeteilt werden können:

1. solche, die dazu neigen, von selbst abzulaufen und
2. solche, die durch Zufuhr von Energie getrieben werden müssen.

Abwärts fließendes Wasser ist ein Beispiel für die erste Gruppe, ein Fahrzeug, das bergauf fährt, ist ein Beispiel für die zweite Gruppe. Ferner wissen wir, daß es die Prozesse der ersten Gruppe sind, die die Energie liefern, mit denen die der zweiten Gruppe angetrieben werden. (Ein Wasserrad kann dazu benutzt werden, einen Karren bergan zu ziehen.) Diese Einteilung gilt ebenso auf der molekularen Ebene und ist für das Verständnis der Anlage lebender Systeme von großer Wichtigkeit. Im besonderen ist es in Analogie zu den zitierten mechanischen Beispielen möglich, die durch einen Prozeß der ersten Art gewonnene chemische Energie zu benutzen, um einen chemischen oder physikalischen Prozeß der zweiten Art anzutreiben.
Die lebende Materie ist auf diese Möglichkeit angewiesen. Die Organismen nutzen sie aus, um Synthesen von Verbindungen und Strukturen durchzuführen, die andernfalls nicht möglich wären, und um chemische Energie mit mechanischer Arbeit zu koppeln. (Beispiele für eine Kopplung zwischen chemischen und mechanischen Prozessen sind die Muskelkontraktion und der aktive Transport von gelösten Stoffen in Gebiete höherer Konzentration). Ebenso wie die Ausnützung der Energiekopplung im großen Stil ein charakteristisches Merkmal des Lebens auf der molekularen Ebene ist, ebenso sind die Folgen dieser

Kopplung – die Fähigkeit zu *wachsen,* sich zu *bewegen* und zu *organisieren* – die typischen Eigenschaften, an denen wir das Leben auf der makromolekularen Ebene erkennen.

Um die Bedeutung jedes einzelnen Prozesses für die Ökonomie der Lebensvorgänge abschätzen zu können, muß man wissen, zu welcher Kategorie er gehört, und eine Vorstellung von dem Energiebetrag haben, der aus der Reaktion gewonnen werden kann oder der für sie benötigt wird. Es gibt eine praktische thermodynamische Größe, die uns weiterhilft. Stellen wir uns einen Prozeß $A \rightleftharpoons B$ vor, der bei konstanter Temperatur und konstantem Druck, also unter Bedingungen, bei der die Reaktionen in der lebenden Materie im allgemeinen ablaufen, vonstatten geht. Die maximal ausnutzbare Arbeit, die freigesetzt oder verbraucht werden kann, bezeichnet man als ΔG. Sie ist eine Änderung der sogenannten freien Energie nach Gibbs. Vereinbarungsgemäß hat ΔG einen negativen Wert (für die Reaktion von A nach B), wenn freie Energie aus der Reaktion gewonnen werden kann, und der Prozeß $A \rightarrow B$ gehört zur ersten, der energieliefernden Gruppe. Wenn der Wert von ΔG positiv ist, dann ist $A \rightarrow B$ von der zweiten, der energiebedürftigen Art.

Es ist klar, daß wenn ΔG für die Reaktion $A \rightarrow B$ negativ ist, es für die Reaktion $B \rightarrow A$ positiv sein wird, da die Reaktion reversibel ist. Die Übereinkunft ist nicht so unlogisch, wie sie auf den ersten Blick erscheinen mag: wenn wir aus dem Prozeß Energie gewinnen (negatives ΔG), muß das System selbst diese verlieren.

So gibt uns das Vorzeichen von ΔG darüber Auskunft, zu welcher Kategorie die Reaktion gehört. Die zweite Angabe, die wir brauchen, betrifft die Menge der Energie, die ausgetauscht wird. Sie drückt sich in der Größe von ΔG aus. Je größer der negative Wert von ΔG ist, um so mehr Energie kann gewonnen werden. Je größer der positive ist, um so mehr wird benötigt.

Man muß nun nicht denken, daß, wenn ΔG negativ ist, die Reaktion ständig und spontan abläuft. Stellen wir uns noch einmal das Beispiel des fließenden Wassers vor. Das Wasser befindet sich in einem Becken in einer gewissen Höhe über der Umgebung. Natürlich ist die Tendenz (stark negatives ΔG) des Wassers sehr groß, hinab zu fließen. Ob es das nun tatsächlich tut oder nicht, und mit welcher Geschwindigkeit, hängt von Faktoren ab, die unabhängig von ΔG sind. Wenn der Staudamm fest und geschlossen ist, wird es niemals hinabfließen; wenn er ein winziges Loch hat, wird es zwar fließen, aber mit kaum wahrnehmbarer Geschwindigkeit; wenn der Damm zerstört wird, wird das Wasser mit großer Gewalt und Schnelligkeit hinabstürzen.

Kehren wir zu den chemischen Reaktionen zurück, so können wir von einer Reaktion sprechen, die energetisch begünstigt ist (negatives ΔG), aber kinetisch gehemmt (s. S. 60). Die heftige Verbrennung von organischem Material in Gegenwart von Luft hat ein großes, negatives ΔG. Organismen leben nur deshalb weiter, weil bei Zimmertemperatur ein kinetisches Hindernis für den Oxydationsprozeß existiert – die sogenannte „Potentialbarriere" (s. Abb. 5.2).

Der Wert von ΔG muß auch von den Mengen der anwesenden Komponenten abhängen. Eine Tasse voll Wasser, die aus dem Staubecken hinabfließt, kann nicht die gleiche Menge Energie erzeugen wie Millionen Liter. Diese Abhängigkeit von der Menge führt uns zu einem sehr wertvollen Zusammenhang zwischen ΔG und anderen Parametern chemischer Reaktionen. Betrachten wir die reversible Reaktion $A \rightleftharpoons B$, in der $A \rightarrow B$ energetisch gegenüber $B \rightarrow A$ begünstigt ist. Wenn wir mit gleichen Konzentrationen von A und B beginnen, wird die Gesamtreaktion von links nach rechts ablaufen und die Konzentration von B wird zunehmen, während die von A abfällt. Das wirksame ΔG für $B \rightarrow A$ wird abnehmen, da die Konzentration von B zunimmt, und das wirksame ΔG für $A \rightarrow B$ wird einen zahlenmäßig abnehmenden negativen Wert haben, da die Konzentration von A sinkt. Die Relation läuft weiter ab, bis die Konzentrationen einen Punkt erreicht haben, bei dem die ΔG-Werte für die Hin- und die Rückreaktion gleich sind. An diesem Punkt treten keine weiteren Änderungen der Gesamtkonzentrationen von A und B mehr auf.

Was wir beschrieben haben, ist die Annäherung der reversiblen Reaktion $A \rightleftharpoons B$ an das Gleichgewicht. Es ist also nicht verwunderlich, daß eine Beziehung zwischen ΔG und der Gleichgewichtskonstanten K besteht, da K nur das Verhältnis der Produkte der Hin- und der Rückreaktion ausdrückt.

Die Beziehung lautet

$$\Delta G^0 = -RT \ln K, \qquad (1)$$

wobei ΔG^0 die Änderung der sogenannten freien Standardenergie der Vorwärtsreaktion (in cal) bei 25 °C ist. Das heißt, daß für die Konzentration aller Reaktionsteilnehmer ein Mol/l (Gasdruck = 1 Atm) vorausgesetzt wird. R ist die Gaskonstante und T ist die absolute Temperatur (°K).

Nach Einsetzen der entsprechenden Zahlenwerte erhält man

$$\Delta G^0 = -1364 \lg K. \qquad (2)$$

Diese Gleichung erweitert die Anwendungsmöglichkeiten, die sich aus der Kenntnis des Wertes von ΔG^0 ergeben, beträchtlich, da wir mit ihr das Ausmaß errechnen können, bis zu dem eine Reaktion ablaufen kann, ebenso wie die Richtung und der mögliche Gewinn an chemischer Energie. Andererseits kann man, wenn die Gleichgewichtskonstante schon bestimmt worden ist, sofort ΔG^0 errechnen.

Die Werte von ΔG^0 sind nicht für alle biochemischen Reaktionen bekannt. Von den bekannten Werten sind viele in freier Lösung bestimmt worden und nicht unter den Bedingungen, wie sie in der Zelle wirklich vorliegen. Trotzdem dürften die Werte, die verfügbar sind, die echte Situation annähernd wiedergeben. Sie haben sich als so nützlich erwiesen, daß wir weitere und genauere Werte von ΔG^0 in der Zukunft erwarten können.

Die freie Energie einiger enzymatischer Reaktionen

Um die Anwendungsmöglichkeiten der Ausführungen des vorangegangenen Kapitels zu demonstrieren, wollen wir einige biochemische Reaktionen betrachten, die in späteren Kapiteln besprochen werden.

Beginnen wir mit einer Reaktion, bei der $\Delta G^{0'}$[1] nahezu Null ist.

$$\text{Glucose-6-phosphat} \rightleftharpoons \text{Fructose-6-phosphat} \qquad (3)$$

hat ein $\Delta G^{0'} = +500$ cal/Mol. Die Reaktion hat Bedeutung sowohl bei der Synthese als auch beim Abbau von Kohlenhydraten (S. 113 und 156). Aus der Gleichung (2) ergibt sich

$$\log K = \frac{500}{-1364} = -0{,}367 = 0{,}633 - 1 \; ,$$

$$K = \text{antilog } 0{,}633 - 1 = 0{,}43 \; .$$

Im Gleichgewicht bei pH 7 wird 0,43mal so viel Fructose-6-phosphat vorliegen wie Glucose-6-phosphat. Wenn also 1 μMol Glucose-6-phosphat vorhanden ist, so werden damit 0,43 μMol Fructose-6-phosphat im Gleichgewicht stehen.

Für den Fall, daß die Gleichgewichtskonstante relativ nahe 1 ist, ergeben sich wichtige Konsequenzen. Biochemische Reaktionen sind im allgemeinen dazu da, einen Stoff zu bilden, der entweder selbst oder als Ausgangsmaterial für einen Folgeprozeß benötigt wird. Reaktionen mit Gleichgewichtskonstanten nahe 1 können, im Gegensatz zu anderen, die wir später besprechen werden, in beiden Richtungen zur meßbaren Netto-Bildung eines Produktes führen. Wenn man einem System 14,3 μMole Fructose-6-phosphat zusetzen würde, betrüge die Netto-Bildung von Glucose-6-phosphat 10 μMole. Wenn man 14,3 μMole Glucose-6-phosphat zusetzt, käme es zu einer Nettosynthese von 4,3 μMol Fructose-6-phosphat. Das ist eine ansehnliche Menge, obwohl die Reaktion in dieser Richtung energetisch nicht besonders begünstigt ist. So kann die Reaktion beim Abbau der Kohlenhydrate benutzt werden, wobei die Reaktion von links nach rechts benötigt wird (S. 113) und bei der Neu-

[1] $\Delta G^{0'}$ ist der Wert von ΔG^0 korrigiert für den pH = 7 statt pH = 0 (Molarität von $H^+ = 1$), wie er nach der Definition von ΔG^0 bei allen Reaktionen, an denen H^+ beteiligt ist, zu fordern wäre. Für biologische Systeme entspricht jedoch pH 7 mehr den tatsächlichen Gegebenheiten.

synthese, bei der die Reaktion in der Gegenrichtung erforderlich ist. Wenden wir uns noch einer Reaktion aus dem Kohlenhydratstoffwechsel zu, dem Gleichgewicht zwischen Dihydroxyacetonphosphat und 3-Phosphoglycerinaldehyd.

$$\begin{array}{l} CH_2OH \\ | \\ C{=}O \\ | \\ CH_2O\text{Ⓟ} \end{array} \rightleftharpoons \begin{array}{l} CHO \\ | \\ CHOH \\ | \\ CH_2O\text{Ⓟ} \end{array} \qquad \Delta G^{0'} = +\ 1830\ \text{cal/Mol.} \qquad (4)$$

Die Gleichgewichtskonstante ist

$$\text{antilog} - \tfrac{1830}{1364} = \text{antilog}\ 0{,}66 - 2,\ \text{d. h. etwa}\ \tfrac{1}{22}.$$

Im Gleichgewichtszustand sind also 22 μMol Dihydroxyacetonphosphat und 1 μMol 3-Phosphoglycerinaldehyd. Wir werden später sehen (S. 114), daß beim Kohlenhydratabbau die Reaktion von links nach rechts gebraucht wird. Obwohl wir noch viel extremere Beispiele kennenlernen werden, sieht man schon hier, daß das „falsche" Produkt durch die Gleichgewichtskonstante begünstigt wird. Wie kann nun die Reaktion für eine merkliche Nettobildung von 3-Phosphoglycerinaldehyd und damit zum Abbau von Kohlenhydraten benutzt werden? Die Antwort ist, daß ein Enzymsystem existiert, das bereit ist, jeden gebildeten 3-Phosphoglycerinaldehyd sofort zu nehmen und ihn sehr schnell in das nächste Produkt der Reaktionskette des Kohlenhydratabbaus umzuwandeln. Bei dem Bestreben das Gleichgewicht wieder herzustellen, wird erneut 3-Phosphoglycerinaldehyd gebildet, um den verbrauchten zu ersetzen. So lange wie das Enzymsystem immer weiter den 3-Phosphoglycerinaldehyd abzapft, sobald er gebildet ist, wird eine brauchbare Nettobildung des Produkts weiterbestehen. Auf diese Weise kann tatsächlich jede Menge Dihydroxyacetonphosphat in 3-Phosphoglycerinaldehyd umgewandelt werden.

Es ist natürlich notwendig, daß die Über-Alles-Gleichgewichtskonstante des Prozesses, der 3-Phosphoglycerinaldehyd entfernt, den Abbau gegenüber der Synthese begünstigt. Thermodynamisch gesprochen heißt das, daß $\Delta G^{0\prime}$ für den Prozeß des Abbaus insgesamt genügend negativ sein muß, um das positive $\Delta G^{0\prime}$ der Reaktion (4) zu überwinden.

Ein weiteres wichtiges Anwendungsbeispiel eines solchen „Abzapf"-Prozesses zur Kontrolle der Richtung der Nettobildung eines Produkts findet sich auf S. 129.

Nun kommen wir zu einer Reaktion mit einem stark positiven Wert von $\Delta G^{0\prime}$:

Ribulose-5-phosphat + Phosphat ⇌ Ribulose-1,5-diphosphat (5)

$$\Delta G^{0\prime} = +3\,200 \text{ Kalorien/Mol,}$$
$$K = \text{antilog} -\tfrac{3200}{1364} = 4{,}6 \times 10^{-3}\,.$$

Ribulose-1,5-diphosphat wird für die Synthese von Stoffen wie Kohlenhydraten benutzt. Aus diesem Grunde kann man nicht, ähnlich wie bei der Entfernung von 3-Phosphoglycerinaldehyd in Gleichung (4), eine Nettobildung des Diphosphats erreichen, indem man es auf einen niedrigen Energiezustand bringt als am Anfang des Prozesses. Alle Produkte, die aus dem Diphosphat gebildet werden, haben ein zu hohes Energiepotential.

Ferner verhindert die Größe der Gleichgewichtskonstante eine brauchbare Nettobildung des Diphosphats dadurch, daß die Stoffkonzentration auf der linken Seite der Gleichung erhöht wird, wie es im Falle der Gleichung (4) möglich war. Wie kommt dann diese Reaktion und die vielen anderen ähnlichen zustande, die für die lebende Materie gleichermaßen lebensnotwendig sind und doch aus energetischen Gründen kaum durchführbar erscheinen? Die Antwort hatten wir bereits auf S. 77 gegeben: Prozesse können miteinander gekoppelt werden. So wird das Problem dadurch gelöst, daß Prozesse mit stark positivem ΔG mit solchen von stark negativem ΔG gekoppelt werden.

Bevor wir uns mit den Systemen, die zur Kopplung benutzt werden, beschäftigen wollen, müssen wir den Überblick über die Energieverhältnisse bei biochemischen Reaktionen dadurch abrunden, daß wir ein Beispiel für eine Reaktion mit einem stark negativen ΔG, das Gleichgewicht zwischen Phosphoenolpyruvat und Pyruvat (s. S. 115), erwähnen.

$$\begin{array}{l} CH_2 \\ \| \\ CO\text{Ⓟ} + H_2O \rightleftharpoons \\ | \\ COOH \end{array} \begin{array}{l} CH_3 \\ | \\ C{=}O + P_a \\ | \\ COOH \end{array} \qquad (6)$$

$$\Delta G^{0\prime} = -13\,000\,\text{cal/Mol.}$$

Diese Reaktion ist ein Schritt im Abbauweg der Kohlenhydrate, und es ist klar, daß hier die Möglichkeit besteht, Energie zu gewinnen, die zur Kopplung mit einem Prozeß von stark positivem ΔG benutzt werden könnte. Diese Möglichkeit wird, wie wir später sehen werden, in die Tat umgesetzt. Im Augenblick wollen wir nur festhalten, daß die Gleichgewichtskonstante = antilog (13 000/1364) = $3{,}7 \times 10^9$ zu Gunsten der Vorwärtsreaktion (von links nach rechts) liegt.

Dieses Beispiel kann dazu dienen, den Mißbrauch zu erklären, der in der Biochemie so oft mit den Begriffen „reversibel" und „irreversibel" in Hinblick auf Reaktionen im Stoffwechsel getrieben wird. Diese Ausdrücke sollten nicht benutzt werden, wenn man die Reversibilität oder anders gesagt den *Mechanismus* der Reaktion meint. Sie beziehen sich nur auf die Leichtigkeit oder anders gesagt auf die Möglichkeit der Nettobildung von Produkten in beiden Richtungen. Die Reaktion Fructose-6-phosphat ⇌ Glucose-6-phosphat war ein Beispiel für eine „reversible" Reaktion in diesem Sinne. Die Reaktion Phosphoenolpyruvat ⇌ Pyruvat (beachte die doppelten Pfeile) ist eine irreversible Reaktion in diesem Sinne, da man nicht versuchen würde, diesen Prozeß für die Netto-Synthese von Phosphoenolpyruvat zu benutzen (ohne eine externe Energiequelle). Wir schlagen vor, diese Reaktionen durch das Zeichen ⇌ (gestrichelt) zu kennzeichnen. Im Gegensatz dazu werden Reaktionen, in denen eine Nettobildung der Produkte in beiden Richtungen erfolgen kann, durch das normale Zeichen ⇌ angedeutet. Es ist klar, daß die Grenze zwischen beiden Typen nicht scharf ist. Wir sind dafür, die Anwendung von $\rightleftharpoons$ sparsam zu handhaben und sie für die besonders eindeutigen Fälle zu reservieren. Es sei hinzugefügt, daß wir das Zeichen $\rightleftharpoons$ auch dann benutzt haben, wenn die Energieverhältnisse der Reaktion noch unklar sind (s. S. 80).

Energiequellen und die energetische Kopplung

Eine chemische Reaktion betrifft in gewissem Sinne nur die Elektronen. Wenn die Elektronen, die die Struktur chemischer Verbindungen aufrechterhalten, dauerhaft von einer Konfiguration in eine andere abgewandert sind, sagen wir, daß eine chemische Reaktion stattgefunden hat. Wenn die potentielle Energie der ersten Konfiguration höher ist als die der zweiten (negatives G), kann die Reaktion dazu benutzt werden, Energie zu liefern. Wenn es umgekehrt ist, wird sie Energie benötigen. Wenn wir uns vorstellen, wir sollten einen lebenden Organismus entwerfen, so müßten wir uns nach einer Energiequelle umsehen, an die wir die absolut notwendigen, energiebedürftigen Prozesse koppeln könnten. In Wirklichkeit suchen wir Elektronen in einem Zustand hoher potentieller Energie (stark negatives ΔG) und ein Tal geringer potentieller Energie (weniger stark negatives ΔG), in das wir sie verschieben können.

Von einigen Ausnahmen abgesehen gibt es nur eine primäre Elektronenquelle mit einem hohen Potential, das auf ein tieferes Niveau abfallen kann und das geeignet ist, mit dem Energiebedarf lebender Organismen gekoppelt zu werden.

Das ist der Prozeß der *Photosynthese* (Kap. 14), die in einem System abläuft, das gewissermaßen eine feste Phase darstellt. Diese Einrichtung, die für Pflanzenzellen typisch ist, ist analog – nur viel perfekter – wie ein Transistor gebaut und als Chloroplast bekannt. Dieser besteht aus einer Vereinigung von *Proteinen* (Kap. 3), *prosthetischen Gruppen* (S. 41) und *Lipiden.* Wenn ein Lichtquant absorbiert wird, wird seine Energie ($\Delta G^{0\prime}$ etwa 40 000 cal pro g-Äquivalent roter Quanten) für die Verschiebung eines Elektrons auf ein höheres potentielles Energieniveau abgegeben. Dann fällt das Elektron wieder auf sein Ausgangsniveau zurück. Die Energie dieses Sprunges ist mit der Synthese von sogenannten *energiereichen Verbindungen* in einer Weise gekoppelt, die wir noch nicht genau kennen. Die energiereichen Verbindungen, die im Anschluß besprochen werden, können bei Umsetzungen Energie bereitstellen, die mit energiebedürftigen Reaktionen gekoppelt werden kann. Sie können als eine *sekundäre* Quelle für freie Energie betrachtet werden. Durch die Einbeziehung dieser kleinen Gruppe von energiereichen Verbindungen kann eine große Zahl von Molekülen gebildet werden, deren Synthese andernfalls mehr oder weniger schwierig durchzuführen wäre. Dazu gehören die *Kohlenhydrate* und die *Fette* (Kap. 15 und 16). Diese Produkte stellen eine *tertiäre* Quelle von Elektronen auf einem verwertbaren potentiellen Energieniveau dar. Die Pflanzen benutzen die photosynthetisch gebildeten Verbindungen als Nährstoffreserven (S. 74). Tiere bekommen diese Stoffe entweder direkt durch die Aufnahme pflanzlicher Nahrung oder, wenn sie Fleischfresser sind, über den Nahrungskreislauf zugeführt.

Angenommen wir haben eine Quelle von Elektronen mit hoher potentieller Energie, so müssen wir uns nach einer Stufe mit geringerem Energieniveau umsehen, auf die sie springen können, damit die Energie des Sprungs mit endergonischen Prozessen gekoppelt werden kann. An einfachen Prozessen wie

$$Fe^{2+} \rightleftharpoons Fe^{3+} + e^- \qquad (7)$$

können wir uns in Erinnerung rufen, daß Abgabe eines Elektrons gleichbedeutend mit einer Oxydation ist. Obwohl noch andere Moleküle existieren, die in der Lage sind als Elektronenakzeptor zu wirken, kommt dem molekularen Sauerstoff die fast konkurrenzlose Fähigkeit zu, als letzter Elektronenakzeptor zu fungieren. Dies hängt mit gewissen Besonderheiten der Art und Weise zusammen, wie seine Elektronenschalen aufgefüllt werden.

Der oxydative Stoffwechsel ist daher eine sehr wichtige Energiequelle. Oxydative Reaktionen vom Typ

$$AH_2 + \tfrac{1}{2}O_2 \rightleftharpoons A + H_2O \tag{8}$$

erreichen leicht ein $\Delta G^{0\prime}$, von 30 bis 50 kcal/mol[2]). Das ist mehr als genug, um endergone Prozesse in der Zelle, wie z. B. Reaktion (5), zu ermöglichen. Zellen, die oxydative Reaktionen als Energiequelle benutzen, verfügen auch über eine feste Einrichtung zur Konservierung dieser Energie, das sogenannte *Mitochondrion* (Kap. 8, Titelbild). Die Komponenten des Mitochondrions sind, so weit es die anders gearteten Funktionen erlauben, ähnlich denen des Chloroplasten. Die gebildeten „energiereichen" Verbindungen sind identisch.
Wir sind jetzt soweit, daß wir die energiereichen Verbindungen und die Art und Weise besprechen können, in der sie zur Energiekopplung benutzt werden.

Die energiereichen Verbindungen

Sowohl die photosynthetischen als auch die oxydativen Prozesse führen zur Bildung des Moleküls *Adenosintriphosphat (ATP)*. Die Formel zeigt die Abb. 7.1. Es ist eine Eigenschaft der Phosphorsäureanhydrid-Bindung (in der Abbildung mit einem Stern markiert), daß sie bei der Hydrolyse eine beträchtliche Menge freier Energie abgibt.

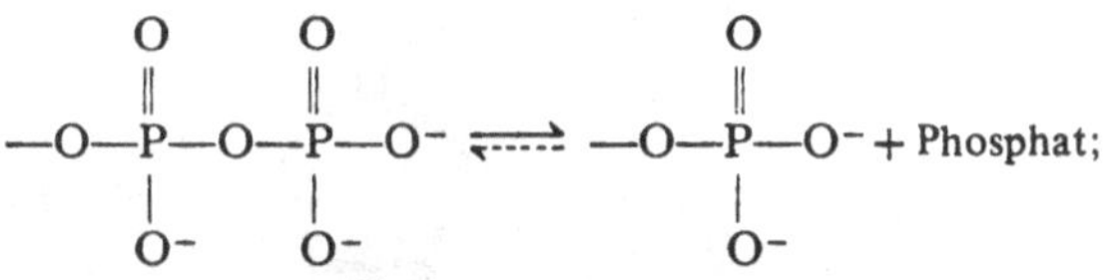

$$\Delta G^{0\prime} = -7000 \text{ cal/Mol.}$$

[2]) Manche Leser mögen daran gewöhnt sein, oxydative Reaktionen anders als alle anderen zu behandeln und die Energiebeträge in Standard-Elektrodenpotentialen anzugeben. Diese Potentiale lassen sich direkt in ΔG^0 umrechnen (eine Änderung des Standardpotentials von 1 V für 1 g-Äquivalent Elektronen bei pH 7 entspricht einem $\Delta G^{0\prime}$ von 23 kcal/mol. Um die Gleichheit aller energieliefernder Reaktionen zu betonen, wird in diesem Buch immer nur die Bezeichnung ΔG^0 gewählt.

So haben die Reaktionen

$$ATP \rightleftharpoons ADP + P_a \text{ und} \quad (9)$$

$$ATP \rightleftharpoons AMP + PP_a \quad (10)$$

ein $\Delta G^{0\prime}$ von −7400 bzw. −7600 cal/Mol.[3]). Während der photosynthetischen und oxydativen Synthese von ATP wird die Energie des Elektronensprungs irgendwie dazu ausgenutzt, um solche Reaktionen wie Gleichung (9) von rechts nach links zu verschieben. Das gebildete ATP kann nun zu einem Ort in der Zelle transportiert werden, wo z. B. die Reaktion (5) ablaufen soll. Kombiniert man die Reaktionen (5) und (9), so ergibt sich

$$\text{Ribulose-5-phosphat} + ATP \rightleftharpoons \text{Ribulose-1,5-diphosphat} + ADP \quad (11)$$

$$\Delta G^{0\prime} = +3200 \text{ (Gleichung 5)} - 7400 \text{ (Gleichung 9)} = -4200.$$

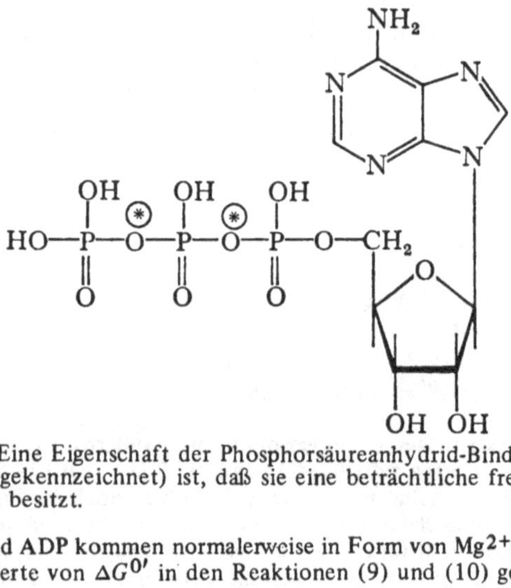

Abb. 7.1. Eine Eigenschaft der Phosphorsäureanhydrid-Bindung (mit Sternchen gekennzeichnet) ist, daß sie eine beträchtliche freie Hydrolyseenergie besitzt.

[3]) ATP und ADP kommen normalerweise in Form von Mg^{2+}-Komplexen vor. Die Werte von $\Delta G^{0\prime}$ in den Reaktionen (9) und (10) gelten für die Mg^{2+}-Komplexe als reagierende Moleküle.

Die Gleichgewichtskonstante ist nun antilog (4200/1364) = 1,2 $\times 10^3$ zu Gunsten der Bildung von Ribulose-1,5-diphosphat. Im Gegensatz zur Situation der Reaktion (5) allein kann jetzt die Synthese des Diphosphats fast vollständig ablaufen.

Eine Kopplung dieser Art, mit „energiereichen" Verbindungen als Zwischenträgern der Energie, findet in sehr vielen chemischen Reaktionen statt (Kap. 10–20). Das Produkt einer energiebedürftigen Reaktion ist nicht immer eine phosphorylierte Verbindung, auch wenn die Reaktion durch ein energiereiches Phosphat ermöglicht wird (S. 186). Die Kopplung mit der Spaltung energiereicher Verbindungen liefert die Triebkraft sowohl für endergone mechanische als auch für endergone chemische Prozesse (S. 77). ATP ist nicht die einzige „energiereiche" Verbindung. In der Tabelle 7.1 ist eine Zahl solcher Stoffe aufgeführt. Jedoch bleibt ATP der zentrale Stoff im Energieaustausch.

Phosphoenolpyruvat (6) ist, wie wir sehen, ebenfalls ein Beispiel für eine energiereiche[4]) Verbindung. Es wird als solches nicht direkt, sondern indirekt über die Bildung von ATP eingesetzt.

$$\text{PEP} + \text{ADP} \rightleftharpoons \text{Pyruvat} + \text{ATP}\,. \qquad (12)$$

Die Änderung der freien Energie ist

$$\Delta G^{0\prime} = -13000 + 7400 = -5600 \text{ cal/Mol.}$$

Danach kommt es also zu einer Nettosynthese von ATP. Dieses Beispiel kann auch gleichzeitig dazu dienen, um zu zeigen, daß es außer der photosynthetischen und oxydativen Phosphorylierung andere Wege zur Neubildung von ATP gibt. Diese dritte Art, in der die Phosphorylierung als Teilmechanismus einer Stoffwechselreaktion auftritt, wird *Substratkettenphosphorylierung* genannt. Obwohl solche Reaktionen nicht die gleiche

[4] Der Begriff „energiereich" wird vielerorts verworfen und hat tatsächlich viele Nachteile. Er ist jedoch als kurzer, prägnanter Ausdruck von Nutzen, und solange er mit Bedacht angewendet wird, sollte man ihn beibehalten.

Tab. 7.1. Energiereiche Verbindungen

Art	Beispiele	s. Seite
Pyrophosphate 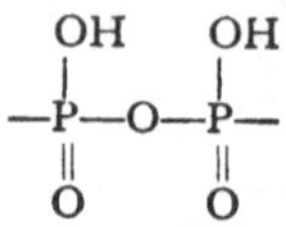	ATP, ADP; andere Nucleosid-di- und -triphosphate	87, 103, 142
Acylphosphat 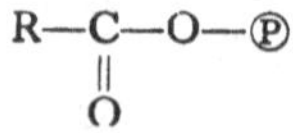	1,3-Diphosphoglycerinsäure	115
Enolphosphate 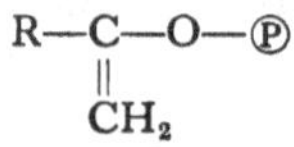	Phosphoenolpyruvat	115
Thioester 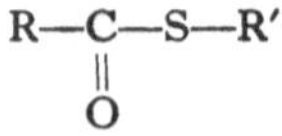	Acetyl-CoA	124
Guanidinphosphat 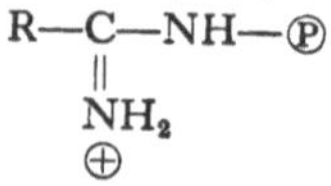	Creatinphosphat 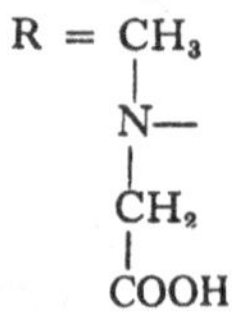 dient als Energiespeicher im Muskel	–

allgemeine Bedeutung haben wie die beiden anderen Arten, gibt es unter ihnen auch wichtige Beispiele (S. 115 und 124).

Wie wir jetzt feststellen, haben wir weiter oben eine Reaktion besprochen, die in einem gewissen Sinne als Beispiel für eine Energiekopplung gelten kann. Wird 3-Phosphoglycerinaldehyd auf ein niedrigeres Energieniveau gebracht, so ist das ein Prozeß mit negativem $\Delta G^{0\prime}$, der die Reaktion (4), die ein positives $\Delta G^{0\prime}$ hat, antreiben kann. Der Prozeß mit dem negativen $\Delta G^{0\prime}$

ist die Folge von Reaktionen (Kap. 10 und 11), die die schrittweise Oxydation der Triose zu drei Molekülen Kohlendioxid vollziehen.

Die Kopplung oxydativer und reduktiver Reaktionen

Wie wir gesehen haben, sind viele energieliefernde Reaktionen von oxydativem Charakter. Umgekehrt sind viele energiebedürftige Reaktionen mit einer Reduktion verknüpft.

Bei der Fettsynthese (S. 160) wird z.B. ein Derivat der Crotonsäure in ein Derivat der Buttersäure umgewandelt.

$$CH_3 \cdot CH{=}CH \cdot COOR + 2H \rightleftharpoons CH_3 \cdot CH_2 \cdot CH_2 \cdot COOR \qquad (13)^5$$

$$\Delta G^{0\prime} = +27700 \text{ cal/Mol.}$$

Es wäre vielleicht möglich, sich Wege auszudenken, in denen die Hydrolyse von etwa vier ATP-Molekülen ($\Delta G^{0\prime} = -29000$) ausgenutzt werden könnte, um die Reaktion von links nach rechts ablaufen zu lassen. In Wirklichkeit kommt das jedoch nicht vor. Statt dessen wird die Reduktionskraft der Reaktion (8), die von links nach rechts verläuft, direkt mit Reaktionen dieser Art gekoppelt. Das ist eine Alternative zur Abschöpfung von ΔG aus der Reaktion (8) in Form von ATP mittels der oxydativen Phosphorylierung.

Einige der Prozesse von der Art der Gleichung (8) führen zur oxydativen Phosphorylierung. Der erste Schritt von vielen dieser Reaktionen ist der folgende:

$$AH_2 + X \text{ (oxidiert)} \rightleftharpoons A + X \text{ (reduziert)} \qquad (14)$$

X bedeutet dabei eines der nahe verwandten Moleküle Nicotinamid-Adenin-Dinucleotid (NAD) oder Nicotinamid-Adenin-Dinucleotid-Phosphat (NADP). Die Formel von NAD ist in der Tabelle 3.2 aufgeführt. Die von NADP ist die gleiche, nur enthält es zusätzlich eine Phosphatgruppe in der Stellung, die durch * gekennzeichnet ist.

[5] Einzelheiten über die Gruppe R s. Kap. 16.

Die Reaktion

$$\text{NAD oder NADP (reduziert)} + \tfrac{1}{2}O_2 \rightleftharpoons \text{NAD oder NADP (oxydiert)} \qquad (15)$$

hat ein $\Delta G^{0\prime}$ von etwa $-40\,000$ cal/Mol und stellt die völlige Oxydation von AH_2 durch molekularen Sauerstoff dar. Die reduzierten Formen von NAD und NADP sind daher spezielle Beispiele für energiereiche Verbindungen. Wir werden im Kapitel 8 sehen, daß reduziertes NAD gewöhnlich in den Prozeß der oxydativen Phosphorylierung eingeschleust wird, und die Energie der Gleichung (15) wird zur Synthese von drei Molekülen ATP benutzt. Die vorhandene Energiemenge reicht dafür gut aus. $NADPH_2$ hat im allgemeinen nichts mit der oxydativen Phosphorylierung zu tun, sondern wird zur Kopplung der Gleichung

$$\text{NADP (reduziert)} \rightleftharpoons \text{NADP (oxydiert)} + 2\text{H} \qquad (16)$$

mit Gleichungen wie (13) verknüpft. Es ergibt sich damit

$$\text{Crotonyl} - \text{R} + \text{NADP (reduziert)} \rightleftharpoons \text{Butyryl} - \text{R} + \text{NADP (oxydiert)}\,.$$

Da $\Delta G^{0\prime}$ $-40\,000 + 27\,000 = -13\,000$ cal/Mol ist, ist eine Nettosynthese von Butyryl – R möglich.

Das ist ein typisches Beispiel für die Regel, daß reduziertes NADP im Gegensatz zu reduziertem NAD im allgemeinen mit synthetischen Reaktionen gekoppelt ist (S. 137, 147, 155 und 162). Es ist wichtig festzuhalten, daß reduziertes NADP neben ATP das zweite unmittelbare Produkt bei dem Elektronensprung der Photosynthese ist. Der photosynthetische Prozeß wird zur Synthese von Kohlenhydraten benötigt, und reduziertes NADP und ATP werden direkt zu dieser Synthese benutzt (s. Kap. 15).

Zusammenfassung

Die Änderung der freien Energie nach Gibbs, ΔG, ist ein geeignetes Maß für den Gewinn oder den Bedarf von Energie in einer

Reaktion. ΔG steht in einer formelmäßigen Beziehung zur Gleichgewichtskonstanten. Dadurch wird es möglich, die energetischen Angaben zu benutzen, um die Richtung einer Reaktion zu bestimmen.

Die lebende Materie führt energetisch *ungünstige* Reaktionen dadurch aus, daß sie sie mit energetisch *günstigen* koppelt. Die Rückkehr eines durch *Licht* angeregten Elektrons in den Grundzustand und die Aufnahme von Elektronen durch molekularen Sauerstoff sind die grundlegenden Prozesse der Energiegewinnung. Diese Prozesse erzeugen „energiereiche" Verbindungen. Die energiereichen Verbindungen werden dazu benutzt, die fundamentalen energieliefernden Schritte an die energiebedürftigen Prozesse in der Zelle zu koppeln.

8. Die biologische Oxydation

Wie wir im Kap. 7 gesehen haben, sind die oxydativen Prozesse die wichtigsten unter den der Zelle zur Verfügung stehenden Energiequellen. Die Oxydation organischer Verbindungen, bei der molekularer Sauerstoff als letzter Elektronenakzeptor dient, führt zur Bildung von 50 kcal pro Grammatom Sauerstoff. Bei den biologischen Oxydationen wird dieser Gewinn an freier Energie mit chemischen Synthesen gekoppelt und wird primär nicht zur Produktion von Wärme benutzt. Das wichtigste Substrat für den Austausch von Energie ist in der Biochemie das *ATP* (S. 87). Die Bildung dieses Moleküls aus ADP erfordert 7400 cal/Mol. Daher könnten mehrere Moleküle aus einer effektvoll gekoppelten Oxydation entstehen. Für diesen Zweck existiert ein mehrstufiger Prozeß, der als „oxydative Phosphorylierung" bekannt ist. Der Ablauf des Prozesses in Stufen hat den Vorteil, daß die Energie in Beträgen entnommen werden kann, die in der Größe denen nahekommen, die für die Bildung eines einzelnen Moleküls ATP gebraucht werden. Im Verlauf des ganzen Prozesses werden drei Moleküle von ATP erzeugt, das entspricht einem Wirkungsgrad von fast 50%. Damit wird der Wirkungsgrad der Dampfmaschine (etwa 7%) und der Gesamtwirkungsgrad der Kombination Dampfturbine–Dynamo (etwa 30%) übertroffen.

Es gibt noch andere Arten der biologischen Oxydation und einige sind mit einer Energiekopplung verknüpft. Die oxydative Phosphorylierung ist jedoch einzigartig in ihrer Bedeutung. Sie ist die übliche Endreaktion für die Mehrzahl der abbauenden Stoffwechselwege, die in dem vorliegenden Buch beschrieben sind, und die Hauptquelle des ATP, das in der Zelle benötigt wird.

In den Zellen der höheren Organismen findet die oxydative Phosphorylierung, wie auf S. 87 bereits erwähnt wurde, in einer speziellen Struktureinheit der Zelle statt, die als *Mitochondrien* bekannt ist (s. Titelbild). Es bestehen viele Ähnlichkeiten zwischen der oxydativen und der photosynthetischen Bildung von ATP. Die letztere geht in einer analogen Struktureinheit der Zellen mit Photosynthese vor sich, den Chloroplasten. In beiden Fällen sind die grundlegenden Katalysatoren Komplexe von Proteinen und prosthetischen Gruppen (S. 95). Auch *Lipide* (S. 98) sind beteiligt. Es ist möglich, daß die Lipide eine aktive Rolle bei dem Prozeß der Phosphorylierung spielen. Sicher sind sie für den Aufbau und die Erhaltung der dreidimensionalen Beziehungen der anderen Komponenten außerordentlich bedeutsam.

Wir wollen nun in einer etwas vereinfachten Form die oxydative Phosphorylierung besprechen. Höchstwahrscheinlich muß hier noch viel entdeckt werden, aber es ist unwahrscheinlich, daß sich an unserer jetzigen *Grundvorstellung* dieses Prozesses etwas Entscheidendes ändern wird.

Der Weg des Wasserstoffs und der Elektronen

Die Summenformel der Oxydation einer organischen Verbindung kann man folgendermaßen schreiben:

$$AH_2 + \tfrac{1}{2}O_2 \rightleftharpoons A + H_2O. \qquad (1)$$

In der Mehrzahl der Fälle ist die *erste* Stufe in der Zelle

$$AH_2 + \text{NAD(oxydiert)} \rightleftharpoons A + \text{NAD(reduziert)} \qquad (2)$$

Das ist eine *enzymkatalysierte* Reaktion. Das Enzym kann entweder absolut spezifisch für *A* sein oder auch die Dehydrogenierung einer Gruppe ähnlicher Verbindungen katalysieren.

Das NAD (S. 92, Abb. 8.1) ist gewöhnlich an das Enzym, das die Reaktion (2) katalysiert, nichtkovalent gebunden. Die Festigkeit der Bindung entspricht mehr der eines Cofaktors als der einer prosthetischen Gruppe. Der Teil des Moleküls, der an dem Vorgang der Reduktion ⇌ Oxydation entscheidend beteiligt ist, ist der Nikotinamidrest (Abb. 8.1). (Man kann aus dieser Abbildung entnehmen, warum die oxydierte Form des NAD manchmal als NAD^+ und die reduzierte Form NADH geschrieben wird. Das gleiche gilt für das NADP. Wir bevorzugen die (vereinfachte) Bezeichnung $NADH_2$ für die reduzierte und NAD für die oxydierte Form.)

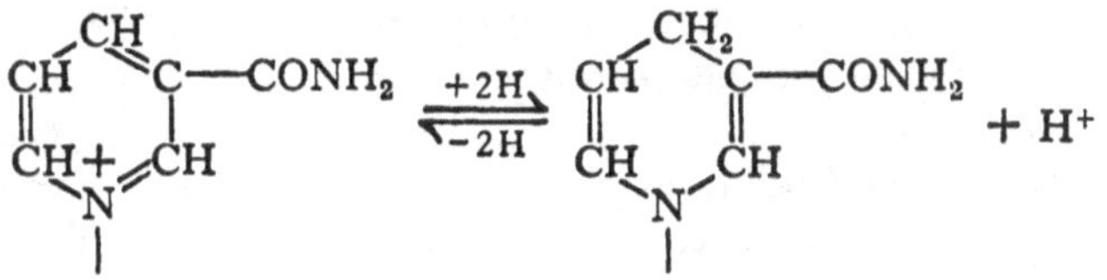

Abb. 8.1. Oxydation und Reduktion im Nicotinamid-Ring

Der Stoffwechsel des Menschen ist nicht in der Lage, Nicotinamid zu synthetisieren. Die fundamentale Stellung von NAD und NADP im Stoffwechsel macht verständlich, warum Nicotinamid ein Vitamin ist (s. auch S. 41).

Wenn eine Kopplung des $NADH_2$ mit einer reduzierenden Reaktion (S. 92) nicht eintritt, ist die nächste Reaktion die Reduktion des $NADH_2$ durch ein anderes Ringsystem (Abb. 8.5). Dieses Ringsystem kommt in der Natur als Teil zweier Moleküle vor, des Flavin-mononucleotids (FMN) und des Flavin-adenin-dinucleotids (FAD) (s. Tabelle 3.2). FMN und FAD sind durch nicht-kovalente Kräfte an den Proteinen gebunden. Die Bindung ist fest genug, um die Flavinnucleotide als prosthetische Gruppen zu bezeichnen. Die Komplexe aus FMN bzw. FAD und Proteinen sind als Flavoproteine bekannt.

Ebenso wie Nicotinamid kann Riboflavin vom Menschen nicht synthetisiert werden und ist ein Vitamin, das Vitamin B_2. Das Flavoprotein, das an der Reaktion

$$\begin{aligned} &NADH_2 + \text{Flavoprotein (oxydiert)} \rightleftharpoons \\ &NAD + \text{Flavoprotein (reduziert)} \end{aligned} \tag{3}$$

beteiligt ist, kann man als ein Enzym ansehen, das die Dehydrogenierung von $NADH_2$ katalysiert. Einige Flavoproteine sind in der Tat Dehydrogenasen in dem üblichen Sinne, d. h. sie dehydrogenieren eine aliphatische Kette

$$R_1 \cdot CH_2 \cdot CH_2 \cdot R_2 \rightleftharpoons R_1 \cdot CH = CH \cdot R_2$$

(s. S. 104 und 129). Solche Dehydrogenierungen umgehen NAD, folgen aber dann dem gleichen Abbauweg wie die anderen.

Wie wir gesehen haben, erfolgt in den ersten Stufen des oxydativen Weges eine Übertragung von *Wasserstoff*atomen zwischen komplexen Ringmolekülen, die an Proteine gebunden sind. Wenn wir uns nun den letzten Stufen zuwenden, finden wir, daß diese aus einem *Elektronen*transport bestehen, der entlang einer Kette von Komplexen aus Proteinen und prosthetischen Gruppen (den Cytochromen s. u.) verläuft und letztlich beim Sauerstoff endet.

Die Cytochrome haben Eisen-Porphyrin-Ringe, die dem des Hämoglobins ähneln. Die drei Hauptgruppen der Cytochrome (*a*, *b* und *c*) unterscheiden sich voneinander durch die unterschiedlichen R-Reste an den Ecken der Ringe (Abb. 8.2). Die einzelnen Glieder in einer Gruppe unterscheiden sich durch die Aminosäuresequenz und im allgemeinen nicht durch die Substitution am Porphyrinring voneinander.

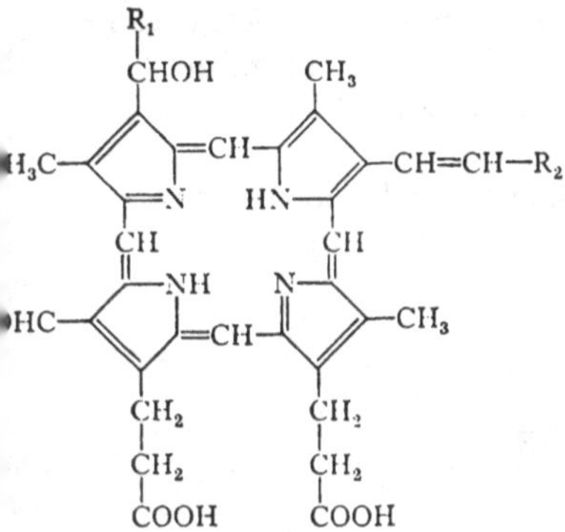

Cytochrom *a*

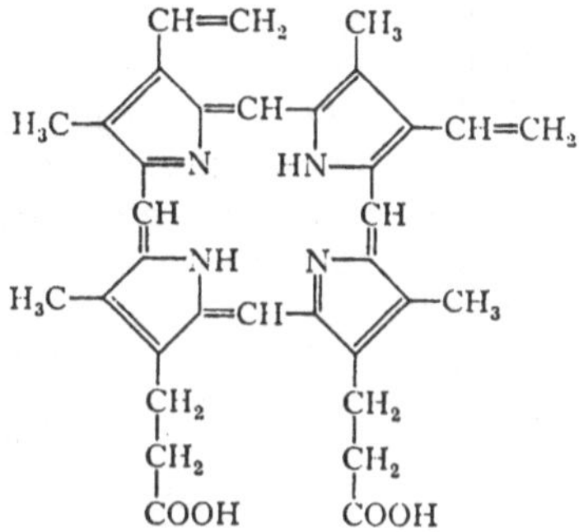

Cytochrom *b*

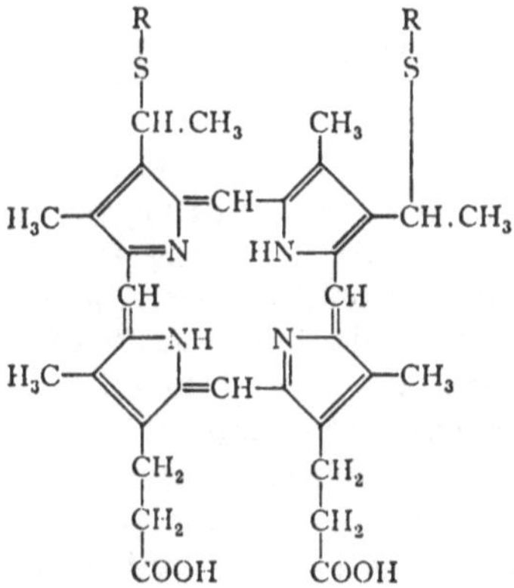

Cytochrom *c*

Abb. 8.2. Substituenten an den Porphyrin-Ringen der Cytochrome

Das Cytochrom *c* ist von den Cytochromen am besten untersucht und wahrscheinlich typisch für sie. Im Unterschied zum Hämoglobin (S. 54) ist der Ring kovalent und außerdem nichtkovalent an das Protein gebunden. Die sechste koordinative Bindung des Eisens, die im Hämoglobin frei war und Sauerstoff anlagern konnte, ist hier ständig durch eine Aminosäure-Seitenkette besetzt. Der Porphyrin-Ring ist nicht an der Oberfläche des Proteins gelegen, sondern in einer Spalte verborgen. Nur ein Rand liegt an der Oberfläche (Abb. 8.3). Damit wird unterstrichen, daß die Cytochrome als Elektronenüberträger wirken und nicht wie das Hämoglobin Ionen oder Moleküle binden.

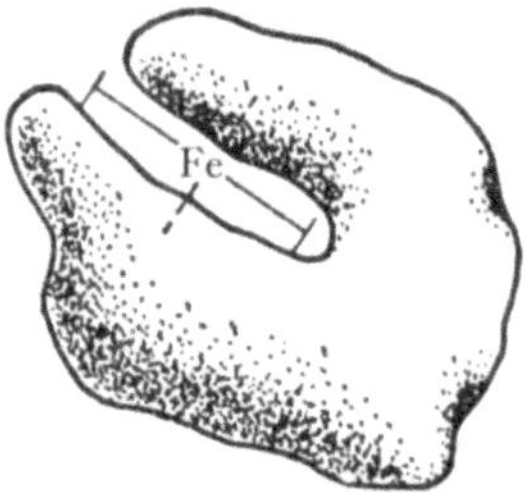

Abb. 8.3. Cytochrom *c*

Nicht ganz klar ist, wie die beiden Systeme, Wasserstoff- und Elektronentransport, miteinander verknüpft sind. Sehr wahrscheinlich übernimmt ein anderes Ringsystem, das Ubichinon, die Wasserstoffe vom Isoalloxazinring des Flavoproteins (Abb. 8.4). Die lange Kohlenwasserstoffkette des Ubichonons fördert die Bindung an die Lipide des Mitochondrions durch hydrophobe Kräfte. Auf dieser Stufe erfolgt der letzte leicht festzustellende Transfer von Wasserstoffatomen. Danach folgt ein Schritt, der formell folgendermaßen geschrieben werden kann:

$$2\text{H (vom Wasserstofftransport)} \rightleftharpoons 2\text{H}^+ + 2e^- . \qquad (4)$$

Damit beginnt der Elektronentransport.

Wir haben schon gesehen, daß der ganze Prozeß in einem sehr ungewöhnlichen Milieu, nämlich einer Lipid-Protein-Matrix stattfindet. Während die Gleichungen (4) und auch (5) (siehe weiter unten) nützlich für das grundsätzliche Verständnis des Geschehens sind, müssen wir nicht unbedingt glauben, daß die Protonen und Elektronen je als identifizierbare gesonderte Partikel vorkommen. Ebenso ist die Aufeinanderfolge der

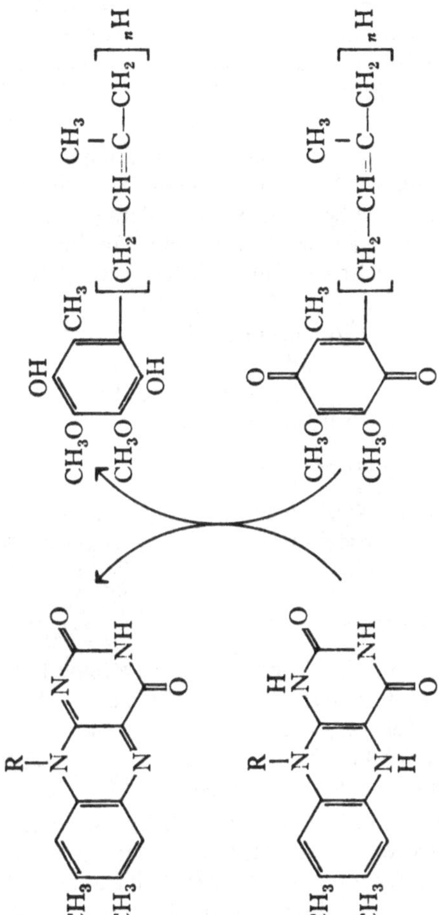

Isoalloxazingrundgerüst von FMN oder FAD

(Über den Aufbau von R s. Tab. 3.2)

Ubichinon

Abb. 8.4.

Reaktionen so schnell, daß wir auch hier wieder (vgl. S. 52) annehmen können, daß eine freie Diffusion der Zwischenprodukte von einem Protein zum anderen nicht vorkommt. Die aktiven Zentren der Carrier müssen sich fast berühren, und das Produkt der ersten Reaktion muß direkt an den Wirkort der nächsten Reaktion weitergegeben werden.

Der Feinmechanismus der Reaktion (4) ist bei weitem noch nicht geklärt. Allerdings dürften noch andere, Metalle enthaltende Proteine daran beteiligt sein. Bei den darauffolgenden Reaktionen scheint die Sachlage klar zu sein: Die Elektronen werden von einem Cytochrom zum nächsten weitergereicht. Die Reihenfolge ist in der Abb. 8.5 dargestellt.

Letztlich katalysiert das Cytochrom *a* oder a_3 (es ist fraglich, ob es sich bei Cytochrom *a* und a_3 um zwei getrennte Proteine handelt) mit Hilfe eines Cu^{2+}-Ions die Endreaktion, bei der die Elektronen auf den molekularen Sauerstoff übertragen werden:

$$2e^- + 2H^+ + \tfrac{1}{2}O_2 \rightleftharpoons H_2O \,. \qquad (5)$$

Damit ist der oxydative Weg beendet. (Cyanid ist ein Hemmstoff des letzten Cytochroms und diese Tatsache erklärt seine große Toxizität.)

Die Orte der ATP-Synthese

Diejenigen Oxydationen, die durch die Flavoproteine katalytisch eingeleitet werden, bilden nur zwei Moleküle ATP pro Atom verbrauchten Sauerstoff. Diejenigen, an denen NAD-haltige Dehydrogenasen beteiligt sind, ergeben drei ATP genauso wie die Oxydation von $NADH_2$ selbst.

Daher muß zwischen dem $NADH_2$ und den Flavoproteinen ein Phosphorylierungsschritt liegen. Durch zahlreiche Befunde konnte man die anderen zwei Stellen der ATP-Bildung lokalisieren. Eine davon dürfte zwischen dem Ubichinon/Cytochrom *b* und dem Cytochrom c_1 liegen, die andere zwischen Cytochrom *c* und dem Sauerstoff.

Die Energieverhältnisse der einzelnen Reaktionen sind schwer zu bestimmen. Bestimmungen des normalen Elektrodenpoten-

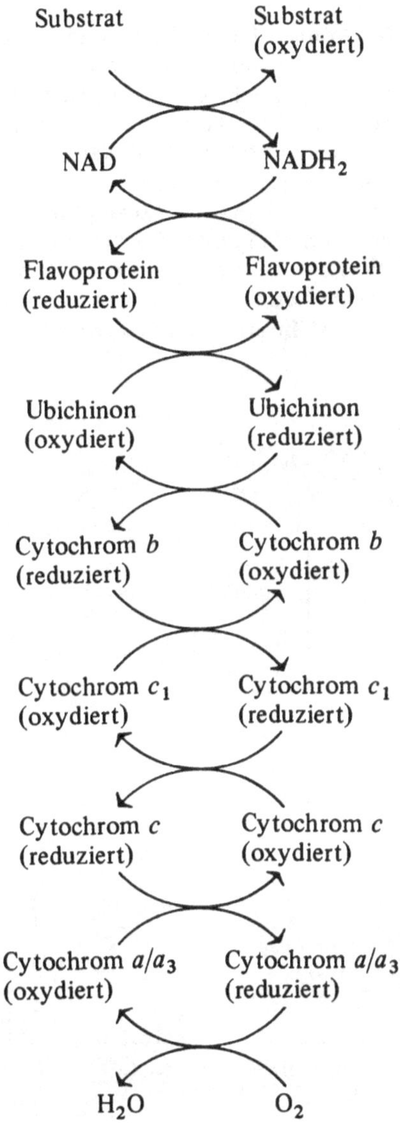

Abb. 8.5. Der Weg des Wasserstoffs und der Elektronen

tials und von $\Delta G^{0\prime}$ können für die betreffenden Moleküle in freier Lösung durchgeführt werden. Wie jedoch schon mehr als einmal betont wurde, entspricht das nicht den Bedingungen, die in der Zelle vorliegen. Die Werte, die man in freier Lösung erhält, werden im „Festkörper"-Zustand wahrscheinlich sehr stark modifiziert, und es kann nur eine Abschätzung der wahren Situation vorgenommen werden. So zeigt die Abb. 8.6 in etwas spekulativer Form, daß einige Schritte Energiedifferenzen in einer Höhe aufweisen, wie sie für die Phosphorylierung notwendig sind, während andere bestimmt nicht ausreichen. Im großen und ganzen besteht eine gute Übereinstimmung zwi-

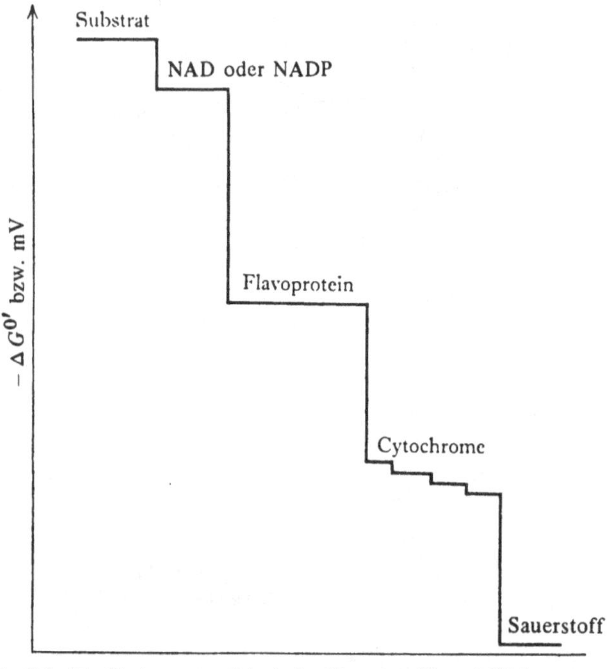

Abb. 8.6. Die Redoxpotentiale beim Wasserstoff- und Elektronentransport (schematisch).

schen den energetischen Berechnungen und allen anderen experimentellen Daten über die Lokalisierung der Orte der Phosphorylierung.

Der Mechanismus der Phosphorylierung

Der Transfer von Wasserstoff und besonders der Elektronen scheint auf den ersten Blick mit der Reaktion

$$\text{ADP} + \text{Phosphat} \rightleftharpoons \text{ATP}$$

zu tun zu haben. Tatsächlich sind alle chemischen Reaktionen Elektronenprozesse, und man sollte glauben, ein Zusammenhang könnte nicht allzu schwer gefunden werden. Trotz vieler experimenteller Arbeiten hat sich aber wenig ergeben, was eindeutig ist. Der Leser wird wegen einer Diskussion über die möglichen Mechanismen, die diskutiert werden, auf die ausführlicheren Werke verwiesen. Wichtig ist jedoch die Tatsache, daß Elektronen von einem Zustand höherer freier Energie zu niedrigerer fließen und daß die durch diesen Fluß freigesetzte Energie mit der Synthese von ATP gekoppelt wird.

9. Einführung in den Intermediärstoffwechsel

Wir sind durch das oben Erläuterte nun ausreichend vorbereitet, um einige Aspekte des intermediären Stoffwechsels zu besprechen. Dieser Begriff beinhaltet die Reaktionen, durch die die kleinen Moleküle, die in biologischen Systemen vorkommen, abgebaut, aufgebaut, ineinander umgewandelt und sonstwie chemisch umgebaut werden. Ein hervorstechendes Merkmal dieser Umwandlungen ist, daß sie in sehr kleinen Schritten erfolgen, die jeweils durch ein eigenes Enzym katalysiert werden. So besteht der intermediäre Stoffwechsel aus einer großen Zahl von Reaktionen, durch die die Moleküle stufenweise verändert werden. Die verschiedenen Reaktionen werden im allgemeinen „Stoffwechselwegen" zugeordnet, durch die die Verbindungen unter schrittweisen Veränderungen fließen. Stoffwechselwege können sich jedoch mit anderen zu einem gemeinsamen vereinigen und sich auch wieder verzweigen, so daß ein im Verlaufe einer Reaktion gebildetes Zwischenprodukt oft die Wahl zwischen zwei oder mehr sich anschließenden Wegen hat. Ein Grund, warum die Umwandlungen im Stoffwechsel so viele Schritte aufweisen, wird klar, wenn wir die Reaktionsweise von Enzymen betrachten. Wenn der Stoffwechsel insgesamt auf Hochtouren laufen soll, ist es erforderlich, daß die Enzyme so aktiv wie möglich sind. Um die Geschwindigkeit einer biochemischen Reaktion zu steigern, muß das Enzym das Substrat und das Reaktionsprodukt binden (S. 61). Um die Geschwindigkeit merklich zu steigern, muß das Substrat und das Zwischenprodukt fest durch eine Zahl von wirksamen, spezifischen Kontaktstellen an das Enzym gebunden sein. Es ist bemerkenswert, daß an einem linearen Polymer von Aminosäuren dieser Vorgang sehr gut abläuft, da es eine Bindungsfläche für normale enzymkatalysierte Reaktionen darstellt, an denen nur einige wenige Atome beteiligt sind. Es wäre jedoch viel schwieriger, eine Bindungsfläche herzustellen, die z. B. die gleichzeitige Oxydation aller sechs Kohlenstoffatome der Glukose vollziehen kann.

So ist im Vergleich zu der ungeheuren katalytischen Aktivität, die die Enzyme besitzen, die chemische Veränderung, die ein Enzym bewirkt, verhältnismäßig gering. Das scheint der Grund zu sein, warum die Stoffwechselwege des intermediären Stoffwechsels die betreffenden Moleküle stufenweise umbauen.

Die Tatsache, daß jedes Enzym nur eine spezifische und eng umrissene Aufgabe zu erfüllen hat, erfordert das Vorkommen einer großen Zahl von verschiedenen Enzymen. Man könnte nun fragen: Warum muß der Organismus so viele Enzyme bilden? Wir werden z. B. im Kapitel 10 sehen, daß für den Abbau von Glucose zu Milchsäure elf verschiedene Enzyme notwendig sind, von denen jedes einzelne durch den spezifischen Proteinsynthese-Mechanismus synthetisiert werden muß (Kapitel 20). Wäre es nicht wirtschaftlicher, ein einziges Enzym zu haben, das zur Milchsäurebildung aus Glucose führt, auch wenn dieses Enzym eine viel kompliziertere Struktur und vielleicht auch eine geringere katalytische Aktivität hätte als die existierenden Enzyme.

Die Antwort darauf ist: diese Unterteilung der Stoffwechselwege in kleine Schritte ist beispielhaft dafür geeignet, zwei verschiedene Funktionen, die der intermediäre Stoffwechsel ausüben muß, zu erfüllen: Das ist einmal Energie in Form von ATP zur Verfügung zu stellen und zum anderen Bausteine zu bilden, aus denen Makromoleküle aufgebaut werden können. Beim Abbau der Glucose zu Milchsäure werden verschiedene Zwischenprodukte gebildet, die in anderen Stoffwechselwegen benutzt werden – z. B. Glucose-6-phosphat, das in Glycogen (Kapitel 15), und 3-Phosphoglycerinaldehyd, der in Glycerin umgewandelt werden kann. Weiterhin wird Pyruvat gebildet, das unter anderem in Alanin übergehen kann und bei der Proteinsynthese Verwendung findet (Kapitel 20). In ähnlicher Weise wird jede Reaktionskette im intermediären Stoffwechsel zu vielfachen Zwecken gebraucht. Wenn Glucose in einem einzigen Schritt zu Milchsäure umgebaut würde, müßten die benötigten Zwischenprodukte auf anderen Wegen gebildet werden, wofür jeder ein gesondertes Enzym oder gar mehrere benötigen würde. So wäre der Vorteil, der sich scheinbar ergibt, wenn Enzyme so eingerichtet wären, daß sie radikalere Umwandlungen vollziehen könnten, in Wirklichkeit gar kein Vorteil.

Es gibt im Gegenteil noch einen weiteren Vorteil, wenn die Stoffwechselwege in kleine Schritte aufgeteilt sind. Aus Gründen der Ökonomie ist es notwendig, daß in der Zelle die Prozesse des intermediären Stoffwechsels genau kontrolliert werden, damit ATP und die Zwischenprodukte, die in ihnen entstehen, in der richtigen Menge und zur rechten Zeit verfügbar sind. Durch die Teilung der Stoffwechselwege in eine große Zahl von Schritten kann nun die Zelle eine sehr feine Kontrolle dadurch erreichen, daß sie nur eine einzige Reaktion verändert. Wie wir sehen werden, ist z. B. am Abbau der Glucose zu Milchsäure eine Reaktion beteiligt, die durch das

Enzym Phosphofructokinase (S. 113) katalysiert wird. Dieses Enzym wird jedoch gleichermaßen für den Abbau der Lactose über Galactose bzw. des Glykogens (in beiden Fällen zu Milchsäure) benötigt. So kann die Zelle durch Blockieren der Aktivität der Phosphofructokinase den Abbau aller Kohlenhydrate (S. 220) blockieren, ohne gleichzeitig irgendeinen der anderen Stoffwechselprozesse zu beeinflussen.

Obwohl noch weitere grundsätzliche Bemerkungen zum Intermediärstoffwechsel gemacht werden könnten, ist genug gesagt worden, um einige der Gründe für die anscheinend undurchdringbare Komplexität der Stoffwechselreaktionen klar werden zu lassen. In den Kapiteln, die den intermediären Stoffwechsel im Detail zum Inhalt haben, mußten wir aus Gründen der Darstellung die zwei Funktionen der besprochenen Reaktionen, die Produktion von ATP und die Bildung von notwendigen Zwischenprodukten für die Biosynthese, voneinander trennen. Es ist aber wichtig, daß man nicht den Zusammenhang aus den Augen verliert. Um einen Überblick über das ganze Gebiet zu geben, soll jetzt der Inhalt der Kapitel 10 bis 17 zusammenfassend dargestellt werden, damit jeder Weg in seinen Beziehungen erkannt werden kann.

Wenn wir zuerst die hauptsächlichen energieliefernden Stoffwechselwege betrachten, können wir ein Schema entwerfen (Abb. 9.1), das das Grundgerüst der Prozesse bildet. Polysaccharide sind im Prinzip Vorratsstoffe (Kapitel 6). Sie werden zu Hexosen (Zucker mit 6 Kohlenstoffatomen) depolymerisiert. Hexosen werden über C_3-Zucker (Zucker mit drei Kohlenstoffatomen) zu C_3-Säuren abgebaut, wie wir in Kapitel 10 sehen werden. C_3-Säuren werden unter Bildung von Acetylresten (C_2) oxydiert, und diese verbinden sich mit einer C_4-Säure zu einer C_6-Säure, die dann stufenweise über eine C_5-Säure wieder zu einer C_4-Säure oxydiert wird, die erneut einen Acetylrest aufnehmen kann (Kapitel 11). Die Folge von Reaktionen oxydiert die C_3-Säuren vollständig und damit auch die Hexosen. Die anderen wichtigen Reservestoffe sind Fette, die aus Glycerin und Fettsäuren zusammengesetzt sind. Glycerin wird in

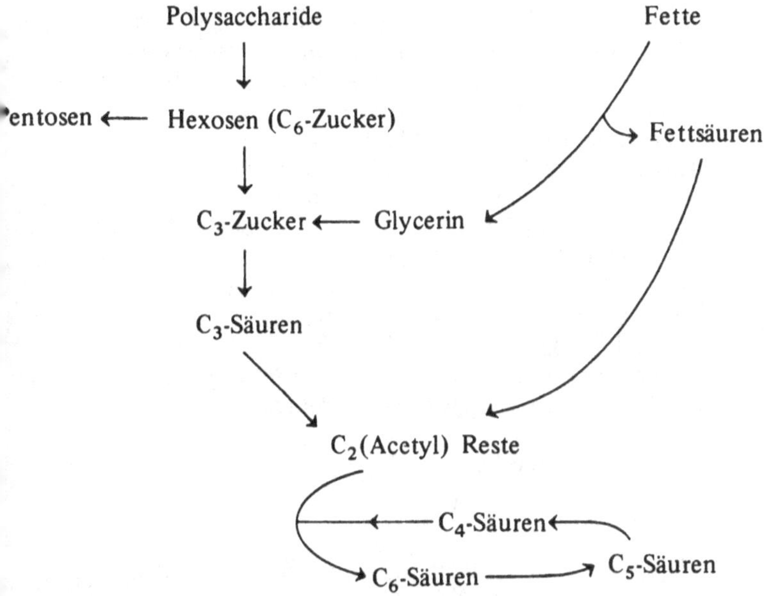

Abb. 9.1. Schema der Stoffwechselwege beim Abbau von Kohlenhydraten und Fetten.

einen C_3-Zucker umgewandelt und die Fettsäuren werden zu Acetylresten oxydiert, die nach dem obigen Muster abgebaut werden (Kapitel 12). Im Verlauf der Abbaureaktionen werden auf verschiedenen Stufen der Stoffwechselwege zwei Wasserstoffatome aus den Zwischenprodukten abgespalten. Diese Wasserstoffatome werden im allgemeinen vom NAD aufgenommen und münden so in den Weg der oxydativen Phosphorylierung (Kapitel 8). Bei der Oxydation des Wasserstoffs entsteht somit ATP. Der Weg, der NADP statt NAD reduziert, ist die Oxadation einer Hexose zu einer Pentose (C_5-Zucker) (Kapitel 13).

Im Gegensatz dazu gewinnen photosynthetische Organismen sowohl ATP als auch $NADPH_2$ durch Umwandlung der Energie des *Sonnenlichts* (Kapitel 14), und sie benutzen diese Stoffe, um Kohlendioxid in Form eines C_3-Zuckers zu fixieren (Kapitel 15). C_3-Zucker können sowohl in photosynthetisch arbeitenden als auch in nicht-photosynthetischen Organismen in Hexosen umgewandelt werden. Aber der Syntheseweg der Hexosen ist (wie in der Abb. 9.2 angedeutet ist) teilweise vom Abbauweg verschieden und das Gleiche gilt für die Synthese von Polysacchariden aus Hexosen (Kapitel 15). Hexosen können auch aus C_3-Säuren, die sich von C_4-Säuren herleiten, entstehen (Kapitel 15). Außerdem können, wie die Abb. 9.2 zeigt, Fettsäuren aus Acetylresten gebildet werden. Aber der Syntheseweg unterscheidet sich vom katabolen, und das gilt auch für die Bildung der Fette selbst. Ebenso ist die Umwandlung der Pentosen in Hexosen (Kapitel 13) nicht genau die Umkehr des Abbauweges von Hexosen zu Pentosen.

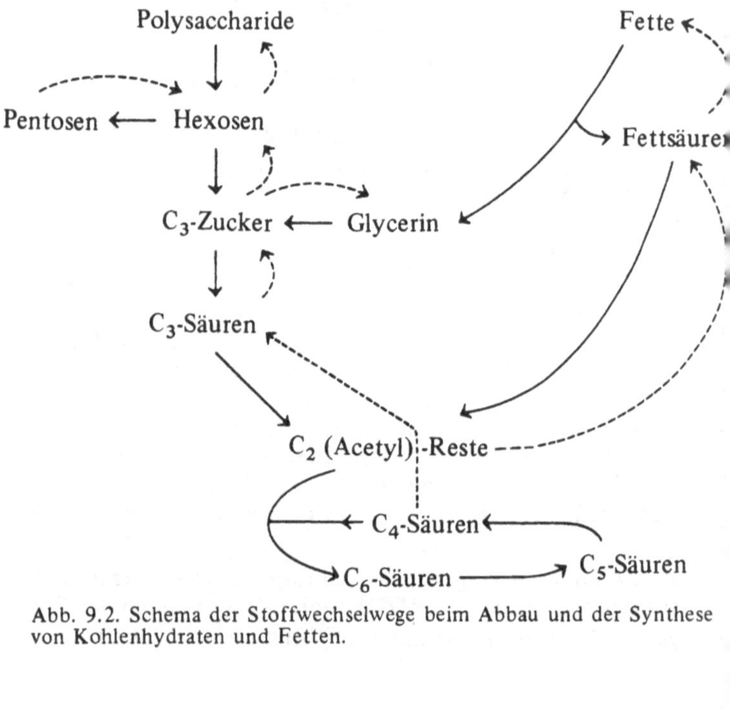

Abb. 9.2. Schema der Stoffwechselwege beim Abbau und der Synthese von Kohlenhydraten und Fetten.

Weiter kann man nun sehen, wie die auf diesen Wegen gebildeten Zwischenprodukte bei der Synthese von Bausteinen für Makromoleküle benutzt werden: die Aminosäuren sind Bauelemente der Proteine (S. 15) und die Purin- und Pyrimidinnucleotide sind die Grundsteine der Nucleinsäuren (S. 16). Die Abb. 9.3, die sich nach links an die Abb. 9.1 und 9.2 anschlie-

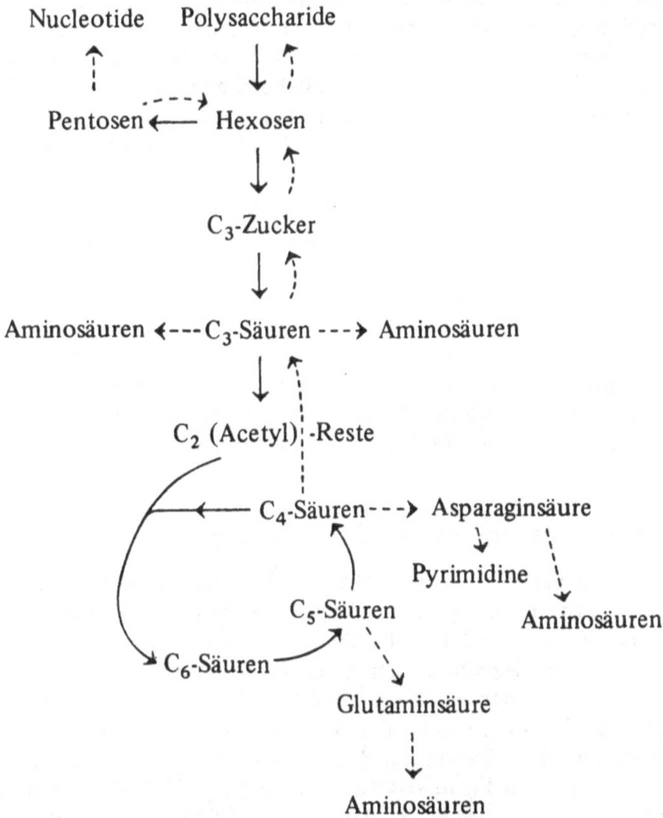

Abb. 9.3. Stoffwechselschema über den Zusammenhang der Synthese von Aminosäuren und Nucleotiden mit Zwischenprodukten des Abbaus von Kohlenhydraten.

ßen müßte, zeigt einige dieser Synthesewege. Aminosäuren können aus verschiedenen Stoffen gebildet werden, die beim Abbau der Kohlenhydrate entstehen, wie C_3-Säuren und (wichtiger!) C_4- und C_5-Säuren (Kapitel 17). Die C_4-Aminosäure Asparaginsäure ist an der Bildung von anderen Aminosäuren (Kapitel 17) und auch von Pyrimidinen (Kapitel 19) beteiligt. Die C_5-Aminosäure Glutaminsäure führt wiederum zu anderen Aminosäuren (Kapitel 17). Das Grundgerüst der Purine wird (im Gegensatz zu dem der Pyrimidine) schrittweise aus einer Zahl von Vorstufen (Kapitel 19) gebildet. Die Ribose- und Desoxyribosephosphate, die in den Nucleinsäuren vorkommen, werden aus der Pentose gebildet, die durch Oxydation einer Hexose entsteht (Kapitel 13).

Die folgenden sieben Kapitel beschreiben die eben erwähnten Stoffwechselwege ausführlicher. Dabei wird man feststellen, daß zwischen den Kapiteln viele Querverbindungen bestehen, auf die jeweils hingewiesen wird: es ist unsere Absicht, die Zusammenhänge zwischen den Stoffwechselwegen hervorzuheben und so zu zeigen, wie der Intermediärstoffwechsel die zwei Funktionen vereint, die wir erwähnten: die Lieferung von Energie und die Bildung von Zwischenprodukten, die für die Synthese von Makromolekülen benötigt werden.

10. Die Synthese von ATP — Die Glykolyse

Glucose ist der wichtigste Zucker des Kohlenhydratstoffwechsels. Wir haben oben gesehen (Kapitel 6), daß sowohl *Stärke,* das Speicherpolysaccharid der Pflanzen, als auch *Glykogen,* das Speicherpolysaccharid der Tiere, aus Glucoseresten bestehen. Ferner können andere Zucker durch einfache Reaktionsfolgen in Glucose umgewandelt werden. Weiterhin werden die meisten Zellen im tierischen Organismus mit Kohlenhydraten durch das Blut in Form von Glucose versorgt. Deshalb wollen wir bei der Besprechung des Abbaus der Kohlenhydrate mit dem Abbau der Glucose beginnen und dann sehen, wie einige andere Verbindungen in dieses Schema passen.

Organismen, die unter anaeroben Bedingungen (d. h. in Abwesenheit von Sauerstoff) leben, können Glucose durch *Gärungsreaktionen* abbauen: im Verlauf der Gärung oder Glykolyse wird das Molekül ohne gleichzeitige Netto-Oxydation oder -Reduktion gespalten, so daß die Zahl der Wasserstoff- und Sauerstoffatome in den Produkten die gleiche wie im Ausgangsmaterial ist. Auf den ersten Blick scheint es verschiedene Arten der Gärung zu geben, weil die verschiedenen Organismen verschiedene Gärungsprodukte bilden: Milchsäure, Äthanol, Butanol, Aceton, Propionsäure usw. Aber diese Verschiedenheit verdeckt die Tatsache, daß die meisten Reaktionen im Abbauweg bei den verschiedenen Organismen genau die gleichen sind. Es sind nur die allerletzten Stufen, in denen die Wege der verschiedenen Spezies voneinander abweichen. So ist es gerechtfertigt, einleitend eine Art der Glykolyse als Beispiel für den anaeroben Abbau von Glucose zu betrachten. Die geeignetste davon ist die Bildung der Milchsäure. Obwohl die Glucosegärung unter Bildung von Milchsäure ein anaerober Prozeß ist, heißt das nicht, daß sie für Organismen, die molekularen Sauerstoff zur Oxydation von Kohlenhydraten benutzen, ohne Bedeutung wäre. Im Gegenteil haben die aeroben Organismen die Reaktionen des Glykolyseweges übernommen, um Glucose in kleinere Bruchstücke zu spalten, die sie dann oxydieren können. In aeroben Organismen, wie bei uns Menschen, ergeben sich manchmal, z. B. bei der Muskelarbeit, kurzzeitig anaerobe Bedingungen, und dann tritt Milchsäure in sehr großen Mengen im aktiv arbeitenden Muskel auf. Aber auch in Geweben, die nie anaerob werden, bedient sich der Stoffwechsel der Glucose der Reaktionen der Gärung. Diese Reaktionen spalten die Glucosemoleküle in Hälften und die Reaktionen des aeroben Weges (s. nächstes Kapitel) oxydieren die gebildeten Bruchstücke.

Die Glykolyse

Der anaerobe Abbau der Glucose wird oft Glykolyse genannt und verläuft nach einem Reaktionsschema, das die Bezeichnung

Embden-Meyerhof-Weg trägt. Obwohl die Einzelreaktionen des Embden-Meyerhof-Weges ziemlich kompliziert sind, ist das Endergebnis außerordentlich einfach. „Glykolyse" heißt Spaltung der Glucose und die Summenformel ist einfach:

$$C_6H_{12}O_6 \rightarrow 2C_3H_6O_3 \ ,$$
$$\text{Glucose} \rightarrow 2 \text{ Milchsäure} \ .$$

Es ist klar, daß diese Reaktion summarisch keine Oxydation oder Reduktion darstellt und daher eine echte Gärung ist.

Sehen wir uns nun die Details dieses Prozesses an. Bevor die Glucose im Stoffwechsel umgewandelt werden kann, muß sie zuerst durch ein Enzym, die Hexokinase, phosphoryliert werden.

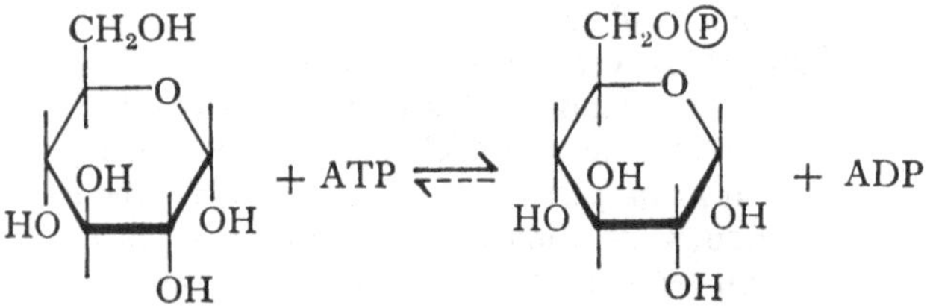

(1)

Glucose Glucose-6-phosphat

Das $\Delta G^{0\prime}$ dieser Reaktion begünstigt die Bildung des Glucose-6-phosphats sehr stark. Aber diese Tatsache bedeutet nicht, daß der Organismus keine Möglichkeit hat, aus Glucose-6-phosphat Glucose zu bilden. Er besitzt vielmehr eine Phosphatase, die in der Lage ist, Glucose-6-phosphat zu spalten. Während Hexokinase in lebenden Organismen weit verbreitet ist und im gesamten Säugetierkörper vorkommt, ist die Phosphatase hauptsächlich auf die Leber beschränkt und fehlt z. B. im Muskel.

Welche Schlußfolgerungen können wir daraus ziehen? Anscheinend ist ein wichtiger Gesichtspunkt der Phosphorylierung der Glucose, daß diese selbst durch Zellmembranen diffundieren kann, während Glucose-6-phosphat dazu nicht in der Lage ist. Durch die Phosphorylierung von Glucose, die aus dem Blut in die Zelle diffundiert ist, verhindert die Zelle ein Zurückströmen nach außen, und so kann ein Gewebe wie der Muskel einfach die Glucose in sich aufnehmen und festhalten, die es braucht. Andererseits hat die Leberzelle die Aufgabe, das Blut mit Glucose zu versorgen. Zu diesem Zweck zerlegt sie das Glykogen über das Zwischenprodukt Glucose-1-phosphat zu Glucose-6-phosphat (S. 119) und anschließend spaltet sie das Phosphat mit Hilfe der Phosphatase ab und ermöglicht es so der nicht-phosphorylierten Glucose, die Zelle zu verlassen und ins Blut überzutreten.

Glucose-6-phosphat ist in der Zelle im Gleichgewicht mit Fructose-6-phosphat. Dieses Gleichgewicht wird durch ein Enzym *Hexosephosphat-Isomerase* (s. S. 81) katalysiert. Fructuse-6-phosphat kann nun auf Kosten von ATP ein weiteres Mal phosphoryliert werden. Diese Reaktion wird durch die Phosphofruktokinase ermöglicht und ergibt Fructose-1,6-diphosphat. Wie bei der Phosphorylierung der Glucose ist die Bildung des Produktes stark begünstigt, wie $\Delta G^{0\prime}$ zeigt. Für den Abbau von Fructose-1,6-diphosphat zu Fructose-6-phosphat ist ein besonderes Enzym (Fructosediphosphatase) erforderlich.

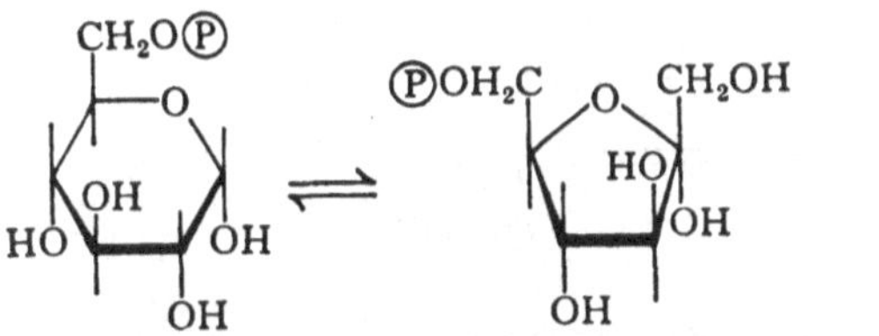

Glucose-6-phosphat Fructose-6-phosphat (2)

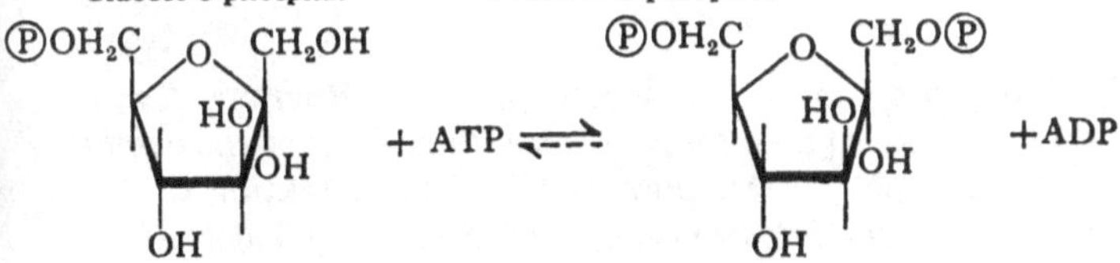

Fructose-6-phosphat Fructose-1,6-diphosphat (3)

Fructose-1,6-diphosphat kann durch die Einwirkung des Enzyms *Aldolase* gespalten werden und ergibt zwei Moleküle *Triosephosphat*. Eins davon ist Dihydroxyacetonphosphat, das andere 3-Phosphoglycerinaldehyd. Diese zwei Moleküle stehen in der Zelle miteinander im Gleichgewicht. Die Einstellung des Gleichgewichts wird durch das Enzym *Triosephosphat-Isomerase* katalysiert (s. S. 82) Wie wir schon erörtert haben (S. 82), benutzt die nächste Reaktion im glykolytischen Abbauweg nur 3-Phosphoglycerinaldehyd. Wegen des eben erwähnten Gleichgewichts wird aber weiteres Dihydroxyacetonphosphat in 3-Phosphoglycerinaldehyd umgewandelt, sobald dieses aufgebraucht ist. So werden tatsächlich beide Triosephosphate, die aus Fructose-1,6-diphosphat stammen, weiter im Stoffwechsel umgesetzt.

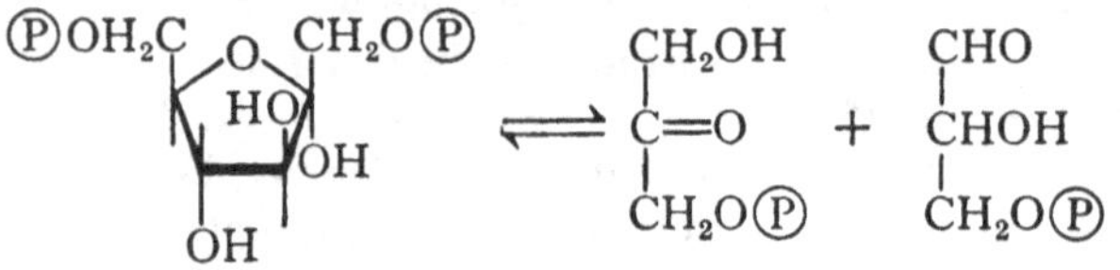
(4)

Fructose-1,6-diphosphat   Dihydroxyaceton-phosphat   3-Phosphoglycerinaldehyd

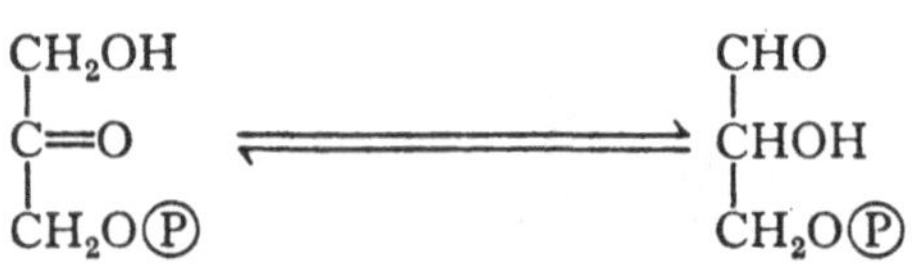
(5)

Dihydroxyaceton-phosphat   3-Phosphoglycerinaldehyd

Wir sind nun bei einer sehr bemerkenswerten Reaktion der Glykolyse angelangt. In dieser wird 3-Phosphoglycerinaldehyd zu 1,3-Diphosphoglycerinsäure oxydiert. Die Reaktion wird durch das Enzym *Triosephosphat-Dehydrogenase* katalysiert. Diese Reaktion besitzt eine besondere Bedeutung, weil sie zur

Bildung einer energiereichen Verbindung führt. Das ist ein Beispiel für die Substratketten-Phosphorylierung (s. S. 89).

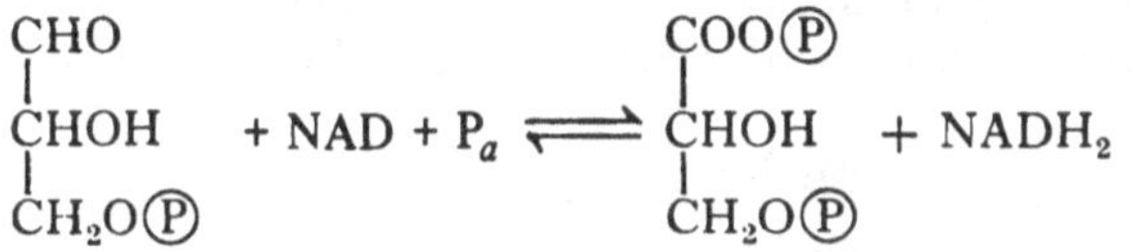

(6)

3-Phosphoglycerinaldehyd 1,3-Diphosphoglycerinsäure

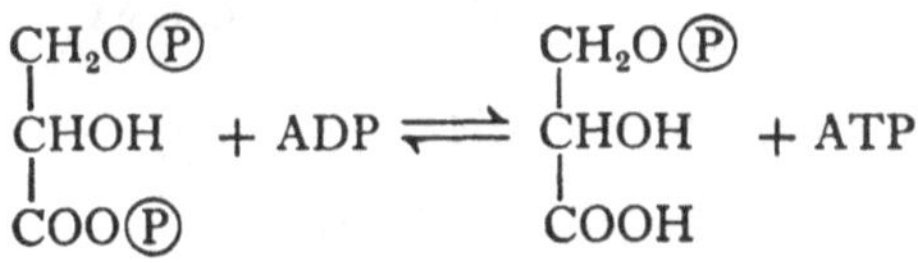

(7)

1,3-Diphosphoglycerinsäure 3-Phosphoglycerinsäure

Auf den ersten Blick scheint die Oxydation des 3-Phosphoglycerinaldehyds und die gleichzeitig auftretende Reduktion von NAD im Widerspruch mit dem oben erwähnten Prinzip zu stehen, daß die Glykolyse summarisch keine Oxydation oder Reduktion des Glucosemoleküls darstellt. Aber wir werden gleich sehen, daß der Wasserstoff nur vorübergehend als $NADH_2$ vorliegt. Er wird bald wieder in den Hauptweg zurückgeführt.

3-Phosphoglycerinsäure wird durch ein Enzym (Mutase genannt) zu 2-Phosphoglycerinsäure umgewandelt, und diese wird dann dehydratisiert. Die Dehydratisierungsreaktion wird durch ein Enzym mit Namen *Enolase* katalysiert und führt zur Bildung der energiereichen Verbindung *Phospho-enolpyruvat* (s. S. 116).

Wie wir auf S. 89 erklärt haben, ist die freie Energie der Hydrolyse von Phospho-enolpyruvat sehr hoch, und das Enzym Pyruvatkinase kann die Bildung von ATP ohne Schwierigkeit katalysieren. (Wir erwähnten bereits, daß die freie Energie der Hydrolyse von Phospho-enolpyruvat so außergewöhnlich hoch ist, daß die Reaktion praktisch nicht reversibel ist.) Nach der Abspaltung der Phosphatgruppe aus dem Phospho-enolpyruvat bleibt Enolpyruvat, das sich ohne Mitwirkung eines Enzyms in die Ketoform, die Brenztraubensäure (Pyruvat) umwandelt.

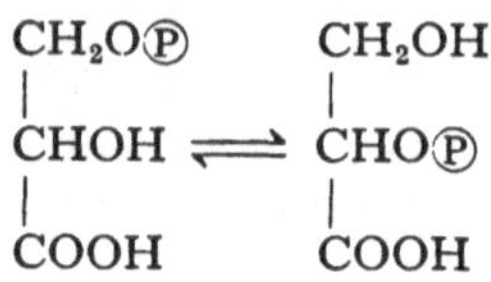

(8)

3-Phosphoglycerinsäure 2-Phosphoglycerinsäure

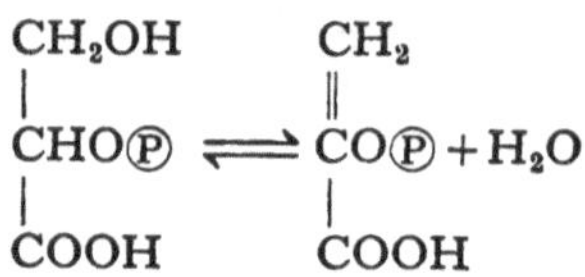

(9)

2-Phosphoglycerinsäure Phospho-*enol*brenztraubensäure

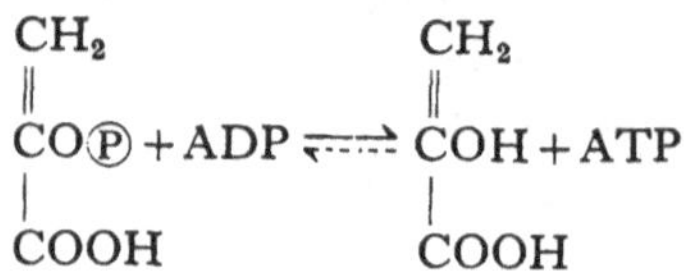

(10)

Phospho-*enol*brenztraubensäure Enolbrenztraubensäure

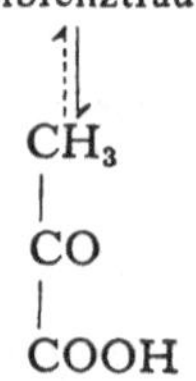

Brenztraubensäure

Damit ist der Glykolyseweg fast vollständig, aber noch nicht ganz.

Die Reaktion (6) reduzierte das NAD zum $NADH_2$. Da die Konzentration von NAD in den Zellen sehr niedrig ist, ist es klar, daß die Glykolyse nicht für längere Zeit weiterlaufen kann, wenn nicht NAD zurückgewonnen wird, damit es immer wieder als Wasserstoffüberträger in der Reaktion (6) wirken kann. Unter aeroben Bedingungen wäre es möglich, das $NADH_2$ durch die Atmungskette (S. 95) zu reoxydieren. Aber die Glykolyse ist ein anaerober Stoffwechselweg und ist das Hauptinstrument der ATP-Synthese für viele Organismen, die nicht molekularen Sauerstoff zur Oxydation benutzen. Wie kann das NAD anaerob aus $NADH_2$ regeneriert werden?

Die Antwort ist, daß $NADH_2$ dadurch reoxydiert wird, daß es dazu benutzt wird, das Produkt des Glycolyseweges selbst zu reduzieren. In Reaktion (10) wurde Brenztraubensäure (Pyruvat) gebildet, und das Enzym *Lactatdehydrogenase* katalysiert die Reduktion von Brenztraubensäure zu Milchsäure (Lactat).

$$\underset{\text{Brenztraubensäure}}{CH_3\cdot CO\cdot COOH} + NADH_2 \rightleftharpoons \underset{\text{Milchsäure}}{CH_3\cdot CHOH\cdot COOH} + NAD. \qquad (11)$$

Das NAD kann nun erneut in der Reaktion (6) benutzt werden. Auf diese Weise kann eine Zelle, indem sie das NAD zyklisch reduziert und oxydiert, große Mengen Glucose abbauen und Milchsäure bilden.

Einige Organismen häufen nicht Milchsäure, sondern andere Endprodukte der Gärung an. Diese Tatsache braucht uns nicht zu verwundern, wenn wir bedenken, daß die Aufgabe der zuletzt erwähnten Reaktion (11) ist, den Überschuß an H_2 zu beseitigen und $NADH_2$ zu reoxydieren. So kann jede Verbindung, die den Wasserstoff vom $NADH_2$ übernehmen kann, an die Stelle des Pyruvats in Reaktion (11) treten. Hefe z. B. decarboxyliert das Pyruvat zuerst und benutzt dann das Produkt der Decarboxylierung, um das $NADH_2$ zu reoxydieren.

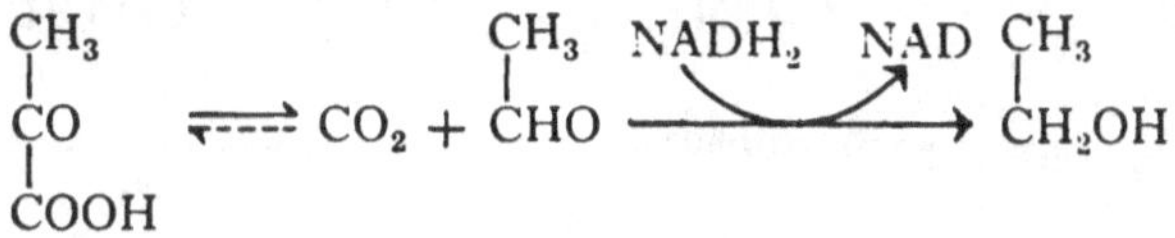

(12)

Brenztraubensäure Acetaldehyd Äthanol

Andere Organismen bedienen sich komplexerer Reaktionen, die eine Vielzahl reduzierter Produkte erzeugen, aber die biologische Funktion ist bei allen die gleiche.

Viele Organismen, die anaerob leben, erzeugen ihr gesamtes ATP durch Gärungen solcher Art. Man kann den Nettogewinn von ATP aus der Glykolyse leicht berechnen. Je ein Molekül ATP wird in den Reaktionen (1) und (3) verbraucht. Die Reaktion (4) spaltet das Molekül in zwei Hälften und da je ein ATP in den Reaktionen (7) und (10) pro jede Hälfte gewonnen wird, ergeben diese beiden Reaktionen einen Gewinn von 4 ATP. Damit ist die Nettobildung an ATP aus dem glykolytischen Abbau von Glucose zu Milchsäure (oder anderen Gärungsprodukten) zwei Moleküle ATP.

Andere Substrate und der Embden-Meyerhof-Weg

Es gibt außer der Glucose noch zahlreiche andere Verbindungen, die im Embden-Meyerhof-Weg abgebaut werden, obwohl im allgemeinen zwei oder drei spezielle Reaktionen notwendig sind, um die Verbindung in den Abbauweg einzuschleusen. Fructose kann z. B. direkt zu Fructose-6-phosphat phosphoryliert werden und in den Abbauweg mit der Reaktion (3) einmünden. Galactose wird phosphoryliert und kann in Glucose-6-phosphat umgewandelt werden. Der glykolytische Weg kann zum Abbau von Glycerin folgendermaßen benutzt werden.

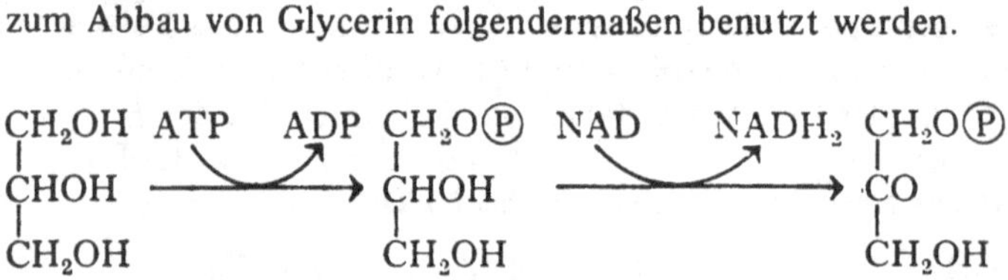

Glycerin — α-Glycerophosphat — Dihydroxyacetonphosphat

Das so gebildete Dihydroxyacetonphosphat kann in die Reaktion (5) einmünden.

Bei Tieren ist eine sehr wichtige Aufgabe des Embden-Meyerhof-Weges die Bereitstellung von Energie durch den Glykogenabbau (s. S. 110). (In Pflanzen tritt Stärke an die Stelle des Glykogens.) Besonders im tierischen Muskel wird ein akuter Bedarf an ATP durch den glykolytischen Abbau von Glykogen gedeckt, ohne daß Glucose als Zwischenprodukt auftritt. Der erste Schritt ist die Depolymerisierung des Glykogens. Sie wird unter Einbau von Phosphat durch das Enzym Phosphorylase katalysiert.

$$(\text{Glucose})_n + P_a \rightleftharpoons (\text{Glucose})_{n-1} + \text{Glucose-1-phosphat}.$$

Diese Reaktion braucht kein ATP, so daß keine Kinase erforderlich ist, um die Glucosereste in den Stoffwechselweg einzuschleusen. (Im Gegensatz dazu ist für die Phosphorylierung von Zuckern wie Glucose, Fructose und Galactose und auch von Glycerin eine Kinase und auch ATP erforderlich.) Eine Mutase katalysiert nun den Übergang der Phosphatgruppe von der C_1- zur C_6-Hydroxylgruppe der Glucose.

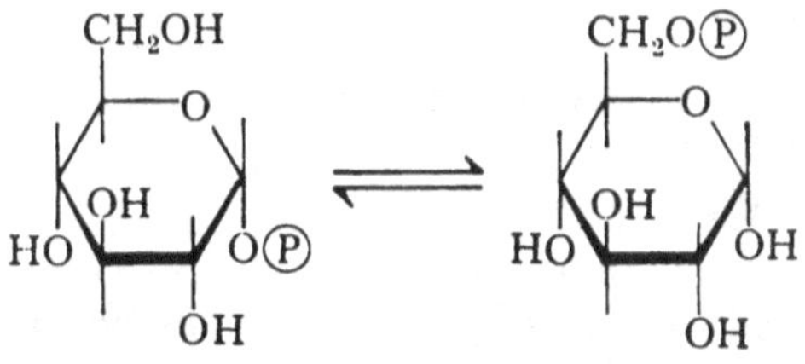

Glucose-1-phosphat Glucose-6-phosphat

Das Glucose-6-phosphat kann auf der Stufe der Reaktion (2) in den Embden-Meyerhof-Weg einmünden. Eine Alternative für das so aus dem Glykogen gebildete Glucose-6-phosphat besteht in der Leber darin, daß es zu Glucose (und Phosphat) gespalten werden kann (S. 112).

11. Die Bildung von ATP – Der Citronensäurezyklus

Pyruvat ist das vorletzte Glied des glykolytischen Weges und, wie wir gesehen haben, wird unter anaeroben Bedingungen das $NADH_2$, das in Reaktion (6) dieses Weges gebildet worden ist, durch Reduktion des Pyruvats zu NAD reoxydiert. Unter aeroben Bedingungen kann $NADH_2$ andererseits über die Atmungskette zu NAD reoxydiert werden (s. S. 95), so daß in diesem Falle das Pyruvat als Wasserstoffakzeptor nicht benötigt wird. Stattdessen wird Pyruvat durch Oxydation abgebaut.

Die erste Stufe beim Abbau des Pyruvats ist eine *oxydative Decarboxylierung.* Diese Reaktion verläuft in mehreren Schritten und wird durch einen Enzymkomplex, die *Pyruvatdehydrogenase,* katalysiert. In der ersten Stufe wird unter CO_2-Freisetzung eine Acetylgruppe aus dem Pyruvat abgespalten, und diese Acetylgruppe wird von einem Carrier auf einen weiteren übertragen, bis sie den Carrier Coenzym A erreicht.

Das erste Molekül, das die Acetylgruppe übernimmt, ist das *Thiaminpyrophosphat.* Seine Formel ist auf S. 41 angegeben, und wir wollen es hier mit TPP abkürzen. Der nächste Carrier ist die Liponsäure, die wir

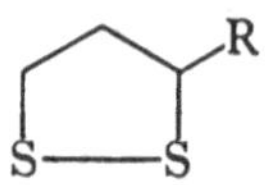

wobei $R{=}(CH_2)_4COOH$ bedeutet,

schreiben wollen.

Coenzym A (S. 41) wird als CoASH abgekürzt. Damit können wir für die Bildung von Acetylcoenzym A aus Pyruvat folgende Reaktionsfolge formulieren:

$$CH_3\cdot CO\cdot COOH + TPP \rightleftharpoons CH_3\cdot CHO\cdot TPP + CO_2$$

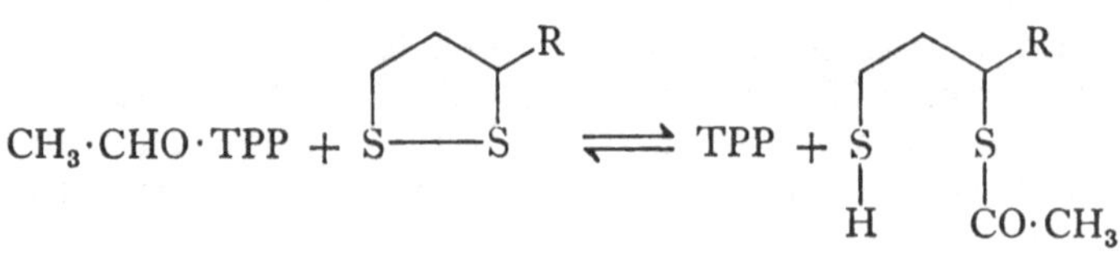

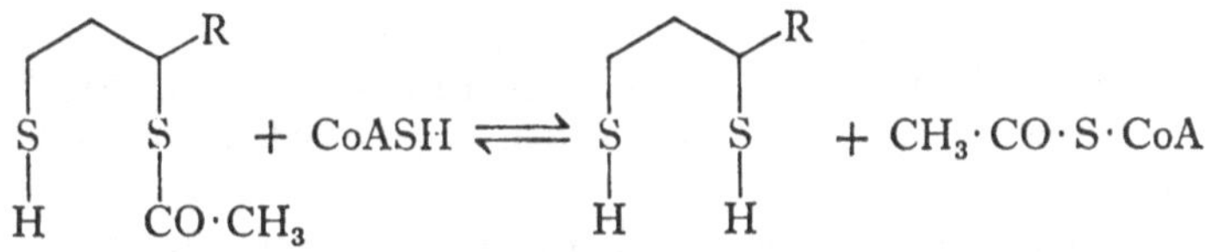

Wir begegnen jetzt einem Problem ähnlich demjenigen, das wir bei der Anhäufung von $NADH_2$ während der Glycolyse (S. 116) sahen. Ein Ergebnis der oxydativen Decarboxylierung des Pyruvats ist, daß die Liponsäure reduziert wird. Da Liponsäure ein Coenzym ist und in der Zelle nur in kleinen Mengen vorkommt, muß es reoxydiert werden, wenn es seine Funktion beim Abbau weiterer Moleküle von Pyruvat erfüllen soll. Tatsächlich kann reduzierte Liponsäure durch NAD in einer Reaktion, die durch Lipoatdehydrogenase katalysiert wird, reoxydiert werden.

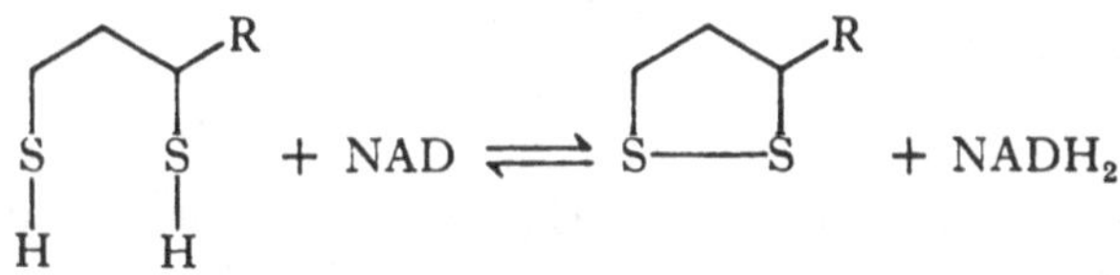

Da alle diese Reaktionen in Gegenwart von Sauerstoff ablaufen, wird $NADH_2$ durch die Atmungskette reoxydiert. Damit ist die Summe der vier Reaktionen bis hierhin:

$$\underset{\text{Brenztraubensäure}}{CH_3 \cdot CO \cdot COOH} + CoASH + NAD \rightleftharpoons \underset{\text{Acetyl-Coenzym A}}{CH_3 \cdot CO \cdot S \cdot CoA} + CO_2 + NADH_2 \qquad (1)$$

Das Acetyl-Coenzym A, bei dem wir nun angekommen sind, ist eine der zentralen Verbindungen des intermediären Stoffwechsels. Wir haben eben gesehen, wie es durch die Oxydation von Pyruvat gebildet wird. Damit ist es ein Zwischenprodukt im Abbau von Kohlenhydraten und Glycerin. Wir werden später sehen (Kapitel 12), daß es auch das Abbauprodukt der

Fettsäuren und ebenso einiger Aminosäuren (Kapitel 17) ist. Weiterhin ist Acetyl-Coenzym A der Ausgangspunkt der Synthese von Fettsäuren (s. Kapitel 16), von Steroiden und Carotinoiden.

Wir wollen nun das Schicksal der Acetylgruppe des Acetyl-Coenzym A untersuchen. Die Oxydation dieser Acetylgruppe erfolgt durch eine Reihe von Reaktionen, die häufig Krebs-Zyklus, Citronensäurezyklus oder Tricarbonsäure-Zyklus genannt wird. Wir haben ihn am unteren Rand der Abb. 9.1 und 9.2 skizziert.

In der ersten Reaktion reagiert Acetylcoenzym A mit einer Verbindung, die Oxalessigsäure genannt wird. Diese Säure wird, wie wir bald sehen werden, in der *letzten* Reaktion des Krebszyklus gebildet. Damit wirkt sie in gewissem Sinne als ein Carrier von Acetylgruppen durch die Reaktionen des Zyklus und bleibt am Ende übrig, um eine weitere Acetylgruppe aufzunehmen.

$$\begin{array}{ccccc} & & & & CH_2\cdot COOH \\ & & & & | \\ CH_3\cdot CO\cdot S\cdot CoA + & CO\cdot COOH & + H_2O & \rightleftharpoons & HOC\cdot COOH + CoASH \\ & | & & & | \\ & CH_2\cdot COOH & & & CH_2\cdot COOH \\ \text{Acetyl-Coenzym A} & \text{Oxalessigsäure} & & & \text{Citronensäure} \end{array}$$

Die beschriebene Reaktion wird durch die *Citrat-Synthase* katalysiert.

Die Citronensäure wird nun zu Isocitronensäure isomerisiert. Das Enzym, das für die Isomerisierung verantwortlich ist, wird *Aconitase* genannt.

$$\begin{array}{ccc} CH_2\cdot COOH & & CHOH\cdot COOH \\ | & & | \\ HOC\cdot COOH & \rightleftharpoons & CH\cdot COOH \\ | & & | \\ CH_2{:}COOH & & CH_2\cdot COOH \\ \text{Citronensäure} & & \text{Isocitronensäure} \end{array} \qquad (3$$

Die Isocitronensäure wird durch NAD in einer Reaktion, die durch *Isocitratdehydrogenase* katalysiert wird, dehydrogeniert. Die entstehende Oxalbernsteinsäure (Oxalsuccinat) ist instabil und würde auch ohne ein Enzym spontan decarboxylieren[6]. Tatsächlich katalysiert das Enzym, das ihre Bildung bewirkt, auch ihre Decarboxylierung.

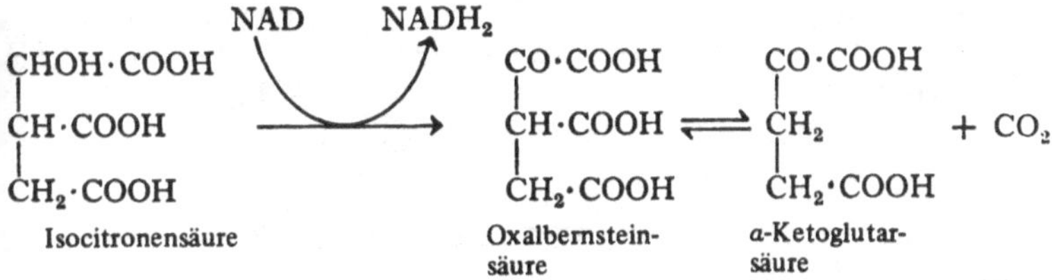

(4)

Die so gebildete Verbindung ist die α-Ketoglutarsäure, die eine α-Ketosäure ähnlich der Brenztraubensäure ist. In genau der gleichen Weise wie die Brenztraubensäure zu Acetyl-Coenzym A oxydiert wurde, wird α-Ketoglutarsäure zu Succinyl-Coenzym A oxydiert. An der Reaktion nehmen Thiaminpyrophosphat, Liponsäure und Coenzym A teil. Dabei wird NAD reduziert. Das Enzym heißt *α-Ketoglutarat-Dehydrogenase.*

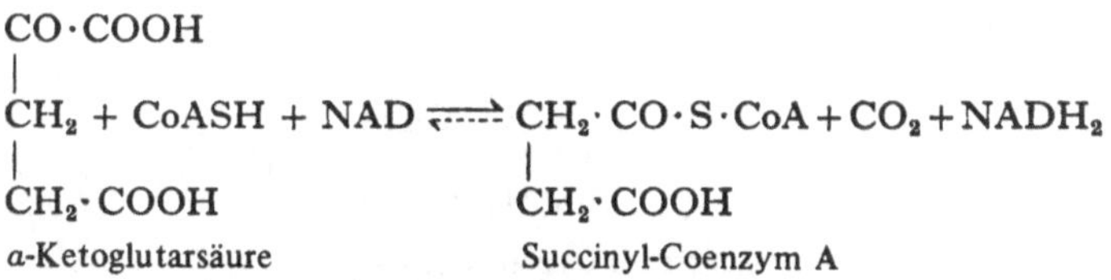

(5)

Das Succinyl-Coenzym A ist vergleichbar mit dem Acetyl-Coenzym A, das in der Reaktion (1) gebildet wurde. Es ent-

[6] Anmerkung des Übersetzers: Nach neueren Befunden entsteht bei der Reaktion mit der NAD-abhängigen Isocitratdehydrogenase kein Oxalsuccinat.

hält eine energiereiche Acyl-Mercaptan-Bindung (s. Tabelle 7.1). Diese kann nun für die Synthese von ATP ausgenutzt werden, obwohl in Wirklichkeit zuerst Guanosintriphosphat (GTP) statt ATP gebildet wird. Die Reaktion wird durch eine Thiokinase katalysiert und bildet Bernsteinsäure (Succinat) und freies Coenzym A.

$$\begin{array}{l} CH_2\cdot CO\cdot S\cdot CoA \\ | \\ CH_2\cdot COOH \end{array} + GDP + P_i + H_2O \rightleftharpoons \begin{array}{l} CH_2\cdot COOH \\ | \\ CH_2\cdot COOH \end{array} + GTP + CoASH$$

Succinyl-Coenzym A — Bernsteinsäure

$$GTP + ADP \rightleftharpoons GDP + ATP$$

Da Acetyl-Coenzym A auch eine energiereiche Acyl-Mercaptan-Bindung enthielt, ist es auf den ersten Blick erstaunlich, daß es nicht auch für die Synthese von GTP oder ATP verwendet wurde. Der Grund liegt darin, daß die Energie für die Kondensation mit Oxalessigsäure unter Bildung von Citronensäure benötigt wurde (Reaktion (2)).

Die in der Reaktion (6) gebildete Bernsteinsäure wird mit Hilfe der Succinat-Dehydrogenase oxydiert. Das Enzym enthält FAD als prosthetische Gruppe (s. S. 41) und benutzt kein NAD als Coenzym.

$$\begin{array}{l} CH_2:COOH \\ | \\ CH_2:COOH \end{array} \rightleftharpoons \begin{array}{l} CH:COOH \\ \| \\ CH:COOH \end{array} + 2H \qquad (7)$$

Bernsteinsäure — Fumarsäure

Fumarsäure nimmt in einer Reaktion, die durch eine Hydratase katalysiert wird, Wasser auf. Die Äpfelsäure (Malat), die sich so ergibt, wird durch NAD mit Malat-Dehydrogenase als Enzym oxydiert.

$$\begin{array}{l} CH\cdot COOH \\ \| \\ CH\cdot COOH \end{array} + H_2O \rightleftharpoons \begin{array}{l} CHOH\cdot COOH \\ | \\ CH_2\cdot COOH \end{array} \qquad (8)$$

Fumarsäure Äpfelsäure

$$\begin{array}{l} CHOH\cdot COOH \\ | \\ CH_2\cdot COOH \end{array} + NAD \rightleftharpoons \begin{array}{l} CO\cdot COOH \\ | \\ CH_2\cdot COOH \end{array} + NADH_2 \qquad (9)$$

Äpfelsäure Oxalessigsäure

Der Endeffekt der letzten drei Reaktionen ist, daß $-CH_2-$ zu $-CO-$ oxydiert wird. Das ist eine wichtige Umwandlung, und wir werden sehen (S. 130), daß sie bei der Oxydation der Fettsäuren durch eine analoge Folge von drei Reaktionen auftritt. Die letzte Reaktion bildet Oxalessigsäure (Oxalacetat), die erneut mit Acetyl-Coenzym A reagieren kann (2). Das ist der Grund, warum die eben beschriebenen Reaktionen zusammen als Krebs-*Zyklus* bezeichnet werden.

Im Verlauf der Reaktionen, die in diesem Kapitel erwähnt wurden, wird Pyruvat vollständig oxydiert. Die drei Kohlenstoffatome des Pyruvats werden als Kohlendioxid in den Reaktionen (1), (4) und (5) frei. In den Reaktionen (1), (4), (5), (7) und (9) werden fünf Paare von Wasserstoffatomen freigesetzt. Damit ist die Summengleichung formell

$$CH_3\cdot CO\cdot COOH + 3H_2O \rightarrow 3CO_2 + 5(H_2)\ .$$

Von den fünf Wasserstoffpaaren werden vier auf NAD übertragen. Jedes Paar kann zur Bildung von drei Molekülen ATP führen (s. S. 100). Das letzte Paar, das in der Reaktion (7) gebildet wurde, wird auf FAD übertragen und kann nur zwei Moleküle ATP liefern (s. S. 100). Ferner wird noch ein ATP (genau genommen zunächst ein GTP) in der Reaktion (6) gebildet. Damit kann die Oxydation von jedem Molekül Pyruvat fünfzehn Moleküle ATP liefern.

Wir können nun die Ausbeute von ATP aus dem Abbau von Glucose unter aeroben Bedingungen errechnen. Im vorangegangenen Kapitel sahen wir, daß der Glykolyseweg zwei Moleküle Pyruvat erzeugt und zwei Moleküle ATP und zwei Moleküle $NADH_2$ abwirft. Unter aeroben Bedingungen können diese zwei $NADH_2$ nun wieder sechs ATP bilden, da die Atmungskette benutzt werden kann. Wenn jedes Molekül Pyruvat fünfzehn ATP ergibt, ist die Gesamtausbeute aus der Oxydation der Glucose achtunddreißig ATP. Diese Berechnung ist etwas akademisch und muß nicht ganz genau genommen werden, da die theoretische Ausbeute an ATP nicht unter allen physiologischen Bedingungen realisiert werden kann. Nichtsdestotrotz gibt sie einen Anhaltspunkt, welche Ausbeute erwartet werden kann, und sie deckt den bemerkenswerten Unterschied zu der Ausbeute von zwei ATP unter anaeroben Bedingungen auf.

Der Nachschub von Zwischenprodukten des Krebs-Zyklus

Der Krebs-Zyklus ist für die Oxydation der Acetylgruppe des Acetyl-Coenzym A verantwortlich und ist deshalb der gemeinsame Endweg der Oxydation der Kohlenhydrate und auch (s. nächstes Kapitel) der Fette. Aber die Zwischenprodukte des Krebs-Zyklus haben noch andere Funktionen. Wir werden später (S. 168) sehen, daß α-Ketoglutarsäure in die Aminosäure Glutaminsäure umgewandelt werden kann, die selbst nicht nur ein Bestandteil von Proteinen ist, sondern auch in der Lage ist, andere Aminosäuren zu bilden. Oxalessigsäure kann in die Aminosäure Asparaginsäure (s. S. 169) umgewandelt werden, und diese kann zu weiteren Aminosäuren und auch zu Pyrimidinen führen. Succinyl-Coenzym A ist an der Synthese von Pyrrolen beteiligt, die Grundkörper des Häms und des Chlorophylls sind.

Gäbe es diese wichtigen synthetischen Seitenreaktionen nicht, würden nur katalytische Mengen von Krebs-Zykluszwischenprodukten benötigt, um die Oxydation von Acetylgruppen zu bewirken. Aber da diese Zwischenprodukte fortlaufend für biosynthetische Reaktionen abgezweigt werden, muß es einen Mechanismus für die Erneuerung der Bestandteile des Krebs-Zyklus geben. Ohne einen solchen Mechanismus würde die Endoxydation der Kohlenhydrate und Fette bald versagen. Teilweise kann der Krebs-Zyklus durch die Umkehr der Reaktionen, die gerade erwähnt wurden, aufgefüllt werden, d.h. α-Ketoglutarsäure kann nicht nur zur Bildung von Glutaminsäure führen, sondern kann auch aus Glutaminsäure gebildet werden. Aber unter Bedingungen, unter denen die biosynthetischen Reaktionen überwiegen, muß es ein anderes Mittel für die Erneuerung der Zwischenprodukte des Citronensäure-Zyklus geben. Dieses stellt die ATP-abhängige Carboxylierung von Pyruvat durch die *Pyruvat-Carboxylase* dar:

$$\underset{\text{Brenztraubensäure}}{CH_3 \cdot CO \cdot COOH} + CO_2 + ATP \rightleftharpoons \underset{\text{Oxalessigsäure}}{\begin{array}{l} CO \cdot COOH \\ | \\ CH_2 \cdot COOH \end{array}} + ADP + P_a$$

Das wirksame Funktionieren dieser Reaktion hat eine sehr wichtige Voraussetzung. Sie erfordert, daß der glykolytische Weg funktioniert, um Pyruvat zur Verfügung zu stellen, und so wird eine Erneuerung der Intermediate des Krebs-Zyklus beim Fehlen eines aktiven Kohlenhydratstoffwechsels schwer oder unmöglich sein. Wir werden auf diesen Punkt zurückkommen, wenn wir die Oxydation der Fettsäuren auf S. 129 besprechen.

12. Die Bildung von ATP beim Abbau von Lipiden

In vielen Organismen stammt ein großer Teil des gebildeten ATP aus der Oxydation von Fetten. Fette sind Glycerinester und haben die allgemeine Formel

$$\begin{array}{l} CH_2O\cdot COR \\ | \\ CHO\cdot COR' \\ | \\ CH_2O\cdot COR'' \end{array}$$

Ihre Hydrolyse wird durch die Einwirkung von Lipasen katalysiert. Dabei entstehen Glycerin und Fettsäuren.

$$\begin{array}{lcllc} CH_2O\cdot COR & & CH_2OH & & RCOOH \\ | & & | & & + \\ CHO\cdot COR' & +3H_2O \rightleftharpoons & CHOH & + & R'COOH \\ | & & | & & + \\ CH_2O\cdot COR'' & & CH_2OH & & R''COOH \end{array}$$

Wir haben schon gesehen (S. 118), wie Glycerin durch die Reaktionen des Embden-Meyerhof-Weges abgebaut werden kann. Wir wollen nun die Oxydation von Fettsäuren betrachten.

Im Prinzip können Fette viele verschiedene Fettsäuren enthalten, aber in der Praxis gibt es nur ziemlich wenige, natürlich vorkommende Arten von Fettsäuren. Sie haben fast immer eine gerade Zahl von Kohlenstoffatomen. Zwei der am weitesten verbreiteten sind die Palmitinsäure ($C_{15}H_{31}COOH$) und die Stearinsäure ($C_{17}H_{35}COOH$). Wir wollen die Oxydation der Fettsäuren am Beispiel der Stearinsäure erläutern. Zu diesem Zweck ist es günstig, sie folgendermaßen zu schreiben:

$$CH_3\cdot(CH_2)_{12}\cdot CH_2\cdot CH_2\cdot CH_2\cdot CH_2\cdot COOH.$$

Bevor die Fettsäure oxydiert werden kann, muß sie in einer Reaktion mit Coenzym A aktiviert werden. Dabei wird ATP verbraucht. Es entsteht jedoch nicht ADP, sondern AMP, und anorganisches Pyrophosphat wird frei:

$$CH_3 \cdot (CH_2)_{12} \cdot CH_2 \cdot CH_2 \cdot CH_2 \cdot CH_2 \cdot COOH + CoASH + ATP \rightleftharpoons CH_3 \cdot (CH_2)_{12} \cdot CH_2 \cdot CH_2 \cdot CH_2 \cdot CH_2 \cdot CO \cdot S \cdot CoA + AMP + (P - P)_a\,.$$

Diese Reaktion wird durch eine Thiokinase katalysiert und hat eine Gleichgewichtskonstante, die nahe an 1 liegt. Infolge der Existenz eines weiteren Enzyms, der Pyrophosphatase, wird das gebildete Pyrophosphat jedoch sehr schnell abgebaut

$$(P - P)_a + H_2O \rightleftharpoons 2\,P_a\,.$$

Da die Konzentration des Wassers in der Zelle sehr viel höher ist als die des anorganischen Phosphats, besteht in der Praxis keine Chance für eine summarische Umkehr der Reaktion und damit für eine Netto-Resynthese von ATP aus AMP und Pyrophosphat. Wir können daher die Bildung von Fettsäure-Coenzym-A-Estern aus Fettsäuren als praktisch irreversibel betrachten. Wir wollen uns ins Gedächtnis zurückrufen, daß auch die Glucose (und andere Zucker sowie Glycerin) zuerst aktiviert werden müssen, bevor sie weiter umgesetzt werden können. Auch das sind Reaktionen, die praktisch irreversibel sind.

Stearyl-Coenzym A wird durch eine Folge von Reaktionen abgebaut, die zusammen als *β-Oxydation* bezeichnet werden. Im Verlaufe dieser Serie von Reaktionen wird das β-Kohlenstoffatom des Acylcoenzym A stufenweise oxydiert und letzteres zu β-Ketoacylcoenzym A umgewandelt.

In der ersten Reaktion der β-Oxydation werden zwei Wasserstoffatome vom Stearyl-Coenzym A abgespalten, so daß die entsprechende α,β-ungesättigte Verbindung entsteht. Das Enzym dieser Oxydation ist die Acyl-Coenzym A-Dehydrogenase. Sie enthält nicht NAD, sondern FAD als prosthetische Gruppe:

$$CH_3 \cdot (CH_2)_{12} \cdot CH_2 \cdot CH_2 \cdot CH_2 \cdot CH_2 \cdot CO \cdot S \cdot CoA \rightleftharpoons CH_3 \cdot (CH_2)_{12} \cdot CH_2 \cdot CH_2 \cdot CH{=}CH \cdot CO \cdot S \cdot CoA.$$

Im nächsten Schritt nimmt das ungesättigte Acyl-Coenzym A (auch Enoyl-Coenzym A genannt) in einer durch die Enoylhydratase katalysierten Reaktion Wasser auf. Dieses Enzym lagert das Wasser so an, daß das β- (nicht das α-)Hydroxyacyl-Coenzym A entsteht:

$$CH_3\cdot(CH_2)_{12}\cdot CH_2\cdot CH_2\cdot CH{=}CH\cdot CO\cdot S\cdot CoA + H_2O \rightleftharpoons$$
$$CH_3\cdot(CH_2)_{12}\cdot CH_2\cdot CH_2\cdot CHOH\cdot CH_2\cdot CO\cdot S\cdot CoA.$$

Dieses Produkt wird nun wiederum oxydiert, indem die β-Hydroxyacyl-Coenzym A-Dehydrogenase zwei Wasserstoffe auf NAD überträgt.

$$CH_3\cdot(CH_2)_{12}\cdot CH_2\cdot CH_2\cdot CHOH\cdot CH_2\cdot CO\cdot S\cdot CoA + NAD \rightleftharpoons$$
$$CH_3\cdot(CH_2)_{12}\cdot CH_2\cdot CH_2\cdot CO\cdot CH_2\cdot CO\cdot S\cdot CoA + NADH_2.$$

Diese Folge von Reaktionen ist den drei Reaktionen im Krebszyklus auffallend ähnlich, durch die Bernsteinsäure (Succinat) zu Oxalessigsäure oxydiert wird (S. 125). Die erste ist eine Dehydrogenierung mit Bildung einer Doppelbindung und wird durch ein Enzym katalysiert, das FAD enthält. Die zweite Reaktion ist eine Hydratisierung und die dritte eine Oxydation von $-CHOH$ zu $-CO$ durch ein Enzym, das NAD benutzt.

Jetzt ist das β-Kohlenstoffatom vollständig oxydiert und das entstandene β-Ketoacyl-Coenzym A kann unter Aufnahme eines weiteren Moleküls Coenzym A gespalten werden. Diese Reaktion wird durch eine β-Ketothiolase katalysiert.

$$CH_3\cdot(CH_2)_{12}\cdot CH_2\cdot CH_2\cdot CO\cdot CH_2\cdot CO\vdots S\vdots CoA + CoASH \rightleftharpoons$$
$$CH_3\cdot(CH_2)_{12}\cdot CH_2\cdot CH_2\cdot CO\cdot S\cdot CoA + CH_3\cdot CO\cdot S\cdot CoA.$$

Die Produkte sind Acetyl-Coenzym A und ein Acyl-Coenzym A, dessen Kette um 2 Kohlenstoffatome kürzer ist als die der Ausgangsverbindung. Sie heißt Palmitoyl-Coenzym A. Das Acetyl-Coenzym A nimmt den normalen Weg durch den Krebszyklus (S. 120), und das Palmitoyl-Coenzym A wird erneut der β-Oxydation unterworfen.

Auf diesem Wege werden Fettsäuren (in Form ihrer Coenzym A-Derivate) zu vielen Acetyl-Coenzym A-Einheiten abgebaut, von denen jede durch den Krebszyklus oxydiert wird. Stearyl-Coenzym A durchläuft z. B. die β-Oxydation 8mal und liefert 9 Moleküle Acetyl-Coenzym A.

$$CH_3 \cdot (CH_2)_{12} \cdot CH_2 \cdot CH_2 \cdot CO \cdot S \cdot CoA$$

$$\downarrow \text{Dehydrogenase}$$

$$CH_3 \cdot (CH_2)_{12} \cdot CH{=}CH \cdot CO \cdot S \cdot CoA$$

$$\downarrow \text{Hydratase}$$

$$CH_3 \cdot (CH_2)_{12} \cdot CHOH \cdot CH_2 \cdot CO \cdot S \cdot CoA$$

$$\downarrow \text{Dehydrogenase}$$

$$CH_3 \cdot (CH_2)_{12} \cdot CO \cdot CH_2 \cdot CO \cdot S \cdot CoA$$

$$\downarrow \text{Thiolase}$$

$$CH_3 \cdot (CH_2)_{12} \cdot CO \cdot S \cdot CoA + CH_3 \cdot CO \cdot S \cdot CoA$$

Wir können diese Werte benutzen, um die Ausbeute an ATP bei der kompletten Oxydation von Stearinsäure zu berechnen. Bei jedem Durchlauf durch die β-Oxydation werden 2 Wasserstoffatome auf FAD (die bei ihrer Oxydation 2 Moleküle ATP liefern) und 2 Wasserstoffatome auf NAD (die bei ihrer Oxydation 3 Moleküle ATP liefern) übertragen. So sollte die mehrfache β-Oxydation beim Stearyl-Coenzym A $8 \times 5 = 40$ ATP liefern. Die Oxydation von 9 Acetylgruppen (die als Acetyl-Coenzym A in den Krebszyklus eingeschleust werden) sollte $9 \times 12 = 108$ ATP (s. S. 125) ergeben. Danach entstehen bei der völligen Oxydation der Stearylgruppe rund 148 ATP-Moleküle.

Stearyl-Coenzym A wurde jedoch in einer Reaktion aus Stearinsäure gebildet, in der ATP zu AMP abgebaut wurde, so daß sich die Netto-Ausbeute um 2 energiereiche Bindungen vermindert. Es ist bemerkenswert, daß die erste β-Oxydation Palmitoyl-Coenzym A und nicht Palmitinsäure liefert. So kann jedes Acyl-Coenzym A, das durch die Spaltung mit β-Ketothiolase entsteht, in der Folge wieder β-oxydiert werden: es ist nur eine einzige Aktivierung mit ATP für die gesamte Fettsäure nötig.

Wir können deshalb sagen, daß die vollständige Oxydation von Stearinsäure etwa 146 ATP ergibt. Wie bereits erwähnt, gilt diese Zahl nur cum grano salis. Sie ist aber instruktiv, wenn man die Ausbeute bei der Oxydation von Stearinsäure (die 18 Kohlenstoffatome enthält) mit der Oxydation von 3 Molekülen Glucose (das sind auch insgesamt 18 Kohlenstoffatome) vergleicht. Drei Moleküle Glucose ergeben 3 x 38 = 114 Moleküle ATP. Die erheblich größere Ausbeute bei der Oxydation von Stearinsäure spiegelt die Tatsache wider, daß die Fettsäure viel weiter reduziert ist als ein Zucker, d. h. sie enthält verhältnismäßig viel mehr Wasserstoffatome, die oxydiert werden können.

Die Bildung von Ketonkörpern

Bei Hunger oder unter bestimmten pathologischen Bedingungen (wie beim Diabetes mellitus), bei denen der Abbau von Kohlenhydraten gestört ist, besteht im tierischen Organismus die Tendenz, zur Fettsäureoxydation überzugehen, um den Bedarf an ATP zu decken. Die Folge ist ein starker Strom von Acetyl-Coenzym A in den Krebszyklus, der Oxalessigsäure zum weiteren Abbau benötigt. Wir haben oben (S. 126) erwähnt, daß der Zyklus eine wichtige Quelle für biosynthetische Zwischenprodukte ist und daß der Bestand an Oxalessigsäure daher knapp werden kann, wenn keine Neubildung erfolgt. Die Carboxylierungsreaktion (S. 127), die den Bestand an Oxalessigsäure auffüllt, kann nur ablaufen, wenn Pyruvat gebildet wird, das aus dem Stoffwechsel der Kohlenhydrate stammt. Aber gerade dann, wenn ein besonders großer Bedarf an Oxalessigsäure besteht, ist der Kohlenhydratstoffwechsel gestört. Das Ergebnis ist, daß der Krebszyklus nicht in der Lage ist, die Acetylgruppen des Acetyl-Coenzym A mit genügender Geschwindigkeit umzusetzen, um zu verhindern, daß die Konzentration von Acetyl-Coenzym A ansteigt. Unter diesen Bedingungen entsteht aus dem vermehrt anfallenden Acetyl-Coenzym A das Acetacetyl-Coenzym A, aus dem in der Leber über Zwischenstufen Acetessigsäure gebildet wird. Das Acetacetyl-Coenzym

A als Vorläufer der Acetessigsäure wird nicht nur aus Acetyl-Coenzym A gebildet, sondern entsteht bei der β-Oxydation jeder Fettsäure als vorletzte Stufe. Die Reduktion von Acetessigsäure ergibt β-Hydroxybuttersäure:

$$\underset{\text{Acetessigsäure}}{CH_3COCH_2COOH} + NADH_2 \rightleftharpoons \underset{\beta\text{-Hydroxybuttersäure}}{CH_3CHOHCH_2COOH} + NAD$$

Die Decarboxylierung von Acetessigsäure ergibt Aceton:

$$\underset{\text{Acetessigsäure}}{CH_3COCH_2COOH} \rightleftharpoons CO_2 + \underset{\text{Aceton}}{CH_3COCH_3}.$$

Diese drei Verbindungen: Acetessigsäure, β-Hydroxybuttersäure und Aceton werden Ketonkörper genannt. Ein vermehrtes Auftreten im Blut und im Urin bezeichnet man als Ketose. Es wird oft im Hungerzustand, beim Diabetes und einigen anderen pathologischen Zuständen beobachtet.

13. Die Synthese von ATP und $NADPH_2$ – Der Pentosephosphat-Zyklus

In den Kapiteln 10 und 11 wurde gezeigt, wie Glucose und andere Zucker über den Embden-Meyerhof-Weg und den Krebszyklus abgebaut werden. Diese Stoffwechselwege bestreiten in den meisten Organismen den Hauptanteil des Kohlenhydratstoffwechsels. Es gibt jedoch noch einen anderen Weg für die Oxydation der Zucker, den wir jetzt betrachten wollen. Er wird teils als *Warburg-Dickens-Weg*, teils als Hexosemonophosphat-Shunt oder auch als Pentosephosphat-Weg (aus Gründen, die später verständlich sein werden) bezeichnet.

Wie bei der Glykolyse ist auch bei diesem Weg die Ausgangssubstanz das Glucose-6-phosphat (S. 112). Aber im Gegensatz zur Glykolyse ist der Pentosephosphatweg *keine* Gärung; denn eine grundlegende Eigenschaft der Gärung ist, wie erwähnt, die, daß summarisch gesehen das Molekül weder oxydiert noch reduziert wird. Im Gegensatz dazu ist hier die erste Reaktion eine Oxydation, und die beiden Wasserstoffatome, die vom Glucose-6-phosphat abgespalten wurden, werden im Verlauf der Reaktionen nicht wieder auf das Molekül zurückübertragen. Das Enzym Glucose-6-phosphat-Dehydrogenase transferiert die Wasserstoffatome auf NADP. Ihr weiteres Schicksal wird später betrachtet.

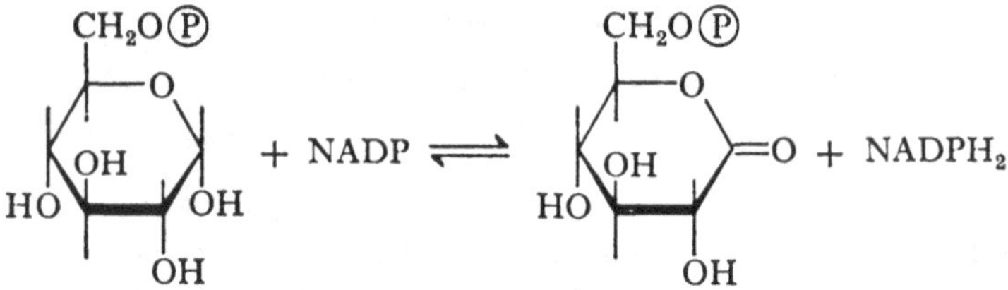

Glucose-6-phosphat 6-Phosphogluconolacton

Das entstandene Lacton ist instabil und kann auch ohne ein Enzym mit meßbarer Geschwindigkeit hydrolysieren. Es gibt jedoch eine Lactonase, die die Reaktionsgeschwindigkeit erhöht.

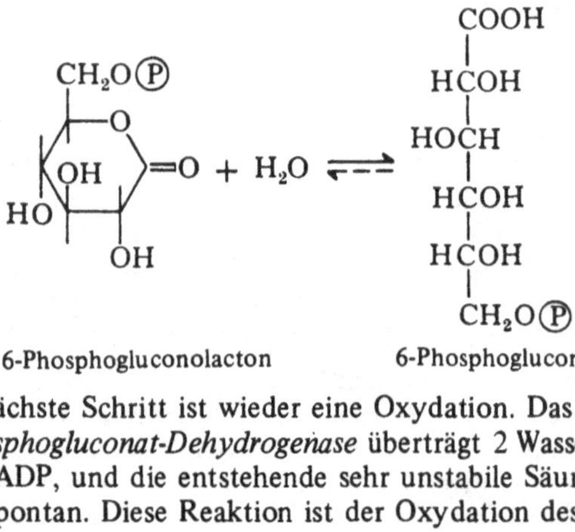

6-Phosphogluconolacton 6-Phosphogluconsäure

Der nächste Schritt ist wieder eine Oxydation. Das Enzym *6-Phosphogluconat-Dehydrogenase* überträgt 2 Wasserstoffatome auf NADP, und die entstehende sehr unstabile Säure decarboxyliert spontan. Diese Reaktion ist der Oxydation des Isocitronensäure ähnlich, wobei auch ein instabiles Zwischenprodukt (die Oxalbernsteinsäure) entsteht, die auch sofort decarboxyliert (S. 123).

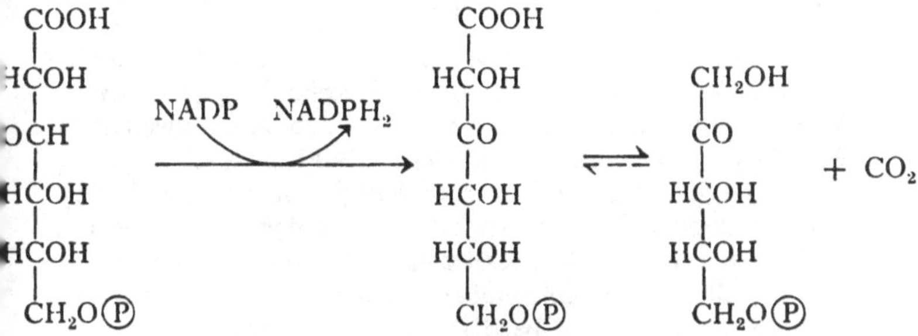

Phosphogluconsäure Ribulose-5-phosphat

Das Ribulose-5-phosphat, das in dieser Reaktion entsteht, kann durch eine Epimerase zu Xylulose-5-phosphat oder durch eine Isomerase zu Ribose-5-phosphat umgewandelt werden.

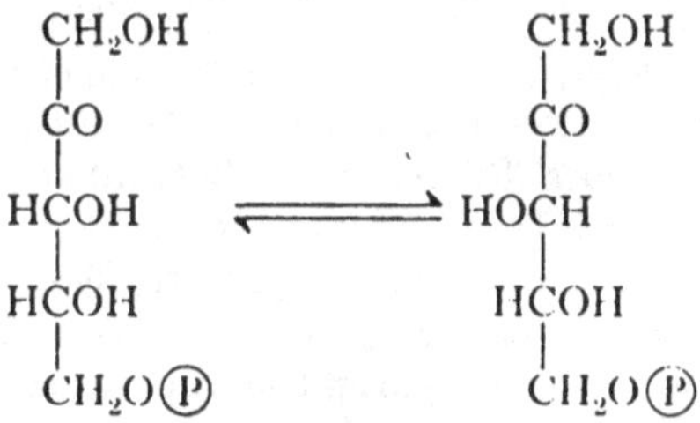

Ribulose-5-phosphat Xylulose-5-phosphat

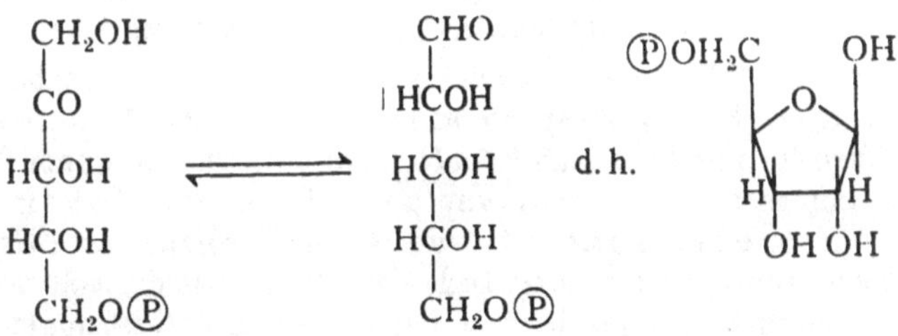

Ribulose-5-phosphat Ribose-5-phosphat

Bevor wir den Stoffwechsel dieser Pentosephosphate weiter besprechen, wollen wir kurz unterbrechen, um uns klar zu machen, welche die besonderen Aufgaben der Reaktionen sind, die wir bisher beschrieben haben.

Sie scheinen eine andere Möglichkeit zum Abbau der Glucose darzustellen, die sich vom Embden-Meyerhof-Weg bzw. dem Krebs-Zyklus unterscheidet. Aber warum sollte ein zweiter Weg für den Glucoseabbau existieren? Wir haben schon gesehen, daß der Embden-Meyerhof-Weg den Abbau der Glucose unter anaeroben Bedingungen erlaubt und daß der gleiche Weg in Kombination mit dem Krebszyklus zur vollständigen Oxydation der Glucose zu Kohlendioxid und Wasser führt. So weit es die Bildung des ATP betrifft, sind diese Wege ein geeignetes Instrument für den Abbau der Glucose. Deshalb scheint es erstaunlich zu sein, daß noch ein Weg existiert, der parallel zum Embden-Meyerhof-Weg verläuft.

Um die Bedeutung der Reaktionen aufzuklären, die vom Glucose-6-phosphat zu den Pentosephosphaten führen, wollen wir uns die entstehenden Verbindungen etwas näher ansehen. In erster Linie führen diese Reaktionen zu Pentosen und im besonderen zu Ribose. Ribose ist ein Bestandteil von Coenzymen wie NAD und ATP und kommt in der belebten Natur in den Nucleosiden der RNA vor. Aus den Nucleosidtriphosphaten (ATP, CTP usw.), die bei der Synthese von RNA benutzt werden, können Desoxynucleosid-triphosphate (Desoxy-ATP, Desoxy-CTP usw.) gebildet werden. Diese sind die Bausteine für die Synthese der DNA (Desoxyribonucleinsäure). Einige dieser Umwandlungen werden im Kapitel 19 beschrieben.

Zweitens fallen bei der Oxydation von Glucose-6-phosphat nicht nur Pentosephosphate sondern auch $NADPH_2$ an. Wir sahen im Kapitel 8, daß $NADH_2$ zum größten Teil durch die Atmungskette reoxydiert wird und daß bei dieser Oxydation ATP entsteht. Andererseits wird $NADPH_2$ vorzugsweise als Reduktionsmittel benutzt (vgl. Kap. 7). So wie der vollständige Abbau großer Moleküle (z. B. der Fette und Polysaccharide) in ihrer Oxydation besteht, so sind für die Synthese dieser

Moleküle aus einfachen Vorstufen reduzierende Schritte notwendig. Die Fettsäuren werden z. B. aus Acetyl-Coenzym A synthetisiert (Kap. 16). Da die Acetylgruppe CH_3-CO- ist, während die Fettsäuren eine lange Kette vom Typ $CH_3-CH_2-CH_2-\ldots$ darstellen, ist es einleuchtend, daß Reduktionen ebenso wie Kondensationen bei der Synthese ablaufen müssen. Wir werden später (Kap. 16) in allen Einzelheiten besprechen, wie diese Reduktionen durch $NADPH_2$ ablaufen. $NADPH_2$ wird auch bei der Synthese von Steroiden und bei anderen wichtigen Reaktionen benötigt.

Ein Gewebe, das aktiv Fette oder Steroide synthetisiert, benötigt große Mengen $NADPH_2$. Wir haben gesehen, daß die Oxydation von Glucose-6-phosphat zu Ribulose-5-phosphat zwei Moleküle NADP zu $NADPH_2$ reduziert. Zwei Moleküle $NADPH_2$ reichen aber nur für die Reduktion einer Acetylgruppe zu $-CH_2-CH_2-$ in einer Fettsäure (s. S. 162). Um z. B. Stearinsäure zu synthetisieren, sind 16 Moleküle $NADPH_2$ erforderlich, d. h. die Oxydation von 8 Molekülen Glucose-6-phosphat zu 8 Molekülen Ribulose-5-phosphat.

Wir haben vorhin betont, wie außerordentlich wichtig die Versorgung mit Pentosen ist. Aber es könnte auch des Guten zu viel werden. So könnte für ein Gewebe, das Fette und Steroide in großen Mengen synthetisiert, die Menge von Ribulose-5-phosphat, das als zwangsläufiges Nebenprodukt bei der NADP-Reduktion anfällt, ein Problem werden. Es gibt jedoch ein Mittel, um die Pentose wieder in Hexosen zu verwandeln. Dabei werden Kohlenstoffatome von verschiedenen Zuckern so ausgetauscht, daß aus sechs Pentosen fünf Hexosen entstehen. Diese Reaktionen der gegenseitigen Umwandlung von Zuckern ineinander bilden den zweiten Teil des Warburg-Dickens-Weges, und wir werden später sehen (Kap. 15), daß ähnliche Reaktionen bei der wechselseitigen Umwandlung der Zucker nach der Fixierung von Kohlendioxid bei der Photosynthese benutzt werden.

Zwei spezielle Enzyme sind an diesen Umwandlungen beteiligt. Die *Transketolase* katalysiert die Übertragung von $CH_2OH \cdot CO$-Gruppen von einer Ketose auf eine Aldose und die *Transaldo-*

lase die Übertragung einer $CH_2OH{-}CO{-}CH_2OH$-Gruppe ebenfalls von einer Ketose auf eine Aldose. Die Transketolase überträgt also ein C_2-Bruchstück und die Transaldolase ein C_3-Bruchstück. Wirken beide zusammen, so können sie die Umwandlung von 3 Molekülen Pentosephosphat in 2 Moleküle Hexosephosphat und ein Molekül Triosephosphat vollziehen:

$$\mathbf{C_5} + \mathbf{C_5} \xrightleftharpoons{\text{Transketolase}} C_3 + C_7$$

$$C_7 + C_3 \xrightleftharpoons{\text{Transaldolase}} C_4 + C_6$$

$$\mathbf{C_5} + C_4 \xrightleftharpoons{\text{Transketolase}} C_3 + C_6$$

(Die dickgedruckten Lettern kennzeichnen die ursprünglichen Pentosephosphat-Moleküle.) Schreibt man die Reaktionen etwas ausführlicher, so ergibt sich:

Xylulose-5-Ⓟ + Ribose-5-Ⓟ $\rightleftharpoons$ 3-Phosphoglycerinaldehyd
+ Sedoheptulose-7-Ⓟ

Sedoheptulose-7-Ⓟ + 3-Phosphoglycerinaldehyd $\rightleftharpoons$
Erythrose-4-Ⓟ + Fructose-6-Ⓟ

Xylulose-5-Ⓟ + Erythrose-4-Ⓟ $\rightleftharpoons$ Phosphoglycerinaldehyd
+ Fructose-6-Ⓟ

Wenn die gesamte Reaktionsfolge zweimal durchlaufen wird, sind die sechs Moleküle Pentosephosphat in vier Moleküle Fructose-6-phosphat und zwei Moleküle 3-Phosphoglycerinaldehyd umgewandelt. Es ist formal möglich, daß die zwei Moleküle 3-Phosphoglycerinaldehyd zu Fructose-1,6-diphosphat zusammentreten, indem die Reaktionen (4) und (5) des Embden-Meyerhof-Weges in umgedrehter Reihenfolge durchschritten werden (S. 114). Das Fructose-1,6-diphosphat kann dann durch eine spezifische Phosphatase (S. 113) gespalten werden und ergibt Fructose-6-phosphat. Damit ist die Reaktionsfolge, wie oben erwähnt, in der Lage, sechs Moleküle Pentosephosphat in fünf Moleküle Hexosephosphat umzuwandeln.

Wir haben oben gesehen (S. 135), daß das ursprüngliche Pentosephosphat, das bei der Oxydation von Glucose-6-phosphat ent-

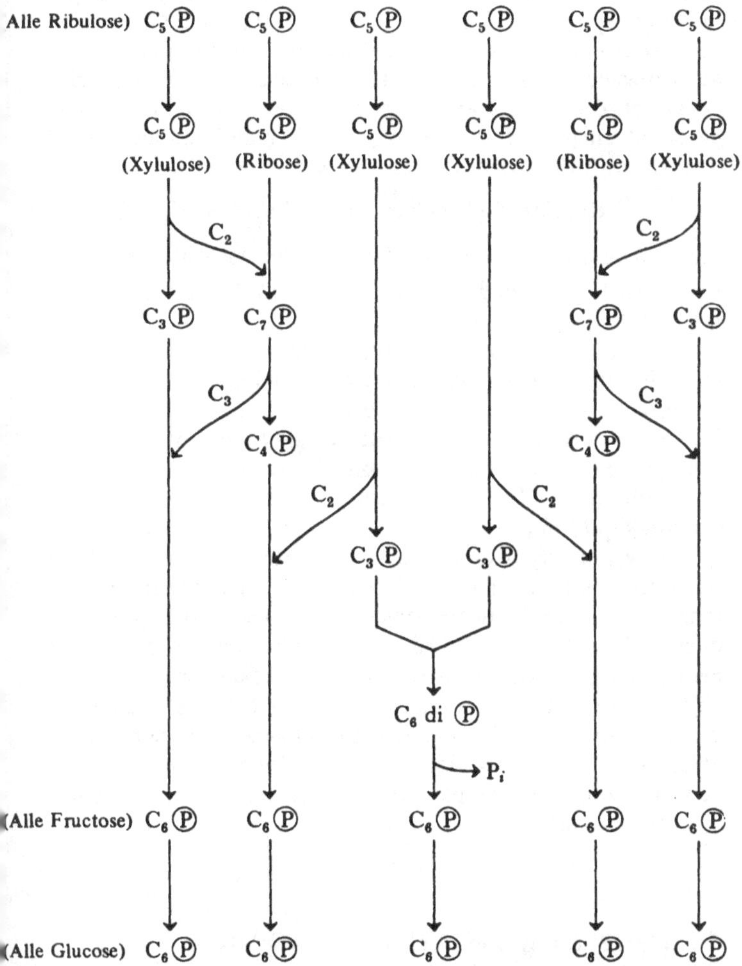

Abb. 13.1. Die wechselseitige Umwandlung der Zucker im Pentose-phosphat-Weg.

steht, das Ribulose-5-phosphat ist. Dieses wird dann in Xylulose-5-phosphat und Ribose-5-phosphat umgewandelt. In ähnlicher Weise kann das Fructose-6-phosphat, das das Produkt der Umwandlungen durch die Transketolase und die Transaldolase ist, durch die Hexosephosphat-Isomerase in Glucose-6-phosphat umgewandelt werden (S. 113). Man kann also die Reaktionen folgendermaßen zusammenfassen:

$$6 \text{ Ribulose-5-phosphat} \rightleftharpoons 5 \text{ Glucose-6-phosphat} + P_a \,.$$

Ein Diagramm dieser Umwandlungen zeigt die Abb. 13.1.

Wir müssen uns aber darüber klar sein, daß die metabolischen Umwandlungen nicht annähernd so formal sind, wie sie hier erscheinen, obwohl alle diese Reaktionen ablaufen können und unter bestimmten Bedingungen auch so ablaufen. Häufig arbeiten sowohl der Embden-Meyerhof-Weg als auch der Warburg-Dickens-Weg in der gleichen Zelle zur gleichen Zeit. So kann das Fructose-6-phosphat, das durch die Transketolase und die Transaldolase aus Ribulose-5-phosphat gebildet wurde, statt in Glucose-6-phosphat umgewandelt zu werden ebenso gut glykolytisch weiter abgebaut werden. Andererseits kann der 3-Phosphoglycerinaldehyd, der aus dem Pentose-phosphat stammt, sehr wohl zu 1,3-Diphosphoglycerinsäure (S. 115) oxydiert oder auch in Glycerin (S. 118) umgewandelt werden. Die Hauptbedeutung des ersten Teils des Warburg-Dickens-Weges scheint zu sein, daß er Pentosen und $NADPH_2$ liefert. Die Bedeutung der Reaktionen, die in dem Reaktionsdiagramm zusammengefaßt sind, liegt darin, daß mit ihrer Hilfe ein Überschuß an Pentosen zurück in Hexosen verwandelt werden kann, wenn es notwendig ist.

14. Die Bildung von ATP und $NADPH_2$ – Die Lichtreaktion der Photosynthese

In den vorangegangenen vier Kapiteln haben wir gesehen, wie heterotrophe Organismen (also solche, die davon leben, daß sie organische Verbindungen abbauen) die Hauptmenge ihres Bedarfs an ATP und $NADPH_2$ gewinnen. Aber die heterotrophen Organismen hängen letztlich von den autotrophen ab, die in der Lage sind, organische Stoffe aus einfachen anorganischen Substanzen aufzubauen.

Von der Fähigkeit der autotrophen Organismen, Kohlendioxid in Form von Zuckern zu fixieren, hängt genau genommen das gesamte Leben auf der Erde ab. In diesem und dem folgenden Kapitel werden wir in großen Zügen erläutern, wie dieser Vorgang abläuft.

Das vorliegende Kapitel beschäftigt sich mit der Frage, wie die Voraussetzungen für die Kohlendioxidfixierung geschaffen werden. Wenn wir die Umwandlung

$$CO_2 \dashrightarrow (CH_2O)_n$$

betrachten, bei der $(CH_2O)_n$ ein Kohlenhydrat darstellt (z. B. Glucose), so ist klar, daß zwei Vorbedingungen erfüllt sein müssen. Die Reaktion bedeutet den Aufbau eines großen Moleküls aus einem sehr einfachen und benötigt daher ATP. Außerdem muß dabei reduziert werden, und dafür ist ein Reduktionsmittel notwendig. (Wie wir sehen werden, ist das das $NADPH_2$.) Die Fixierung des Kohlendioxids in Form der Kohlenhydrate ist ein Prozeß, der überwiegend auf die grünen Pflanzen und gewisse pigmentierte Mikroorganismen beschränkt ist. Er ist von der Energie des Sonnenlichts abhängig. So ist das Problem, das uns in diesem Kapitel beschäftigen wird, wie kann Lichtenergie dazu genutzt werden, um ATP zu erzeugen und NADP zu reduzieren?

Die Prozesse, durch die ATP synthetisiert und NADP reduziert werden, sind als die „*Lichtreaktion*“ der Photosynthese bekannt, und sie sind absolut von dem Vorkommen charakteristischer Pigmente abhängig. Diese Pigmente sind in den Pflanzen an Strukturen gebunden, die *Chloroplasten* (S. 85) genannt werden. Sie können die Lichtreaktion auch noch nach der Isolierung aus der Pflanze durchführen. Die charakteristischen Pigmente der Chloroplasten sind verschiedene Chlorophylle (die auf Grund ihrer Lichtabsorption identifiziert werden können) und Carotinoide. Dazu kommen spezielle Cytochrome, die nur in Pflanzen vorkommen.

Die Mehrzahl der Chlorophyllmoleküle in den Pflanzen gehören zur Gruppe des *Chlorophyll a.* Sie sind im allgemeinen in Gruppen von mehreren hundert Molekülen angeordnet. Viele dieser Gruppen sind mit einem speziellen Chlorophyll-Molekül, das P 700 genannt wird, und einem Molekül des spezifisch pflanzlichen Cytochroms, genannt *Cytochrom f,* assoziiert. Ein Komplex dieser Art bildet die Einheit eines Systems, das „*Pigmentsystem* I" heißt. Wahrscheinlich ist es an dem photochemischen Primärvorgang beteiligt, durch den ATP gebildet wird.

Obwohl über die Einzelheiten der Lichtreaktion der Photosynthese keineswegs Übereinstimmung herrscht, bestehen Hinweise, die für ein Schema sprechen, wie es in der Abb. 14.1 gezeigt ist. Fällt Licht auf irgendeines der Chlorophyll-*a*-Moleküle im Pigmentsystem I, so wird ein Elektron des assoziierten Chlorophyll P 700 auf ein höheres Energieniveau gehoben. Dieses Elektron wird auf eine nicht identifizierte Substanz X übertragen, die wir nun mit X^- bezeichnen können. Das Elektron kann von X^- auf eine elektronentransportierende Kette übertragen werden. Diese Kette besteht aus Cytochromen und

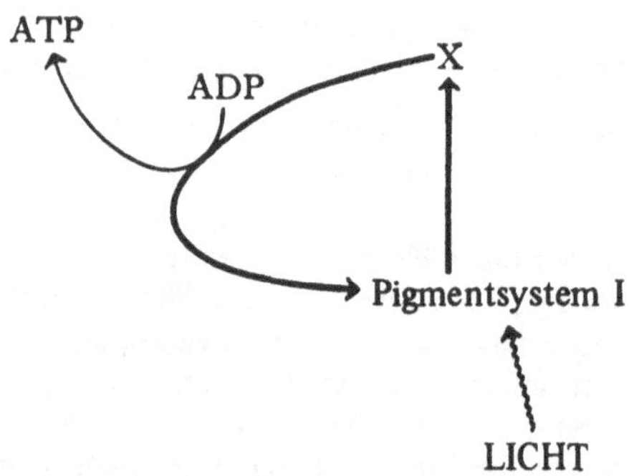

Abb. 14.1. Die Bildung von ATP im Chloroplasten. Dicke Pfeile stellen den Elektronenfluß dar.

anderen Elektronencarriern und ist wahrscheinlich der Elektronentransportkette der oxydativen Phosphorylierung sehr ähnlich. Jedenfalls wird bei dem Transport des Elektrons durch diese Kette ATP aus ADP gebildet. Der letzte Elektronenacceptor ist jedoch nicht der Sauerstoff, sondern das Pigmentsystem I selbst, das durch den lichtinduzierten Vorgang ein Elektronendefizit aufweist. So wird in diesem System durch einen zyklischen Fluß von Elektronen ATP erzeugt. Manchmal wird der Prozeß daher „zyklische Photophosphorylierung" genannt.

Damit wäre zwar die ATP-Bildung, nicht aber die Entstehung des anderen für die Kohlendioxidfixierung erforderlichen Bausteins, des $NADPH_2$, erklärt.

Für die Reduktion des NADP (ebenso wie für die weitere Synthese von ATP) gibt es eine komplizierte Reihe von Reaktionen. Ihr Ablauf ist in der Abb. 14.2 dargestellt. Wieder wird ein

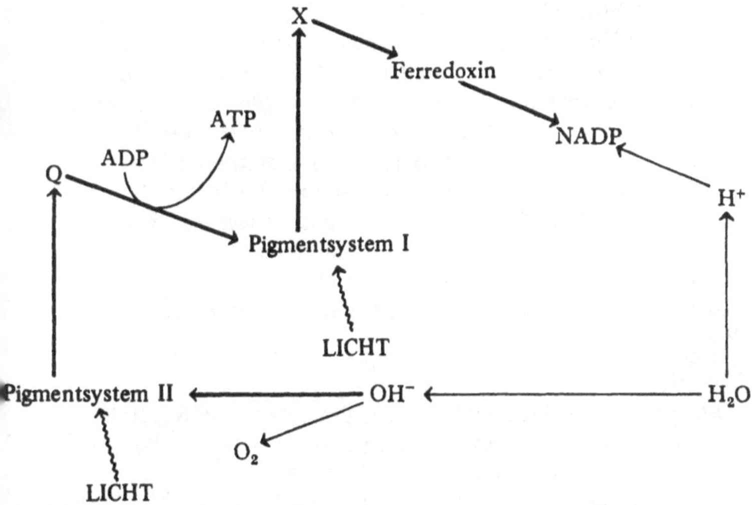

Abb. 14.2. Die Bildung von ATP und die Reduktion von NADP im Chloroplasten.

Elektron im Pigmentsystem I durch Licht auf ein höheres Energieniveau gehoben und auf X übertragen. Das X^- reduziert nun, statt das Elektron an die Elektronentransportkette abzugeben, das eisenhaltige Protein Ferredoxin, das wiederum das Elektron an NADP weitergibt. Das Pigmentsystem I hat nun ein Elektronendefizit und um dieses auszugleichen, ist ein zweiter photochemischer Vorgang erforderlich. Das erfolgt im „Pigmentsystem II", das ein Komplex ist, der das spezifische Chlorophyll mit der Bezeichnung P 670 enthält. Als Folge einer Lichteinwirkung gibt dieses Chlorophyll ein Elektron auf einen als Q bezeichneten Akzeptor ab, der wiederum ein Elektron auf das Pigmentsystem I überträgt. Genau wie vorhin durchläuft das Elektron nun die Elektronentransportkette und bei dieser Passage erfolgt die Bildung von ATP.

Das Ergebnis dieser Vorgänge ist, daß NADP ein Elektron aufgenommen und das Pigmentsystem II eines verloren hat. Die dazwischen liegenden Carrier sind in ihren Ausgangszustand zurückgekehrt. Um nun $NADPH_2$ aus NADP zu bilden, sind nicht nur Elektronen, sondern auch H^+-Ionen notwendig. Ferner ist ein weiteres Elektron erforderlich, um das Pigmentsystem II in seinen Normalzustand überzuführen. Beide Erfordernisse werden von den Dissoziationsprodukten des Wassers erfüllt. Die H^+-Ionen des Wassers werden zusammen mit den Elektronen, die über das Ferredoxin vom X kommen, für die Bildung von $NADPH_2$ benutzt. Das andere Ion des Wassers, das OH', gibt ein Elektron an das elektronenverarmte Pigmentsystem II ab und wird in der Folge zu Wasser und molekularem Sauerstoff umgewandelt. Das kann so formuliert werden:

$$4\,OH' \rightarrow 2\,H_2O + O_2 + 4\,e^- \;.$$

Wir können die Lichtreaktion der Photosynthese folgendermaßen zusammenfassen. Die Lichtabsorption durch Pigmente hebt Elektronen auf ein höheres Energieniveau, von dem sie durch Akzeptoren übernommen werden. Wenn die Elektronen auf ihr ursprüngliches Energieniveau zurückkehren, können sie Arbeit leisten, also ATP bilden. Das geschieht auf die gleiche

Weise wie bei der oxydativen Phosphorylierung. Andererseits können die Elektronen NADP nach folgender Reaktion reduzieren:

$$NADP + 2e^- + 2H^+ \rightarrow NADPH_2 .$$

Das für diese Reaktion notwendige H^+ stammt aus der Dissoziation von Wasser. Das entsprechend gebildete OH^- verliert ein Elektron, wie wir oben gesehen haben.

Diese Beschreibung ist vereinfacht und kann möglicherweise mit Fehlern behaftet sein, da unsere Kenntnisse der Lichtreaktion noch sehr lückenhaft sind. Sie erfaßt jedoch die charakteristischen Eigenschaften der Photosynthese in grünen Pflanzen: die Synthese von ATP, die Reduktion von NADP und die gleichzeitige Entstehung von molekularem Sauerstoff.

15. Die Synthese von Polysacchariden unter Verbrauch von ATP und $NADPH_2$

Wenn Pflanzen ATP und $NADPH_2$, deren Synthese wir in dem vorangegangenen Kapitel erläutert haben, zur Verfügung haben, sind sie in der Lage, Kohlendioxid in Zuckern zu fixieren und damit letztlich Stärke zu synthetisieren. In dem vorliegenden Kapitel sollen einige Einzelheiten der Vorgänge beschrieben werden, die oft als „Dunkelreaktion“ der Photosynthese bezeichnet werden.

Wir können das Grundprinzip der Kohlendioxidfixierung folgendermaßen schreiben:

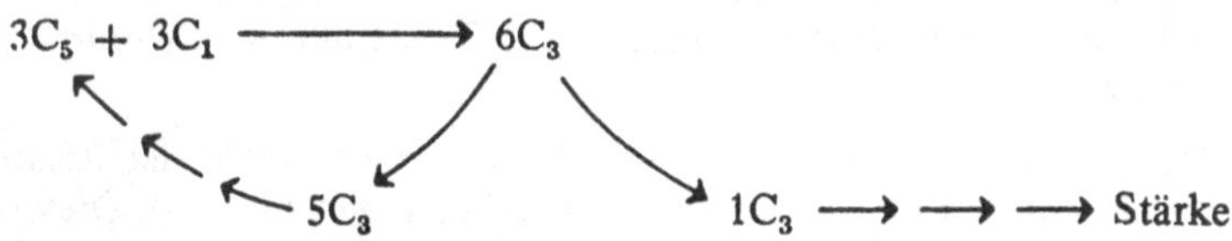

Die Schlüsselreaktion ist die Reaktion von Kohlendioxid mit einer Pentose unter Bildung von zwei Molekülen Triose. Wenn wir diese Reaktion dreimal ablaufen lassen, ergeben sich sechs Moleküle Triose. Von diesen sechs wird ein Molekül zu Glucose und eventuell weiter zu Stärke aufgebaut. Die restlichen fünf werden so umgelagert, daß drei Moleküle der Pentose entstehen, die wiederum Kohlendioxid aufnehmen kann. Diese Vorgänge bezeichnet man als *Calvin-Zyklus*.

Der Calvin-Zyklus

Die Pentose, mit der das Kohlendioxid reagiert, ist das Diphosphat der Ribulose (s. S. 83 und 88). Das Enzym heißt *Carboxydismutase*, und die Reaktion liefert zwei Moleküle 3-Phosphoglycerinsäure.

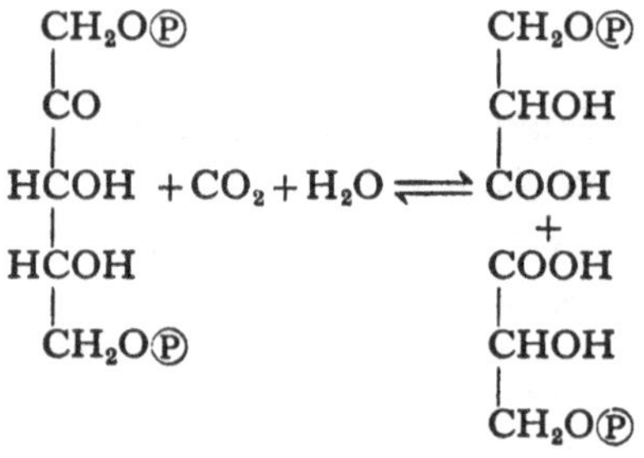

(1)

Ribulose-1,5-diphosphat 2 x 3-Phosphoglycerinsäure

Die 3-Phosphoglycerinsäure wird nun mit ATP durch eine Kinase phosphoryliert und die entstandene 1,3-Diphosphoglycerinsäure wird durch $NADPH_2$ zu 3-Phosphoglycerinaldehyd reduziert. Das beteiligte Enzym ist die Triosephosphatdehydrogenase.

Diese letzten zwei Reaktionen sind genau die Umkehr der Reaktionen (6) und (7) des Embden-Meyerhof-Weges (S. 115). Dieser Weg dient dem Abbau von Kohlenhydraten. Die Reaktion (6) des Embden-Meyerhof-Weges ist eine Oxydation. Die Reaktion (3) des Calvin-Zyklus ist eine analoge Reduktion (N. B. die

Beteiligung von $NADPH_2$ statt NAD (S. 41 und 115)). Die Reaktion (7) des Embden-Meyerhof-Weges synthetisiert ATP. Die Reaktion (2) des Calvin-Zyklus verbraucht ATP.

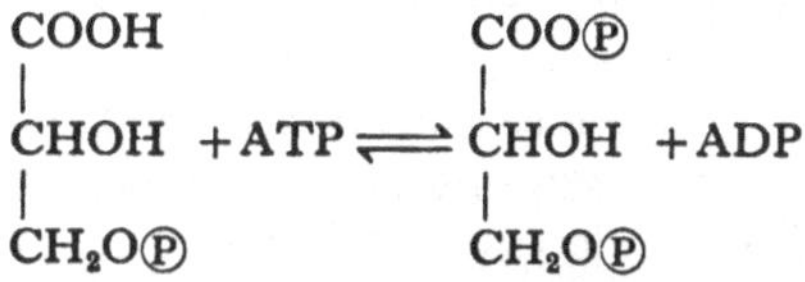
(2)

3-Phosphoglycerinsäure — 1,3-Diphosphoglycerinsäure

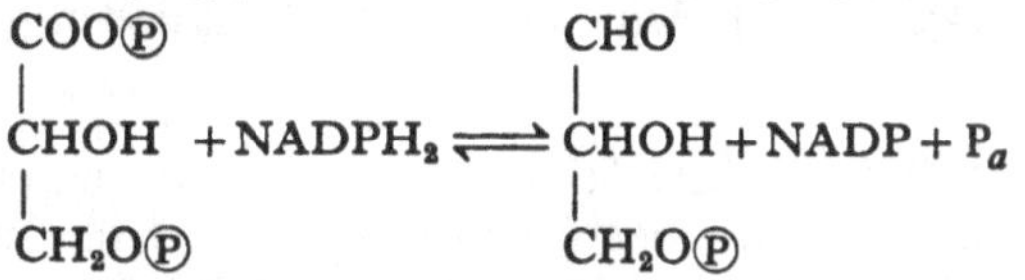
(3)

1,3-Diphosphoglycerinsäure — 3-Phosphoglycerinaldehyd

In den Reaktionen (2) und (3) des Calvin-Zyklus können wir daher sehen, wie ATP und $NADPH_2$, die in der Lichtreaktion gebildet wurden, in der Dunkelreaktion verwertet werden.

Wir werden bald darauf stoßen (S. 151), daß ATP weiterhin bei der Umlagerung benötigt wird, die zum Ribulose-1,5-diphosphat führt.

Bevor wir uns den Einzelheiten dieser Umlagerung zuwenden, wollen wir einen Blick auf die Stöchiometrie der Reaktionen (1), (2) und (3) werfen. Es ist günstig (s. o.), mit drei Molekülen Ribulosediphosphat zu beginnen; so ergibt sich durch Multiplikation der Reaktionen (1) mit dem Faktor drei und der Reaktionen (2) und (3) mit dem Faktor sechs und nachfolgende Addition die Gleichung (4).

3 x Ribulose-1,5-diphosphat		6 x 3-Phosphoglycerinaldehyd	
+ 3 CO_2		+ 6 P_a	
+ 3 H_2O	→	+ 6 ADP	(4)
+ 6 ATP		+ 6 NADP	
+ 6 $NADPH_2$			

Von diesen sechs Molekülen 3-Phosphoglycerinaldehyd stellen 5 lediglich eine Umlagerung von drei Molekülen Ribulosediphosphat dar. Aber eins bedeutet eine Netto-Zunahme des Systems. Mit anderen Worten, es ist ein Molekül Triosephosphat (auf der rechten Seite der Summe) aus drei Molekülen Kohlendioxid (linke Seite der Summe) synthetisiert worden. Der Ablauf dieser Synthese ist das Charakteristikum der Photosynthese. Im Gegensatz dazu sind die Reaktionen, die zum Aufbau der Zucker und Polysaccharide aus Triosephosphat dienen, in photosynthetischen und nicht-photosynthetischen Organismen ganz ähnlich. Wir werden diese Reaktionen später (S. 152) betrachten.

Die restlichen fünf Moleküle Triosephosphat können nun umgelagert werden. Viele der beteiligten Reaktionen sind denen ähnlich, die wir im Warburg-Dickens-Weg (Kap. 13) beschrieben haben. Die Transketolase (S. 137), die bei diesem Weg mitwirkt, wird hier ebenso benötigt (die Transaldolase allerdings nicht). Zusätzlich wird Triosephosphat-Isomerase (S. 114) gebraucht, um 3-Phosphoglycerinaldehyd und Dihydroxyacetonphosphat ineinander umwandeln zu können.

$$\begin{array}{ccc} \mathrm{CHO} & & \mathrm{CH_2OH} \\ | & & | \\ \mathrm{CHOH} & \rightleftharpoons & \mathrm{CO} \\ | & & | \\ \mathrm{CH_2O}Ⓟ & & \mathrm{CH_2O}Ⓟ \\ \text{3-Phosphoglycerinaldehyd} & & \text{Dihydroxyaceton-phosphat} \end{array} \qquad (5)$$

Wir brauchen auch das Enzym Aldolase. Wir haben oben gesehen (S. 114), daß dieses Enzym Fructose-1,6-diphosphat in zwei Moleküle Triosephosphat spalten kann. Das gleiche Enzym kann die umgekehrte Reaktion katalysieren bzw., allgemeiner gesagt, es kann eine Aldolkondensation zwischen Dihydroxyacetonphosphat und verschiedenen Aldehyden durchführen.

In Kürze sehen diese Umwandlungen folgendermaßen aus:

$$\mathbf{C_3} + \mathbf{C_3} \xrightleftharpoons{\text{Aldolase}} C_6, \tag{6}$$

$$C_6 + \mathbf{C_3} \xrightleftharpoons{\text{Transketolase}} C_4 + C_5, \tag{7}$$

$$C_4 + \mathbf{C_3} \xrightleftharpoons{\text{Aldolase}} C_7, \tag{8}$$

$$C_7 + \mathbf{C_3} \xrightleftharpoons{\text{Transketolase}} C_5 + C_5, \tag{9}$$

(Fettgedruckte Typen bezeichnen die ursprünglichen Triosephosphatmoleküle.)

Schreibt man die Reaktion ausführlicher, so ergibt sich:

3-Phosphoglycerinaldehyd + Dihydroxyaceton-phosphat $\rightleftharpoons$
Fructose-1,6-diphosphat $\rightleftharpoons$ Fructose-6-phosphat + P_a (6)

Fructose-6-phosphat + 3-Phosphoglycerinaldehyd $\rightleftharpoons$
Erythrose-4-phosphat + Xylulose-5-phosphat, (7)

Erythrose-4-phosphat + Dihydroxyaceton-phosphat $\rightleftharpoons$
Sedoheptulose-1,7-diphosphat $\rightleftharpoons$
Sedoheptulose-7-phosphat + P_a, (8)

Sedoheptulose-7-phosphat + 3-Phosphoglycerinaldehyd $\rightleftharpoons$
Ribose-5-phosphat + Xylulose-5-phosphat. (9)

Jedes der gebildeten zwei Xylulose-5-phosphat-Moleküle [Reaktion (7) und (9)] kann in Ribulose-5-phosphat umgewandelt werden. In ähnlicher Weise kann das Ribose-5-phosphat, das in der Reaktion (9) gebildet wurde, in Ribulose-5-phosphat verwandelt werden. Die Enzyme, die für diese Umwandlungen verantwortlich sind, wurden auf S. 135 erwähnt. Ein vollständiges Reaktionsschema der wechselseitigen Umwandlungen zeigt die Abb. 15.1.

Wir stellen fest, daß zwei der obigen Reaktionen, nämlich (6) und (8), aus einer Hydrolyse eines Zuckerdiphosphats bestehen, die durch eine spezifische Phosphatase katalysiert wird

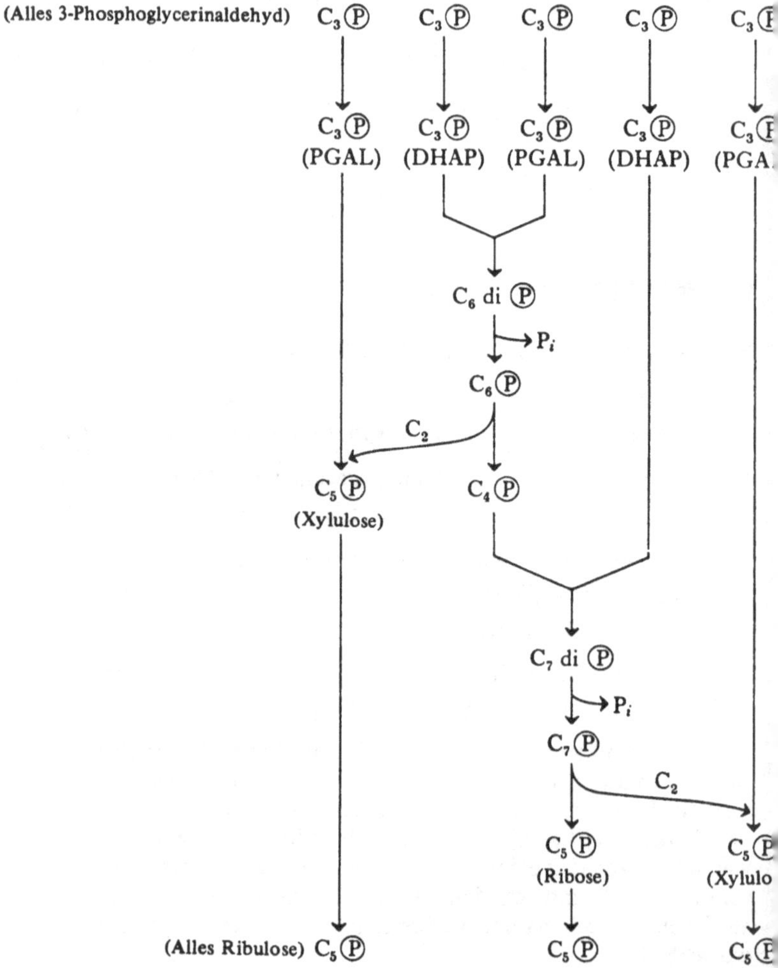

Abb. 15.1. Die wechselseitige Umwandlung der Zucker im Calvin-Zyklus.
PGAL = 3-Phosphoglycerinaldehyd
DHAP = Dihydroxyacetonphosphat

und zu einem Zuckermonophosphat führt. Folglich ergeben die Umwandlungen, die in den Reaktionen (6)–(9) aufgezählt sind, nur drei Moleküle organisch-gebundenes Phosphat. Die restlichen zwei Phosphatgruppen gehen verloren. Mit anderen Worten, es liegen die drei gebildeten Moleküle Ribulose in der Form des Ribulosemonophosphats vor. Die Fixierung des Kohlendioxids [Reaktion (1)] erfordert jedoch Ribulosediphosphat. Jedes Ribulose-5-phosphat muß daher unter Verbrauch von ATP in Ribulose-5-diphosphat umgewandelt werden, wie auf S. 147 besprochen wurde. Die Reaktion wird durch ein Kinase katalysiert:

$$\text{Ribulose-5-phosphat} + \text{ATP} \rightleftharpoons \text{Ribulose-1,5-diphosphat} + \text{ADP}\,. \qquad (10)$$

Damit sind wir beim Ribulose-1,5-diphosphat, das erneut mit Kohlendioxid reagieren kann, und wir haben damit die Folge der Reaktionen beendet, die an der Synthese der Triosephosphate beteiligt sind. Wir können nun noch einmal die Stöchiometrie des Calvin-Zyklus betrachten.

Die Addition der Reaktionen (6), (7), (8) und (9) ergibt:

$$5\ \text{Triosephosphat} \rightarrow 3\ \text{Pentosephosphat} + 2\,P_a\,. \qquad (11)$$

Multipliziert man die Reaktion (10) mit drei, so ergibt sich:

$$3\ \text{Pentosephosphat} + 3\ \text{ATP} \rightarrow 3\ \text{Pentosediphosphat} + 3\ \text{ADP}\,. \qquad (12)$$

Die Summe von (4), (11) und (12) ergibt die Gesamtreaktion für die Fixierung von drei Molekülen Kohlendioxid unter Bildung eines Moleküls Triosephosphat.

$$3\,CO_2 + 3\,H_2O + 9\,\text{ATP} + 6\,\text{NADPH}_2 \rightarrow 3\text{-Phosphoglycerinaldehyd} + 9\,\text{ADP} + 8\,P_a + 6\,\text{NADP}\,.$$

Diese summarische Gleichung stellt eine einfache Biosynthese dar – die erste, der wir in diesem Buch begegnen. Drei Punkte stechen sehr klar hervor. Erstens wird ATP dazu benutzt, um ein sehr einfaches Molekül zu einem größeren aufzubauen.

Zweitens wird $NADPH_2$ dazu benutzt, ein stark oxydiertes Molekül zu reduzieren. Drittens ist eine Zahl von Reaktionen [(6), (8) und (10)] beteiligt, die als irreversibel anzusehen sind, so daß das Gleichgewicht des Prozesses insgesamt stark zugunsten des synthetisierten Produktes verschoben ist.

Die Biosynthese von Polysacchariden

Im Zusammenhang mit der Photosynthese bedeutet die Synthese von Polysacchariden die Verwendung von Triosephosphaten zum Aufbau von Stärke. Bei dem erreichten Wissensstand ist es nun ratsam, unsere Betrachtungen etwas auszuweiten; denn Polysaccharide werden durch die meisten Organismen synthetisiert, ob sie einen photosynthetischen Stoffwechsel haben oder nicht. Glykogen wird z. B. im tierischen Organismus während der Ruhepause nach einer Muskeltätigkeit aus der Milchsäure gebildet, die sich vorher angehäuft hat (S. 117). Glykogen kann auch aus einigen Aminosäuren gebildet werden – nämlich aus denen, die zur Bildung von Pyruvat führen, wie Alanin oder Cystein (s. S. 169 und 175) und aus denen, die zur Bildung von Zwischenprodukten des Citratzyklus führen, wie Aspartat oder Glutamat (s. S. 167 und 175). Die Synthese von Polysacchariden aus diesen Vorstufen verläuft über die Triosephosphate [s. weiter unten Reaktionen (20) und (21)]. Die Triosephosphate, die im Calvinzyklus gebildet werden, münden auf dieser Stufe in den Syntheseweg.

Der Einfachheit halber können wir davon ausgehen, daß die Synthese der Polysaccharide in zwei Schritten abläuft: Der erste ist die Synthese von Glucose-1-phosphat aus kleineren Molekülen und der zweite die Polymerisation der Glucosereste zu einer Polysaccharidkette. Die Synthese des Glucose-1-phosphats verläuft über Reaktionen, die wir alle schon oben erwähnt haben. Trotzdem ist es angebracht, sie hier noch einmal geschlossen darzustellen. Die Reaktionen der Polymerisierung sind noch neu für uns, und wir wollen sie noch ausführlicher besprechen.

Wenn wir mit der Milchsäure beginnen, so ist die erste Reaktion eine Oxydation mit NAD durch die Lactatdehydrogenase.

$$\begin{array}{lcl} CH_3 & & CH_3 \\ | & & | \\ CHOH + NAD & \rightleftharpoons & CO + NADH_2 \\ | & & | \\ COOH & & COOH \\ \text{Milchsäure} & & \text{Brenztraubensäure} \end{array} \qquad (13)$$

Das ist einfach die Umkehr der Reaktion auf S. 117. Genau so wie bei der Glykolyse das $NADH_2$, das für die Reduktion der Brenztraubensäure (Pyruvat) benötigt wird, aus einem früher in der Kette gelegenen Oxydationsschritt stammt, so wird das hier gebildete $NADH_2$ später in der Reaktionsfolge (bei Reaktion (19)) wieder verbraucht.

Bei der Glykolyse wird Pyruvat aus Phospho-enolpyruvat gebildet (S. 116). Wegen des stark negativen $\Delta G^{0\prime}$ dieser Reaktion (s. S. 89) ist ein Umweg notwendig, um Phospho-enolpyruvat aus Pyruvat zu bilden. Das wird durch eine Carboxylierung von Pyruvat zu Oxalessigsäure erreicht, auf die eine Decarboxylierung zu Phospho-enolpyruvat folgt. Die Carboxylierung wurde auf S. 127 beschrieben. Die Decarboxylierung wird durch ein Enzym katalysiert, das Phospho-enolpyruvat-Carboxykinase genannt wird und gleichzeitig GTP spaltet.

$$\begin{array}{lcl} CH_3 \cdot CO \cdot COOH + CO_2 + ATP & \rightleftharpoons & CO \cdot COOH + ADP + P_a \\ & & | \\ & & CH_2 \cdot COOH \\ \text{Brenztraubensäure} & & \text{Oxalessigsäure} \end{array} \qquad (14)$$

$$\begin{array}{lcl} CO \cdot COOH + GTP & \rightleftharpoons & CH_2{=}CO\text{Ⓟ} \cdot COOH + GDP + CO_2 \\ | & & \\ CH_2 \cdot COOH & & \\ \text{Oxalessigsäure} & & \text{Phospho-}\textit{enol}\text{brenztraubensäure} \end{array} \qquad (15)$$

Die Reaktion (15) stellt auch eine Möglichkeit dar, durch die die Kohlenstoffatome derjenigen Aminosäuren, die zur Bildung von Zwischenprodukten des Citratzyklus (Kap. 17) führen, in den Syntheseweg eingeschleust werden können.

Phospho-enolpyruvat addiert in einer Reaktion, die durch die Enolase katalysiert wird, ein Molekül Wasser. Die so entstandene 2-Phosphoglycerinsäure wird durch eine Mutase in 3-Phosphoglycerinsäure umgewandelt.

$$CH_2{=}CO{\textcircled{P}}\cdot COOH + H_2O \rightleftharpoons CH_2OH\cdot CHO{\textcircled{P}}\cdot COOH \quad (16)$$

Phospho-enolbrenztraubensäure — 2-Phosphoglycerinsäure

$$CH_2OH\cdot CHO{\textcircled{P}}\cdot COOH \rightleftharpoons CH_2O{\textcircled{P}}\cdot CHOH\cdot COOH \quad (17)$$

2-Phosphoglycerinsäure — 3-Phosphoglycerinsäure

Die 3-Phosphoglycerinsäure wird nun durch ATP unter Mitwirkung einer Kinase phosphoryliert, und die 1,3-Diphosphoglycerinsäure wird durch $NADH_2$ unter Mitwirkung der Triosephosphat-Dehydrogenase reduziert.

$$CH_2O{\textcircled{P}}\cdot CHOH\cdot COOH + ATP \rightleftharpoons CH_2O{\textcircled{P}}\cdot CHOH\cdot COO{\textcircled{P}} + ADP \quad (18)$$

3-Phosphoglycerinsäure — 1,3-Diphosphoglycerinsäure

$$CH_2O{\textcircled{P}}\cdot CHOH\cdot COO{\textcircled{P}} + NADH_2 \rightleftharpoons CH_2O{\textcircled{P}}\cdot CHOH\cdot CHO + P_a + NAD \quad (19)$$

1,3-Diphosphoglycerinsäure — 3-Phosphoglycerinaldehyd

Diese letzten vier Reaktionen sind einfach die Umkehr der vier entsprechenden Reaktionen der Glykolyse (S. 114). Wenn der Ausgangspunkt für die Synthese der Polysaccharide die Milchsäure ist, wird das $NADH_2$, das in der Reaktion (19) gebraucht wird, durch die Oxydationsreaktion (13) geliefert. Wenn andererseits der Ausgangspunkt für die Synthese das Pyruvat oder Oxalacetat oder einer ihrer Aminosäurevorstufen ist, muß das

$NADH_2$ aus anderen Reaktionen geliefert werden. Die Synthese von Polysacchariden aus einem der zuletzt genannten Stoffe ist ein weiteres Beispiel für den Bedarf an Reduktionsäquivalenten bei vielen Biosynthesewegen. Die Reaktionen (18) und (19) verlaufen mit den Reaktionen (2) und (3) des Calvin-Zyklus (S. 147) parallel. Der einzige Unterschied ist, daß die Reduktion bei der Photosynthese (die notwendig ist, um das CO_2 auf den Reduktionsgrad von Kohlenhydraten zu bringen) $NADPH_2$ statt $NADH_2$ benutzt.

Der 3-Phosphoglycerinaldehyd, der in der Reaktion (19) gebildet wird, steht im Gleichgewicht mit Dihydroxyacetonphosphat. Die Gleichgewichtseinstellung wird durch die *Triosephosphat-Isomerase* katalysiert. Die zwei Triosephosphate können nun unter dem Einfluß von Aldolase miteinander unter Bildung von Fructose-1,6-diphosphat reagieren.

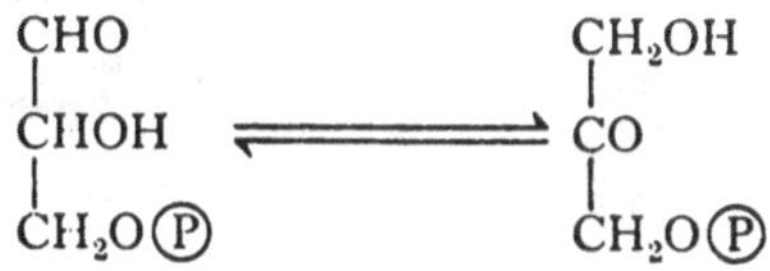

(20)

3-Phosphoglycerinaldehyd   Dihydroxyaceton-phosphat

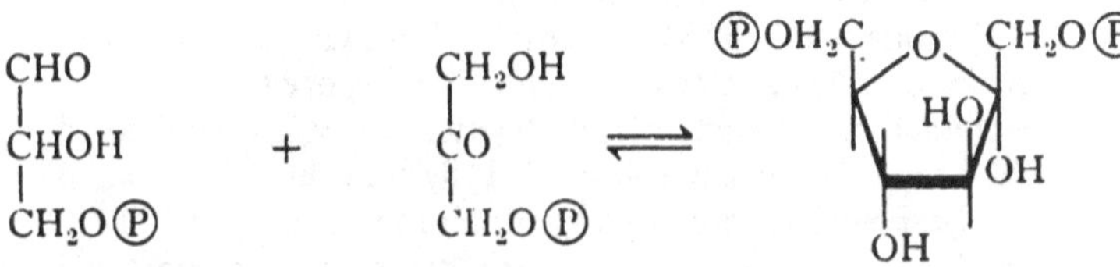

3-Phosphoglycerinaldehyd   Diyhdroxyaceton-phosphat   Fructose-1,6-diphosphat

(21)

Diese zwei Reaktionen sind wiederum Umkehrreaktionen der entsprechenden Reaktionen (5) und (4) der Glykolyse (S. 114). Sie entsprechen auch den Reaktionen (5) und (6) des Calvin-zyklus (S. 148). So kann man sagen, daß das Triosephosphat, das in der Photosynthese gebildet wurde, auf dieser Stufe in den Syntheseweg einmündet.

Das Fructose-1,6-diphosphat wird nun in einer weiteren Reaktion, die auch im Calvin-Zyklus vorkommt (S. 149), gespalten. Diese Reaktion ist jedoch nicht die Umkehr einer Glykolysereaktion. Die Bildung des Fructose-1,6-diphosphats erfolgte dort unter ATP-Verbrauch mit einer Kinase, während die Spaltung des Fructose-1,6-diphosphats eine Hydrolyse ist und durch eine Phosphatase katalysiert wird.

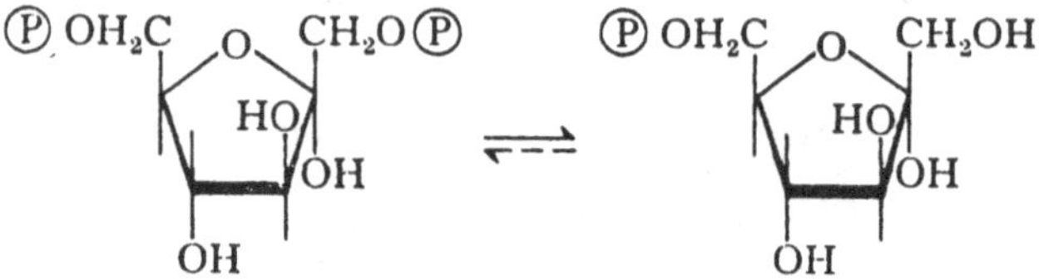

$-+ P_a$

(22)

Fructose-1,6-diphophat Fructose-6-phosphat

Auf Grund des Vorkommens von Hexosephosphat-Isomerase steht das Fructose-6-phosphat im Gleichgewicht mit Glucose-6-phosphat (s. S. 113). Glucose-6-phosphat steht seinerseits durch die Wirkung einer Mutase im Gleichgewicht mit Glucose-1-phosphat. Die erste dieser Reaktionen ist die Umkehr der Reaktion (2) der Glykolyse (S. 113) und die zweite wurde bei der Besprechung der Glykogenspaltung erwähnt (S. 119). Bei der Synthese von Glykogen aus Glucose, z. B. in der Leber nach der Absorption von Glucose aus dem Darmsaft, wird die Glucose zuerst durch die Hexokinase-Reaktion phosphoryliert (S. 112). Das entstandene Glucose-6-phosphat wird dann durch die Mutase zu Glucose-1-phosphat umgewandelt.

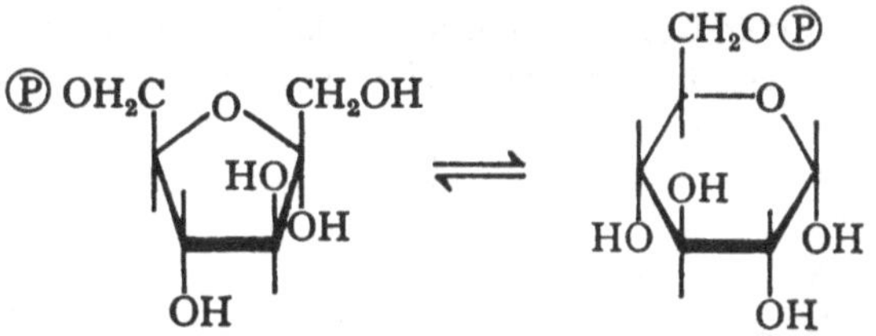

Fructose-6-phosphat Glucose-6-phosphat

(23)

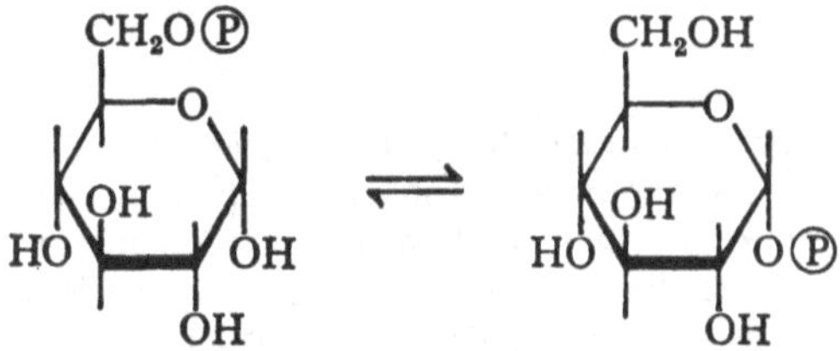

Glucose-6-phosphat Glucose-1-phosphat

(24)

Wir sind nun bei den Reaktionen angelangt, die speziell zur Synthese von Polysacchariden führen. Um Glucose zu polymerisieren, ist es zuerst erforderlich, den Zucker in eine Form umzuwandeln, die ein hohes Übertragungspotential hat und bei der Synthese des Polymers leicht auf ein Akzeptormolekül übertragen werden kann.

Die Aktivierung des Glucosemoleküls wird dadurch erreicht, daß es mit Uridindiphosphat verbunden wird. UDP entspricht dem ADP und besteht aus einer Base, Ribose und zwei Phosphatresten. Die Base im UDP ist das *Uracil* (wie das Adenin im ADP). Ebenso wie ADP weiter zu ATP phosphoryliert werden kann, kann UDP zu UTP phosphoryliert werden. Diese Phosphorylierung erfolgt nicht direkt (durch oxydative Phosphorylierung usw.), sondern durch eine Reaktion mit ATP.

$$ATP + UDP \rightleftharpoons ADP + UTP. \qquad (25)$$

UTP kann nun mit dem Glucose-1-phosphat, das aus der Reaktion (21) stammt, unter Bildung von UDP-Glucose reagieren.

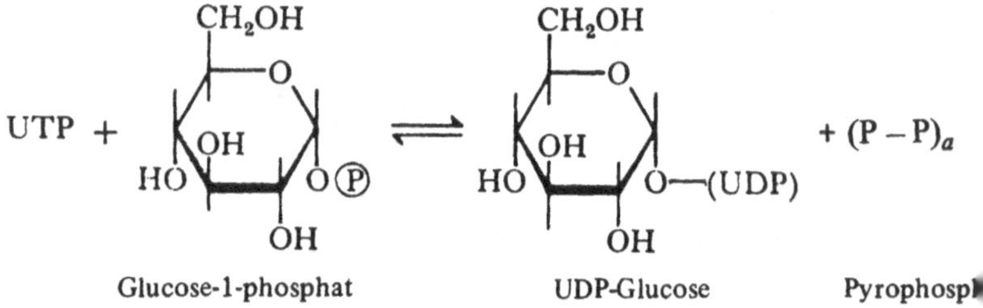

(26)

Diese Reaktion, die durch eine *Pyrophosphorylase* katalysiert wird, hat eine Gleichgewichtskonstante nahe eins und erlaubt so eine Produktbildung in beiden Richtungen. Jedoch macht die schnelle Hydrolyse des Pyrophosphats (S. 129) die Reaktion von rechts nach links in der Praxis unmöglich.

Die UDP-Glucose enthält eine „energiereiche“ Bindung, deren freie Hydrolyseenergie etwa gleich der des ATP ist. Die Glucose kann daher leicht auf einen geeigneten Akzeptor übertragen werden. Bei der Synthese von Glucosepolymeren ist der Akzeptor ein Primer (Startmolekül), der aus mehreren Glucoseresten besteht. Die Glucose der UDP-Glucose wird auf diesen Primer übertragen und an sein C-1 angeheftet, so daß die Kette um eine Einheit verlängert wird. Das Enzym ist eine Transferase. Bei der Reaktion wird UDP freigesetzt.

$$(\text{Glucose})_n + \text{UDP-Glucose} \rightarrow (\text{Glucose})_{n+1} + \text{UDP}\,. \tag{27}$$

Auf diese Weise können Polymere wie Amylose, die aus Glucoseresten besteht, die durch 1,4-α-Bindungen verknüpft sind (s. S. 74), oder Cellulose, die aus Glucoseresten besteht, die durch 1,4-β-Bindungen verbunden sind (s. S. 73), aufgebaut werden. Glykogen, das ebenso 1,4-α- wie auch 1,6-α-Bindungen enthält, entsteht aus der Amylose durch ein „Verzweigungsenzym“ (branching enzyme). Dieses Enzym überträgt kleine

Bruchstücke vom Ende der Amylosekette in die Position 6 der Glucosereste.

Wir können nun den ATP-Bedarf bei der Bildung von Polysacchariden aus Milchsäure berechnen. Die Reaktionen (14), (15) und (18) verbrauchen je ein Molekül ATP; damit werden drei Moleküle ATP für die Synthese eines Moleküls Triosephosphat aus Milchsäure, also sechs Moleküle ATP für die Bildung von Hexosemonophosphat aus zwei Molekülen Milchsäure gebraucht. Ein weiteres Molekül ATP ist für die Reaktion (25) notwendig. Damit werden insgesamt sieben ATP-Moleküle für jeden Glucoserest, der aus Milchsäure stammt und zu Glykogen polymerisiert wird, benötigt. Wenn die Synthese bei Oxalacetat beginnt, werden nur fünf ATP gebraucht, da Oxalacetat bei der Reaktion (15) einmündet.

Unsere Ausführungen zeigen, daß jeder Stoff, der Kohlenstoffatome in den Krebs-Zyklus einschleusen kann, zur Neubildung von Polysacchariden beitragen kann. Nur in einer wichtigen Beziehung ist diese Aussage nicht zutreffend. Wenn die Acetylgruppe des Acetyl-Coenzym A in den Krebs-Zyklus eintritt, reagiert sie mit Oxalessigsäure unter Bildung von Citronensäure (S. 122). Aber nach einem kompletten Umlauf des Zyklus bleibt nur Oxalessigsäure übrig; die Acetylgruppe ist vollständig oxydiert worden. Damit zählt Acetyl-Coenzym A nicht zu den Intermediärprodukten des Krebs-Zyklus und kann sie nicht ersetzen. Es gibt keinen Weg, auf dem der Zyklus die Kohlenstoffatome der Acetylgruppe zu einer anderen Reaktion als zur Oxydation ausnutzen könnte.

Die Hauptquelle des Acetyl-Coenzym A sind Fettsäuren. Aus den eben erwähnten Gründen können Fettsäuren, über die wir schon gesprochen haben, nicht dazu benutzt werden, Kohlenstoff für die Erneuerung von Zwischenprodukten des Citratzyklus (S. 126) zu liefern. Aus genau den gleichen Gründen können Fettsäuren nicht in Kohlenhydrate umgewandelt werden[7]. Obwohl der Citratzyklus für andere Substanzen Endsta-

[7] Anmerkung des Übersetzers: Diese Feststellung trifft nicht auf Pflanzen und Mikroorganismen zu.

tion für die Oxydation und Kreuzungspunkt für die Umwandlungen im Stoffwechsel bedeutet, kann er für Fettsäuren nur als Verbrennungsofen wirken.

16. Der Verbrauch von ATP und $NADPH_2$ bei der Synthese von Lipiden

Im Kapitel 7 haben wir postuliert, daß die reduzierten Coenzyme $NADH_2$ und $NADPH_2$ in gewissem Sinne als dem ATP äquivalent gelten können. Der Abbau der biologischen Moleküle zu einfacheren Verbindungen ist mit Oxydationen verknüpft, und dabei wird ATP gebildet. Während der Synthese von größeren Molekülen aus kleineren erfolgen Reduktionen mit $NADH_2$ oder $NADPH_2$, und ATP wird verbraucht. Bei den einzelnen Synthesen kann entweder die Oxydation von $NADH_2$ zu NAD (bzw. $NADPH_2$ zu NADP) oder die Spaltung von ATP zu ADP überwiegen. Wir haben im letzten Kapitel gesehen, daß die Synthese von Triosephosphat aus Kohlendioxid sowohl $NADPH_2$ als auch ATP benötigt, während die Polysaccharidbildung aus Triosephosphat zusätzliches ATP erfordert, aber ohne Reduktion vonstatten geht. Im vorliegenden Kapitel werden wir sehen, daß die Synthese der Fettsäuren aus Acetyl-Coenzym A ebenfalls sowohl $NADPH_2$ als auch ATP benötigt.

Wir haben am Ende des letzten Kapitels (S. 159) hervorgehoben, daß Kohlenhydrate nicht aus Fettsäuren synthetisiert werden können. Die Fettsäuren können andererseits aus jeder Verbindung gebildet werden, die zu Acetyl-Coenzym A abgebaut werden kann. Eine der Hauptquellen des Acetyl-Coenzym A sind selbstverständlich die Kohlenhydrate (S. 121). So kann also Fett einfach aus Kohlenhydraten gebildet werden, eine Erfahrung, die jeder Schlemmer an sich machen kann.

Die Schlüsselreaktion der Fettsäuresynthese ist ziemlich unerwartet – die Carboxylierung von Acetyl-Coenzym A zu Malonyl-Coenzym A. Diese Reaktion benötigt ATP und wird durch das Enzym Acetyl-Coenzym A-Carboxylase katalysiert, das (wie viele Carboxylasen) als Cofaktor das Biotin braucht (S. 41).

$$CH_3 \cdot CO \cdot S \cdot CoA + CO_2 + ATP \rightleftharpoons COOH \cdot CH_2 \cdot CO \cdot S \cdot CoA + ADP + P_a. \quad (1)$$

Acetyl-Coenzym A — Malonyl-Coenzym A

Weil dabei ATP verbraucht wird, liegt die Gleichgewichtseinstellung dieser Reaktion ganz auf Seiten des Malonyl-Coenzym A. Wir sahen im letzten Kapitel, daß in den aufbauenden Stoffwechselwegen, die zum Triosephosphat und den Polysacchariden führen, Schritte vorkommen, die irreversibel sind. Auch hier enthält der Syntheseprozeß, der zu den Fettsäuren führt, eine „irreversible" Reaktion.

Die Malonyl-Gruppe des Malonyl-Coenzym A wird jetzt an ein kleines Protein, das „Acylcarrier-Protein" (ACP) genannt wird, gebunden. Die Bindung zwischen der Malonylgruppe und dem ACP ist eine Thiolester-Bindung, ähnlich der zwischen der Malonylgruppe und dem Coenzym A.

$$COOH \cdot CH_2 \cdot CO \cdot S \cdot CoA + ACP \cdot SH \rightleftharpoons COOH \cdot CH_2 \cdot CO \cdot S\text{-}ACP + CoASH. \quad (2)$$

In einer ganz ähnlichen Reaktion wird die Acetylgruppe von einem anderen Molekül Acetyl-Coenzym A ebenfalls auf ein Acylcarrierprotein übertragen.

$$CH_3CO \cdot S \cdot CoA + ACP\text{-}SH \rightleftharpoons CH_3 \cdot CO \cdot S\text{-}ACP + CoASH. \quad (3)$$

Es ist nun möglich, daß die zwei Einheiten miteinander kondensieren können. Diese Reaktion verläuft durch einen Angriff des Carboxyl-Kohlenstoffatoms des Acetyl-ACP (mit einem Sternchen gekennzeichnet) auf das Methylen-Kohlenstoffatom des Malonyl-ACP (mit einem *a* gekennzeichet). Dabei wird Kohlendioxid abgespalten.

$$CH_3 \cdot C^*O \cdot S\text{-}ACP + COOH \cdot C^aH_2 \cdot CO \cdot S\text{-}ACP \rightleftharpoons ACP\text{-}SH + CH_3 \cdot C^*O \cdot C^aH_2 \cdot CO \cdot S\text{-}ACP + CO_2. \quad (4)$$

Acetyl-ACP — Malonyl-ACP — Acetoacetyl-ACP

Dieses Kohlendioxid ist jenes, das in der Reaktion (1) verbraucht wurde, um Malonyl-Coenzym A aus Acetyl-Coenzym A zu synthetisieren. In gewisser Beziehung ist die Reaktion (4) tatsächlich eine Kondensation von zwei Acetylgruppen, und das Kohlendioxid, das eine der zwei Gruppen in eine Malonylgruppe umgewandelt hat, hatte nur eine katalytische Rolle bei der Kondensation zu erfüllen.

Die Acetacetylgruppe, die in der Reaktion (4) entstanden ist, muß nun reduziert werden. Der erste Schritt in diesem Prozeß ist die Bildung einer –CHOH-Gruppe aus der Carbonylgruppe.

$$CH_3 \cdot CO \cdot CH_2 \cdot CO \cdot S\text{-}ACP + NADPH_2 \rightleftharpoons CH_3 \cdot CHOH \cdot CH_2 \cdot CO \cdot S\text{-}ACP + NADP. \quad (5)$$

Als nächstes wird Wasser abgespalten und die Doppelbindung, die dabei entsteht, wird wieder reduziert. (Wir haben diese Reaktion auf S. 137 erwähnt.)

$$CH_3 \cdot CHOH \cdot CH_2 \cdot CO \cdot S\text{-}ACP \rightleftharpoons CH_3 \cdot CH{=}CH \cdot CO \cdot S\text{-}ACP + H_2O \quad (6)$$

$$CH_3 \cdot CH{=}CH \cdot CO \cdot S\text{-}ACP + NADPH_2 \rightleftharpoons CH_3 \cdot CH_2 \cdot CH_2 \cdot CO \cdot S\text{-}ACP + NADP. \quad (7)$$

Im Prinzip sind diese Reaktionen die Umkehr der drei Reaktionen, die bei der Oxydation von Fettsäure-Coenzym A-Estern zu β-Ketoacyl-Coenzym A (S. 130) ablaufen. Es gibt jedoch wichtige Differenzen: Erstens ist jedes Zwischenprodukt fest an das Acylcarrierprotein gebunden und der Komplex von Zwischenprodukt und ACP selbst wieder fest an einem Komplex verankert, der verschiedene Enzymaktivitäten enthält, die für diese Reaktionen notwendig sind. Zweitens wird für die Synthese der Fettsäuren $NADPH_2$ benötigt, während bei der Oxydation der Fettsäuren NAD als Akzeptor für ein Wasserstoffpaar (das andere Paar wird direkt auf ein Flavoprotein übertragen) dient. [Wir rufen uns ins Gedächtnis zurück, daß die Hauptquelle des $NADPH_2$ die direkte Oxydation von Glucose-6-phosphat (S. 134) ist.] Obwohl es also theoretisch möglich wäre, Fettsäuren durch einfache Umkehr der Reaktionen (5), (6) und (7) zu oxydieren, ist in der Praxis der Abbau- und der Syntheseweg ganz verschieden. Ihre Abgrenzung voneinander wird durch „irreversible" Schritte in jedem Weg unterstrichen. Das sind die Reaktionen, die durch die Thiokinase (S. 129) und die β-Ketothiolase (S. 130) beim Abbau und durch die Carboxylase (1) bei der Synthese katalysiert werden.

Die bisher beschriebenen Reaktionen haben zur Bildung von Butyryl-ACP und damit zur Synthese einer Fettsäure-Gruppe geführt, die zwei Kohlenstoffatome länger ist als die ursprüngliche Acetylgruppe. Jetzt kann eine weitere Kondensation eintreten, ähnlich der in Reaktion (4). Die Butyrylgruppe nimmt nun den Platz der Acetylgruppe in der Reaktion (4) ein und kondensiert mit einer weiteren Malonylgruppe. Wieder wird dabei Kohlendioxid frei.

$$\begin{aligned} &CH_3\cdot CH_2\cdot CH_2\cdot CO\cdot S\text{-}ACP + COOH\cdot CH_2\cdot CO\cdot S\text{-}ACP \rightleftharpoons \\ &\qquad CH_3\cdot CH_2\cdot CH_2\cdot CO\cdot CH_2\cdot CO\cdot S\text{-}ACP + ACP\text{-}SH + CO_2 \end{aligned} \tag{8}$$

Das β-Oxo-hexanol-ACP, das so entstanden ist, wird durch Wiederholung der Reaktionen (5), (6) und (7) reduziert.

$$\begin{gathered} CH_3\cdot CH_2\cdot CH_2\cdot CO\cdot CH_2\cdot CO\cdot S\text{-}ACP \\ \downarrow NADPH_2 \\ CH_3\cdot CH_2\cdot CH_2\cdot CHOH\cdot CH_2\cdot CO\cdot S\text{-}ACP \\ \downarrow \\ CH_3\cdot CH_2\cdot CH_2\cdot CH{=}CH\cdot CO\cdot S\text{-}ACP \\ \downarrow NADPH_2 \\ CH_3\cdot CH_2\cdot CH_2\cdot CH_2\cdot CH_2\cdot CO\cdot S\text{-}ACP \end{gathered}$$

Hexanoyl-ACP

Auf diese Weise werden langkettige Fettsäuren aufgebaut. Die grundlegende Reaktion jedes Zyklus ist die Kondensation einer Acylgruppe mit einer Malonylgruppe (jede an ihr Acylcarrierprotein gebunden). Darauf folgt eine Reduktion mit zwei Molekülen $NADPH_2$. Wir können die Synthese von Stearyl-ACP folgendermaßen zusammenfassen.

$$\begin{aligned} &CH_3\cdot CO\cdot S\text{-}ACP + 8COOH\cdot CH_2\cdot CO\cdot S\text{-}ACP + 16NADPH_2 \longrightarrow \\ &\qquad CH_3\cdot (CH_2)_{16}\cdot CO\cdot S\text{-}ACP + 8CO_2 + 8ACP\text{-}SH + 16NADP + 8H_2O. \end{aligned}$$

In dieser Formulierung sind drei Tatsachen enthalten. Erstens ist der Komplex der Zwischenprodukte, Enzyme und Acylcarrierproteine ein fester (vgl. die Komplexe, die wir auf S. 52 erwähnten) und der Zyklus der Kondensation und Reduktion läuft in diesem Komplex ohne Freisetzung der Zwischenprodukte ab, bis die langkettige Acylgruppe vollständige synthetisiert ist. Zweitens treten alle 2-Kohlenstoffeinheiten (mit Ausnahme der ersten), die in den Fettsäuren eingebaut werden, als Malonylgruppen in den Zyklus ein. Drittens muß jede Malonylgruppe in einer Reaktion unter Beteiligung von ATP gebildet werden und jede muß durch zwei Moleküle $NADPH_2$ reduziert werden. Schreibt man die Summengleichung etwas anders, so wird diese letzte Tatsache klarer.

$$
\begin{aligned}
&9CH_3\cdot CO\cdot S\cdot CoA + 8CO_2 + 8ATP + 16NADPH_2 \longrightarrow \\
&\quad CH_3\cdot (CH_2)_{16}CO\cdot S\cdot CoA + 8CO_2 + 8ADP + 8P_a + 16NADP \\
&\qquad + 8CoASH + 8H_2O.
\end{aligned}
$$

Wir müssen uns nun die Synthese der Triglyceride näher ansehen. Die Ausgangssubstanzen sind Acyl-Coenzym A und α-Glycerophosphat. Acyl-Coenzym A wird aus dem Fettsäure-ACP-Komplex durch die Umkehr einer Reaktion, die (2) oder (3) ähnelt, erzeugt.

$$
\begin{aligned}
&CH_3\cdot (CH_2)_n\cdot CO\cdot S\text{-}ACP + CoASH \rightleftharpoons \\
&\qquad CH_3\cdot (CH_2)_n\cdot CO\cdot S\cdot CoA + ACP.
\end{aligned}
$$

α-Glycerophosphat kann durch Phosphorylierung von Glycerin oder durch Reduktion von Dihydroxyaceton gebildet werden (S. 118).

entweder:

$$
\begin{array}{l} CH_2OH \\ | \\ CHOH \\ | \\ CH_2OH \end{array}
+ ATP \rightleftharpoons
\begin{array}{l} CH_2OH \\ | \\ CHOH \\ | \\ CH_2O\textcircled{P} \end{array}
+ ADP
$$

Glycerin α-Glycerophosphat

oder:

$$\begin{array}{l} CH_2OH \\ | \\ CO \\ | \\ CH_2O\text{Ⓟ} \end{array} + NADH_2 \rightleftharpoons \begin{array}{l} CH_2OH \\ | \\ CHOH \\ | \\ CH_2O\text{Ⓟ} \end{array} + NAD$$

Dihydroxyaceton-phosphat α-Glycerophosphat

Zwei Moleküle Acyl-Coenzym A können mit einem Molekül α-Glycerophosphat reagieren und ergeben eine Verbindung, die als Phosphatidsäure bekannt ist.

$$\begin{array}{l} CH_3 \cdot (CH_2)_n \cdot CO \cdot S \cdot CoA \\ \quad + \\ CH_3(CH_2)_m \cdot CO \cdot S \cdot CoA \\ \quad + \\ CH_2OH \\ | \\ CHOH \\ | \\ CH_2O\text{Ⓟ} \end{array} \rightleftharpoons \begin{array}{l} CH_2O \cdot CO \cdot (CH_2)_n \cdot CH_3 \\ | \\ CHO \cdot CO \cdot (CH_2)_m \cdot CH_3 \\ | \\ CH_2O\text{Ⓟ} \end{array} + 2\,CoASH$$

Phosphatidsäure

Die Phosphatidsäure kann jetzt hydrolysiert werden und ergibt ein Diglycerid, und dieses reagiert mit einem dritten Molekül Acyl-Coenzym A.

$$\begin{array}{l} CH_2O \cdot CO \cdot (CH_2)_n \cdot CH_3 \\ | \\ CHO \cdot CO \cdot (CH_2)_m \cdot CH_3 \\ | \\ CH_2O\text{Ⓟ} \end{array} \rightleftharpoons \begin{array}{l} CH_2O \cdot CO \cdot (CH_2)_n \cdot CH_3 \\ | \\ CHO \cdot CO \cdot (CH_2)_m \cdot CH_3 \\ | \\ CH_2OH \end{array} + P_i$$

Diglycerid

$$\begin{array}{l} CH_2O \cdot CO \cdot (CH_2)_n \cdot CH_3 \\ | \\ CHO \cdot CO \cdot (CH_2)_m \cdot CH_3 \\ | \\ CH_2OH \\ \quad + \\ CH_3(CH_2)_l \cdot CO \cdot SCoA \end{array} \rightleftharpoons \begin{array}{l} CH_2O \cdot CO \cdot (CH_2)_n \cdot CH_3 \\ | \\ CHO \cdot CO \cdot (CH_2)_m \cdot CH_3 \\ | \\ CH_2O \cdot CO \cdot (CH_2)_l \cdot CH_3 \end{array} + CoASH$$

Triglycerid

Das Endprodukt dieser Reaktionsfolge ist somit ein Triglycerid.

17. Der Aminosäurestoffwechsel

In den Kapiteln, die die Hauptquellen des ATP und der Reduktionsäquivalente behandelten, erwähnten wir den Umsatz von stickstoffhaltigen Verbindungen nicht. Wir haben im Gegenteil hervorgehoben, daß die stickstoffhaltigen Makromoleküle, die Proteine und Nucleinsäuren, eine große Spezifität besitzen und daß besonders die Proteine sehr verschiedene Aufgaben zu erfüllen haben, die von ihrer spezifischen Struktur abhängen.
Die hauptsächliche biochemische Bedeutung der Aminosäuren liegt also nicht so sehr darin, daß sie abgebaut werden können und dabei ATP bilden können, sondern vielmehr darin, daß sie Bestandteile der Eiweißstoffe sind. Deshalb erscheint es angebracht, daß wir uns in dem vorliegenden Kapitel hauptsächlich mit der Synthese von Aminosäuren befassen. Da jedoch die Aminosäuren auch als weniger ergiebige Quellen für ATP dienen können, werden wir auch kurz diese Seite ihres Stoffwechsels betrachten.

Die wichtigste Tatsache, die wir am Aminosäure-Stoffwechsel hervorheben müssen, ist, daß er sich durchaus nicht anderer Reaktionen bedient als derer, die wir in den vorangegangenen Kapiteln beschrieben haben. Der Stoffwechsel der Aminosäuren ist eng mit dem der Kohlenhydrate und Fette verbunden. Eine zentrale Stellung im Aminosäurestoffwechsel nimmt eine Reaktion ein, die ein Verbindungsglied zwischen Aminosäuren und dem Krebs-Zyklus darstellt.

In dieser Reaktion wird α-Ketoglutarsäure reduktiv aminiert und es entsteht Glutaminsäure. Die für die Reduktion erforderlichen Wasserstoffatome werden von einem der reduzierten Coenzyme geliefert. Die Gleichgewichtskonstante dieser Reaktion ist nicht weit von eins entfernt und die Rückwärtsreaktion stellt ein Mittel dar, um Glutamat unter Freisetzung von Ammoniak zu oxydieren. Das Enzym dieser Reaktion heißt Glutamat-Dehydrogenase.

$$\begin{array}{lcl}
\mathrm{COOH} & & \mathrm{COOH} \\
| & & | \\
\mathrm{CO} & & \mathrm{CHNH_2} \\
| & & | \\
\mathrm{CH_2 + NH_3 + NADH_2} & \rightleftharpoons & \mathrm{CH_2 + H_2O + NAD} \\
| \qquad \text{oder } \mathrm{NADPH_2} & & | \qquad \text{oder } \mathrm{NADP} \\
\mathrm{CH_2} & & \mathrm{CH_2} \\
| & & | \\
\mathrm{COOH} & & \mathrm{COOH} \\
\alpha\text{-Oxoglutarsäure} & & \text{Glutaminsäure}
\end{array} \qquad (1)$$

Die große Bedeutung dieser Reaktion ist, daß sie in den meisten Organismen das einzige Mittel darstellt, durch das anorganischer Stickstoff in einem stickstofffreien organischen Molekül fixiert werden kann, so daß eine Aminosäure entsteht. Wir werden später sehen (S. 186), daß eine gesonderte Reaktion für die Fixierung von Ammoniak existiert, die Carbamylphosphat und damit Pyrimidine liefert. Weiterhin gibt es eine Reaktion für die Fixierung von Ammoniak in Glutaminsäure unter Bildung von Glutamin, das bei der Purinsynthese bedeutsam ist. Aber die de-novo-Synthese von Aminosäuren hängt fast völlig von der Synthese von Glutaminsäure aus α-Ketoglutarsäure ab, da die Aminogruppe, nachdem sie einmal in die Glutaminsäure eingeführt ist, unter Bildung anderer Aminosäuren weiter übertragen werden kann.

Diese Art von Übertragungsreaktion nennt man Transaminierung und man kann sie folgendermaßen darstellen:

$$\begin{array}{lclclcl}
\mathrm{COOH} & & & & \mathrm{COOH} & & \\
| & & & & | & & \\
\mathrm{CHNH_2} & & \mathrm{R} & & \mathrm{CO} & & \mathrm{R} \\
| & & | & & | & & | \\
\mathrm{CH_2} & + & \mathrm{CO} & \rightleftharpoons & \mathrm{CH_2} & + & \mathrm{CHNH_2} \\
| & & | & & | & & | \\
\mathrm{CH_2} & & \mathrm{COOH} & & \mathrm{CH_2} & & \mathrm{COOH} \\
| & & & & | & & \\
\mathrm{COOH} & & & & \mathrm{COOH} & &
\end{array} \qquad (2)$$

Ihr Charakteristikum ist ein Austausch einer α-Aminogruppe mit einer α-Ketogruppe. Er wird durch Enzyme katalysiert, die *Transaminasen* genannt werden. Als Coenzym wird Pyridoxalphosphat benötigt. Dieses wird aus dem *Pyridoxin,* das ein Vitamin ist (S. 41), gebildet. Am weitesten sind die Transaminierungen verbreitet (in einigen Organismen sind es die einzig vorkommenden Transaminierungen), bei denen ein Reaktionspartner die Glutaminsäure ist. Als anderer Reaktionspartner kann eine aus einer großen Zahl von α-Ketosäuren dienen. Die Spezifität des Enzyms bestimmt, welche α-Ketosäure die Aminogruppe von der Glutaminsäure erhält.

Eines der zwei Produkte der Transaminierung ist natürlich die Aminosäure, die der α-Ketosäure entspricht, die an der Reaktion teilnimmt. Das andere Produkt ist die α-Ketoglutarsäure. Diese kann erneut durch die Reaktion (1) zu Glutaminsäure umgewandelt werden. So kann das Paar Glutamat-α-Ketoglutarat katalytisch bei der Synthese einer Aminosäure mitwirken. Es fixiert so indirekt Ammoniak in einer α-Ketosäure.

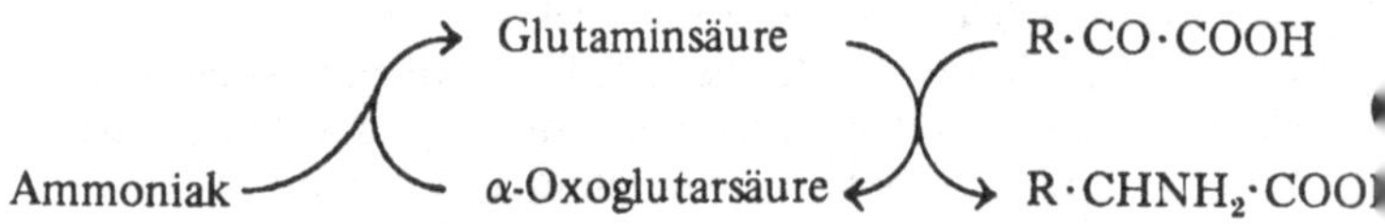

Unter der Voraussetzung, daß der Krebs-Zyklus normal funktioniert (mit anderen Worten, wenn genug Kohlenhydrat abgebaut wird, s. S. 126), wird das Angebot an α-Ketoglutarat für diesen Zweck ausreichen.

Bis jetzt haben wir uns auf die Synthese von Glutaminsäure durch Fixierung von Ammoniak und die Verwendung der so gebildeten Aminogruppe bei der Synthese von anderen Aminosäuren konzentriert. Der $\Delta G^{0\prime}$-Wert beider Reaktionen [(1) und (2)] ist klein; damit kann das Paar Glutaminsäure-α-Ketoglutarsäure ebenso gut bei der Desaminierung der Aminosäuren mitwirken:

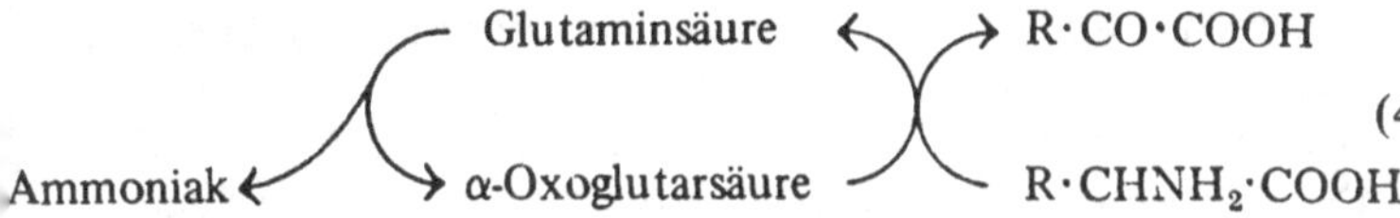

(4)

Diese Reaktionen spalten indirekt Ammoniak aus Aminosäuren ab und ergeben die entsprechende α-Ketosäure, die weiter umgesetzt werden kann (siehe unten).

Eine weitere Funktion des Glutamat-α-Ketoglutarat-Paares ist die Übertragung einer Aminogruppe von einer Aminosäure auf eine andere ohne Beteiligung von freiem Ammoniak. Diese Reaktion erweist sich unter Bedingungen als nützlich, unter denen ein relativer Überschuß an einer Aminosäure und ein Mangel an einigen anderen besteht. Dazu sind zwei Transaminasen notwendig:

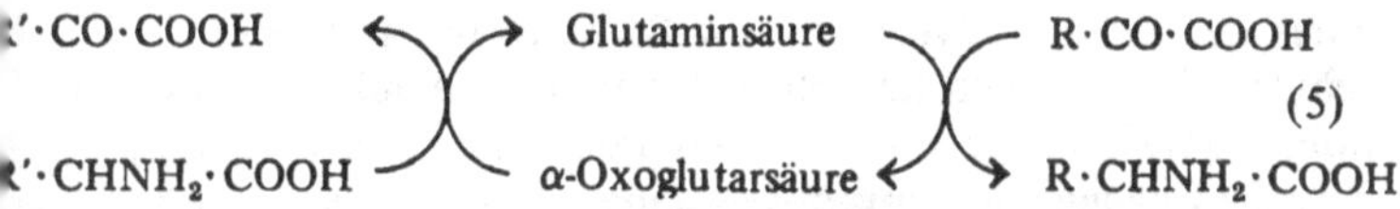

(5)

Mit Hilfe dieser verschiedenen Reaktionen können Organismen irgendeine α-Ketosäure, die in den üblichen Stoffwechselreaktionen gebildet wird, in die entsprechende Aminosäure umwandeln. So kann Alanin aus Pyruvat gebildet werden, das ein Zwischenprodukt im Embden-Meyerhof-Weg ist:

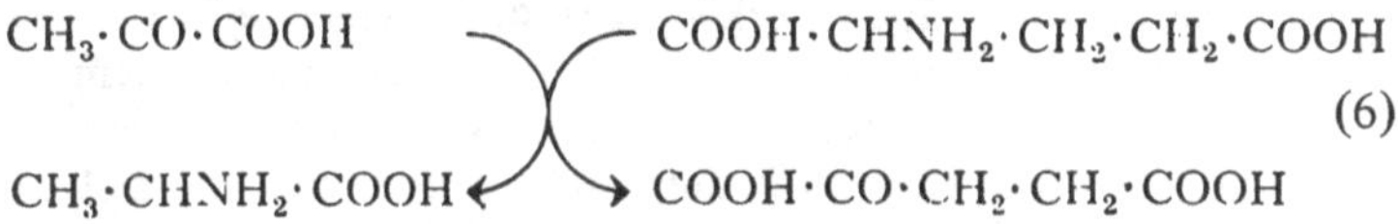

(6)

Asparaginsäure kann aus Oxalessigsäure, die ein Zwischenprodukt des Krebs-Zyklus ist, gebildet werden:

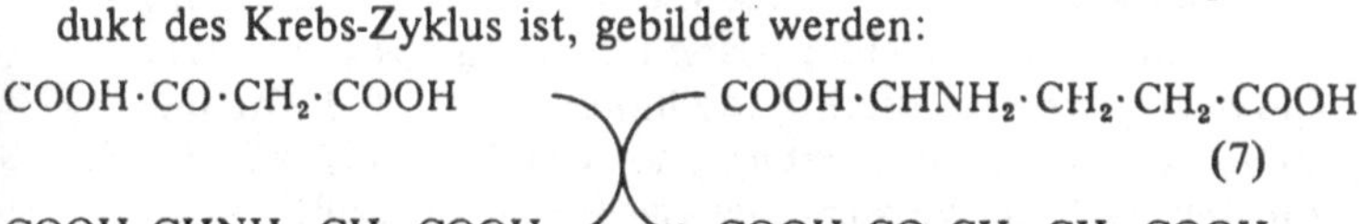

(7)

In ähnlicher Weise kann eine Aminosäure aus einer Ketosäure gebildet werden, die, obwohl sie selbst kein übliches Stoffwechselzwischenprodukt ist, leicht aus einer Vorstufe, die in einem der üblichen Stoffwechselwege vorkommt, entstehen kann. Ein Beispiel ist die Synthese von *Serin*. Die 3-Phosphoglycerinsäure (S. 115) wird oxydiert, dann transaminiert und zum Schluß durch ein spezifisches Enzym, die Phosphoserin-Phosphatase dephosphoryliert.

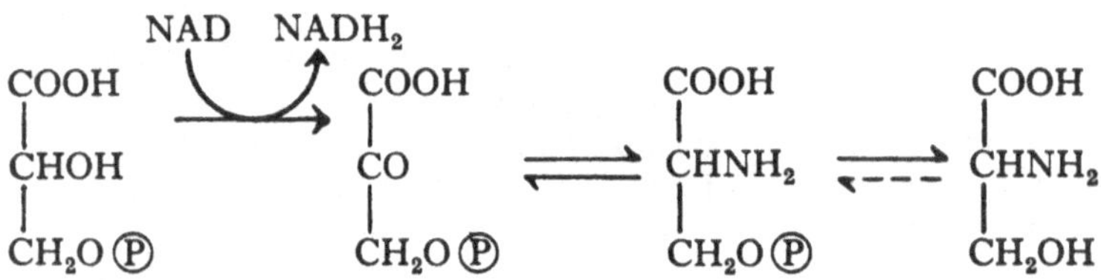

(8)

Viele der Reaktionswege, die zur Bildung von Aminosäuren führen, sind ziemlich kompliziert; aber die beteiligten Umwandlungen sind im allgemeinen denen ähnlich, die wir bereits besprochen haben. Bei einigen von ihnen kommen spezielle Reaktionen vor – z. B. die Synthese des Ringsystems des Phenylalanins und Tyrosins bzw. des Histidins –, aber wir wollen uns hier nicht damit befassen. Festhalten wollen wir die Tatsache, daß es zwei Verbindungsglieder gibt, durch die die Synthese der Aminosäuren mit den Stoffwechselwegen, die wir oben besprochen haben, verknüpft sind. Erstens über die Aminogruppe: sie kommt aus der Transaminierung mit dem Paar Glutaminsäure-α-Ketoglutarsäure. Zweitens, wie in den Reaktionen (6), (7) und (8) dargestellt wurde, über die Kohlenstoffatome, die das Grundgerüst des Moleküls bilden.
Zwei der wichtigsten Vorstufen, aus denen das Grundgerüst von Aminosäuren gebildet werden kann, sind *Aspartat* und *Glutamat*. Aspartat kann in Methionin, Lysin und Threonin übergehen, Glutamat in Prolin und Arginin. (Es ist wichtig, festzuhalten, daß die Verwendung von Glutamat für die Bildung des Kohlenstoffgerüsts von Prolin und Arginin sich grundsätzlich von seiner Funktion als Aminogruppen-Donator bei der Transaminierung unterscheidet.) *Aspartat* wird nun durch

Transaminierung aus Oxalessigsäure und *Glutamat* (entweder direkt oder durch Transaminierung) aus α-Ketoglutarsäure gebildet. Damit sind diese Reaktionen die wichtigsten Verbraucher von Kohlenstoffatomen aus Zwischenprodukten des Citratzyklus (s. Abb. 9.3). Sie sind eine der Ursachen, warum die Carboxylierungsreaktion zur Regeneration von Oxalessigsäure (S. 127) von so fundamentaler Bedeutung ist.

Was wir auf den letzten Seiten ausgeführt haben, könnte zu der Meinung führen, daß alle Aminosäuren einfach aus Vorstufen, die als Zwischenprodukte im Kohlenhydrat- und Fettstoffwechsel vorkommen, gebildet werden können. Das gilt aber nur für einige Organismen. Die meisten Tiere sind z. B. nicht in der Lage, alle zwanzig Aminosäuren zu synthetisieren. Als Faustregel gilt, daß die meisten Tiere etwa die Hälfte der Gesamtzahl bilden können. Die restlichen Aminosäuren müssen mit der Nahrung zugeführt werden (S. 42). Man nennt diese daher *essentielle Aminosäuren.* Die genaue Liste der essentiellen Aminosäuren unterscheidet sich geringfügig von einer Tierspecies zur anderen. Da sie für die Synthese von Eiweiß in Substratmengen benötigt werden, kann man sie leicht von den Vitaminen unterscheiden, die als Cofaktoren wirken und nur in katalytischen Mengen gebraucht werden (s. S. 41). Eine Aminosäure ist dann essentiell, wenn das Tier nicht in der Lage ist, irgendeinen der enzymatischen Schritte auszuführen, die zur Synthese notwendig sind. Im allgemeinen ist das eine der enzymatischen Reaktionen für die Synthese des Kohlenstoffgerüsts. Während z. B. in Pflanzen und in vielen Mikroorganismen, wie wir eben erwähnten, Asparaginsäure in Methionin, Lysin und Threonin umgewandelt werden kann, sind alle dieser Aminosäuren in den meisten höheren Tieren essentiell.

Die oben erwähnte Reaktion (5) stellt dar, wie eine Aminosäure seine Aminogruppe über Glutaminsäure zur Bildung einer anderen Aminosäure abgeben kann. Diese Umwandlung ist jedoch nur möglich, wenn die entsprechende Ketosäure [R CO COOH in der Reaktion (5)] verfügbar ist. Eine benötigte Aminosäure kann nicht synthetisiert werden, wenn die entsprechende α-Ketosäure nicht zur Verfügung steht, auch wenn viel der Donator-Aminosäure vorhanden ist. Aus diesem Grund ist die biologische Wertigkeit eine Nahrung für ein Tier nicht nur von der Menge des Proteins abhängig, die in ihr enthalten ist, sondern auch von der Aminosäurezusammensetzung des Eiweißes. Ein Tier kann Proteine nur in dem Maß ausnutzen, in dem sie seinem Bedarf an essentiellen Aminosäuren entsprechen. Wenn in den Proteinen eine essentielle Aminosäure fehlt, so sind die anderen vorhandenen Aminosäuren nicht in der Lage, den Bedarf zu decken und ihr Stickstoff wird als Ammoniak abgespalten [s. Reaktion (4)]. Da die Proteine in der Nahrung niemals die Aminosäuren in genau dem Verhältnis enthalten, das für das Tier optimal ist, tritt immer ein gewisser Verlust von Aminosäuren und eine entsprechende Freisetzung ihrer Desaminierungsprodukte, der α-Ketosäuren, ein.

Diese freigesetzten α-Ketosäuren sind Substrate, die (wie wir am Anfang des Kapitels feststellten) als Nebenquelle zur Energiegewinnung beitragen können. Wir wollen nicht im einzelnen beschreiben, auf welchen Wegen jede der zwanzig Aminosäuren abgebaut wird und wie sie dabei ATP liefern. Aber gewisse Prinzipien sollen dargestellt werden.

Da das Desaminierungsprodukt einer Aminosäure eine α-Ketosäure ist, können wir erwarten, daß diese auf eine Weise umgesetzt werden, die für den Abbau von α-Ketosäuren üblich ist. Wir haben gesehen (S. 120), daß diejenige α-Ketosäure, die ein wichtiges Produkt des Kohlenhydratstoffwechsels ist, nämlich die Brenztraubensäure, durch oxydative Decarboxylierung unter Bildung von Acetyl-Coenzym A abgebaut wird. Auf analoge Weise wird eine weitere α-Ketosäure, die ein Zwischenprodukt des Citratzyklus ist, die α-Ketoglutarsäure, durch oxydative Decarboxylierung gespalten. Dabei entsteht Succinyl-Coenzym A (S. 123). Obwohl die α-Ketosäuren, die aus den Aminosäuren stammen, nicht nur oxydativ decarboxyliert werden können, ist dies der hauptsächliche Abbauweg.

Wie die beiden Beispiele wieder zeigen, ist das Produkt der oxydativen Decarboxylierung ein Acyl-Coenzym A. Wir können mit gutem Grund erwarten, daß dieses auf die Art abgebaut wird, die wir für Acyl-Coenzym A-Derivate, die aus Fettsäuren gebildet werden, schon beschrieben haben (Kapitel 12).

Das Endprodukt dieser Art von Stoffwechselprozessen ist normalerweise entweder Acetyl-Coenzym A oder andererseits ein Citratzyklusteilnehmer bzw. Pyruvat. [Pyruvat kann gewissermaßen zu den Citratzyklusderivaten gerechnet werden, weil es durch Carboxylierung Oxalacetat bilden kann (S. 127), während Acetyl-Coenzym A nicht in ein Krebszyklusderivat umgewandelt werden kann (S. 159).]

Die Unterscheidung zwischen Aminosäuren, die zu Acetyl-Coenzym A abgebaut werden können und denen, die zu Verbindungen des Krebszyklus oder zu Pyruvat führen, ist die Grundlage für eine alte Klassifizierung der Aminosäuren in „keto"- und „gluco plastische". Diese Einteilung basiert auf der Tatsache, daß bei einem diabetischen Tier Acetyl-Coenzym A eine Ketose verstärkt, weil es die Konzentration des Acetacetyl-Coenzym A erhöht (S. 132), während Verbindungen des Citratzyklus in Glucose umgewandelt werden können (s. S. 159).
Die Unterscheidung wird heute weniger als früher benutzt, da wir jetzt den gesamten Stoffwechselweg des Abbaus von Aminosäuren verfolgen können, statt nur ein Endprodukt zu kennen.

Paradoxerweise ist es eine Aminosäure, die in keines dieser Schemata paßt, nämlich das *Isoleucin,* das zur Darstellung des Aminosäureabbaus am besten geeignet ist. Isoleucin ist sowohl ketogen als auch glucogen, wie aus der folgenden Reaktionsfolge klar wird.

$$\begin{matrix} CH_3 \\ CH_3\cdot CH_2 \end{matrix}\!\!>CH\cdot CHNH_2\cdot COOH \rightleftharpoons \begin{matrix} CH_3 \\ CH_3\cdot CH_2 \end{matrix}\!\!>CH\cdot CO\cdot COOH$$

Zuerst wird durch Transaminierung mit α-Ketoglutarsäure eine α-Ketosäure gebildet und diese wird analog wie Pyruvat (S. 120) oxydativ decarboxyliert.

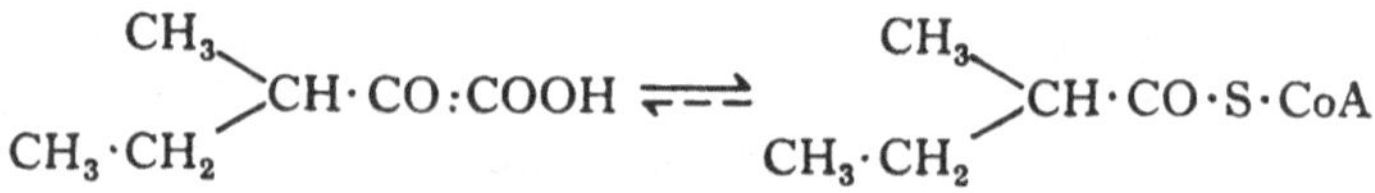

Das entstandene Acyl-Coenzym A folgt dem Abbauweg der Fettsäure-Coenzym A-Ester durch β-Oxydation (Kapitel 12), und durch die β-Ketothiolase-Reaktion wird das Molekül gespalten. Dabei entstehen Acetyl-Coenzym A und Propionyl-Coenzym A.

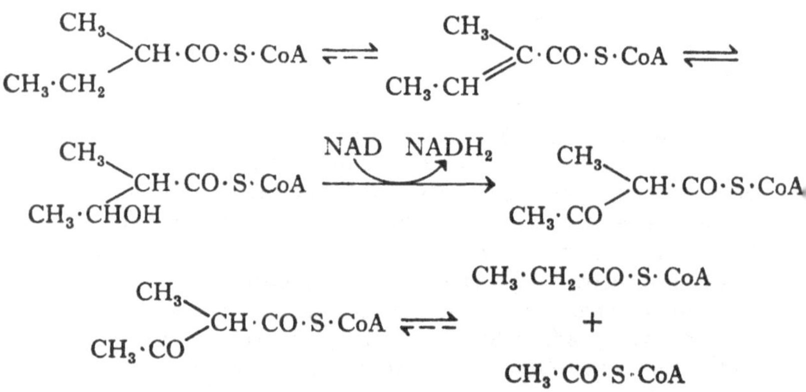

Acetyl-Coenzym A ist nun ein Endprodukt, auf Grund dessen wir Isoleucin als ketogen bezeichnen würden. Andererseits kann Propionyl-Coenzym A carboxyliert und in Succinyl-Coenzym A umgewandelt werden, das ein Teilnehmer des Citratzyklus ist.

Wir haben diesen Abbauweg nicht deshalb dargestellt, weil der Abbau von Isoleucin wichtig für die Erzeugung von ATP wäre, sondern weil er vier wichtige Prinzipien verdeutlicht: Erstens kann Isoleucin, wie die meisten Aminosäuren, seine Aminogruppe an α-Ketoglutarsäure abgeben und somit Ammoniak bilden [s. Reaktion (4)]. Zweitens kann das Reaktionsprodukt, wenn erst einmal die Aminogruppe abgespalten ist, nicht länger als Bestandteil eines Stoffwechselweges betrachtet werden, der für Aminosäuren spezifisch ist. Drittens können die Endprodukte der Spaltung die normalen Wege der Oxydation, die wir schon beschrieben haben, benutzen. Damit ist der Krebszyklus für die Aminosäuren, soweit sie als Brennstoffquelle benutzt werden, die Endstufe des Abbaus. Schließlich kann ein Teil des Moleküls neben Acetyl-Coenzym A in ein Citratzyklus-Intermediat umgewandelt werden; dieses kann in Oxalessigsäure übergehen und somit über den Weg, der auf S. 153–158 beschrieben wurde, in Kohlenhydrate. In analoger Weise kann Succinyl-Coenzym A aus Valin gebildet werden. Auch α-Ketoglutarsäure kann aus verschiedenen Aminosäuren (z. B. Histidin, Arginin und Prolin) und Pyruvat aus einigen anderen (z. B. Serin, Alanin und Cystein) entstehen. Aspartat kann zu Oxalessigsäure desaminiert werden. Alle diese Produkte sind aber Vorstufen der Kohlenhydratbildung.

Zwischenbetrachtung

Wir haben nun die meisten Stoffwechselwege, die wir im Kapitel 9 flüchtig berührt haben, im Detail abgehandelt. (Wir müssen noch die Synthese der Purin- und Pyrimidinnucleotide besprechen. Das wird im Kapitel 19 geschehen.) Jetzt wäre es für den Leser empfehlenswert, sich noch einmal die Abbildungen im Kapitel 9 anzusehen, die die Hauptwege des Intermediärstoffwechsels zusammenfassen, und zu überprüfen, wie die Prinzipien, die wir in diesem Kapitel erläutert haben, in den Reaktionsfolgen der Kapitel 10–17 verwirklicht sind.

Die Aktivierung von Aminosäuren

Am Beginn dieses Kapitels haben wir festgestellt, daß die größte Bedeutung der Aminosäuren in der Biochemie auf der Tatsache beruht, daß sie Bausteine der Proteine sind. Wir wollen uns nun ansehen, wie die Proteine tatsächlich aus Aminosäuren gebildet werden. Im Kapitel 15 zeigten wir, daß bei der Synthese der Polysaccharide Glucose-1-phosphat vor der Polymerisierung zuerst in Uridin-diphosphat-glucose umgewandelt werden muß. Es zeigt sich, daß eine analoge Aktivierung notwendig ist, bevor die Aminosäuren Peptidbindungen bilden können. Die Aktivierungsreaktion für die Aminosäuren ist die Bildung der energiereichen Verbindung Aminoacyl-AMP.

$$R.CHNH_2 \cdot COOH + ATP \rightleftharpoons R \cdot CHNH_2 \cdot CO - AMP + (P - P)_a.$$

Die Gleichgewichtskonstante dieser Reaktion ist nahe eins; aber wie wir schon (S. 129) gesehen haben, bringt die Tatsache, daß Pyrophosphat entsteht, mit sich, daß in Wirklichkeit die Rückwärtsreaktion mit Bildung von ATP nicht abläuft. Aminoacyl-AMP enthält eine „energiereiche" Bindung und entspricht damit der Uridindiphosphat-glucose (S. 158). Man könnte daher erwarten, daß die Aminoacyl-AMP-Verbindungen in der Lage sein könnten, unter Bildung einer Polyaminosäure und Abspaltung von AMP zu kondensieren, auf die gleiche Weise wie UDP-Glucose unter Bildung einer Polyglucose und unter Abspaltung von UDP kondensiert. In Wirklichkeit kommt es bei den Aminosäuren nicht zu einer solchen Reaktion. Wir wollen nun untersuchen, warum das so ist.

Genau genommen ist der Grund der, den wir im Kapitel 2 nannten: Glucosepolymere werden als Brennstoffquellen benutzt, und sie enthalten nur eine Sorte von monomeren Bausteinen. Damit entfällt die Frage nach der Anordnung der Bausteine; nicht einmal die Zahl der Reste in dem Polymer ist genau festgelegt. Es gibt keine spezielle Struktur, und es besteht keine Notwendigkeit sicherzustellen, daß eine Kopie eines der polymeren Moleküle genau seiner Vorlage gleichen muß. Im Gegensatz dazu besitzen die Proteine eine große Spezifität, die ihnen ermöglicht, alle Funktionen zu erfüllen, die wir in den Kapiteln 4 und 5 aufführten. Diese Spezifität hängt von der außerordentlich präzisen Anordnung der Aminosäurereste und einer enormen Reproduzierbarkeit der Struktur ab, die sicherstellt, daß jede Kopie des Moleküls mit der anderen identisch ist.

So müssen zwar bei der Polymerisierung sowohl der Glucose als auch der Aminosäuren die Reste zuerst auf die besprochene Weise aktiviert werden, aber bei der Synthese des Glucosepolymers ist keine spezielle Anordnung der Reste notwendig. So ist es möglich mit der Spezifität eines einzigen Enzyms, die Bildung der richtigen Bindungen sicherzustellen (S. 158). Wenn Proteine zufällige Polymere der Aminosäuren wären, würde eine ähnliche Kondensationsreaktion ausreichen; da sie es aber nicht sind, ist es erforderlich, mit anderen Mitteln sicherzustellen, daß die genaue Anordnung der Aminosäurereste bei der Proteinsynthese gewährleistet ist.

Wie wird diese Präzision bei der Anordnung erreicht? Wir wissen, daß die genaue Struktur vieler Proteine nicht für ein einzelnes Protein einer Art charakteristisch ist, sondern für die Art insgesamt, und daß sie über Generationen hinweg erhalten bleibt (z. B. kann man daraus den Schluß ziehen, daß das Schweineinsulin genau die gleiche Struktur hat, ob es von einem rezenten Schwein isoliert ist oder von einem Schwein vergangener Zeiten). Anscheinend ist also die Anordnung der Aminosäurereste in einem Protein von dem genetischen Material des Organismus abhängig und tatsächlich ist eine der Funktionen der genetischen Substanz, diese Anordnung festzulegen. Deshalb müssen wir, bevor wir sprechen können, wie es zu dieser Präzision in der Proteinstruktur kommt, zuerst die Funktionen und die Art der Synthese des genetischen Materials beschreiben.

ABSCHNITT III

Molekularbiologie, Genetik und Proteinsynthese

18. Molekularbiologische Grundlagen der Genetik

In den Kapiteln 3 bis 6 haben wir die Art besprochen, wie Struktur und Funktion in Makromolekülen zusammenhängen. Wir haben aber eine der grundlegenden Funktionen der Makromoleküle nicht genau besprochen: die *Vermittlung* von *Informationen.*

Wenn man absolut nichts über den Bau der lebenden Materie auf der molekularen Ebene wüßte, würde man kaum auf den Gedanken kommen, daß die lineare Sequenz der Reste in einem Makromolekül für die Speicherung und Übertragung von Information benutzt werden könnte. Die Entstehung von Molekülen, die in der Lage sind, die Rolle eines Informationsspeichers zu übernehmen, und die Entwicklung von Mechanismen, die die Übertragung der Information von einem Molekül auf ein anderes ausführen, muß als eines der wesentlichen Kriterien der lebenden Materie hervorgehoben werden. Sie sind ebenso wichtig wie die Entwicklung von Makromolekülen, die ein Überschreiten der Grenzen der Chemie der freien Lösungen ermöglichte, wie die Kopplung zwischen endergonen und exergonen Reaktionen und wie die Organisation des Stoffwechsels in eine große Zahl von miteinander verknüpften Wegen.

Aus diesem Grund haben wir einen ganzen Abschnitt dieses Buches den informationstragenden Makromolekülen gewidmet.

Es ist bekannt, daß die DNA das wichtigste dieser Makromoleküle ist. Im Rest dieses Kapitels werden wir ihre Rolle etwas näher untersuchen und ihre Beziehungen zur Genetik diskutieren.

In vielen Viren, in allen Mikroorganismen und in allen Pflanzen und Tieren ist das genetische Material die *DNA*. Es gibt eine Fülle von experimentellen Beweisen, die diese Feststellung untermauern, aber wir wollen hier nur eine Art dieser Experimente erwähnen. Es ist möglich, die DNA aus einer Kultur („Donator" oder „Spender") einer bestimmten Species von Bakterien zu extrahieren und zu reinigen und sie dann einer anderen Kultur („Empfänger") zuzusetzen. Unter bestimmten Bedingungen werden die „Empfänger"-Bakterien die gereinigte DNA aufnehmen und ein Stück davon an Stelle eines Stücks ihrer eigenen DNA einbauen. Wenn das eintritt, stellt man fest, daß die „Empfängerbakterien" eine Eigenschaft der „Spender" auf Dauer erworben haben. Mit anderen Worten, es ist ihr genetisches Material in diesem Ausmaß verändert worden.

Wir stellten am Ende des letzten Kapitels fest, daß das genetische Material die Struktur der Proteine festzulegen scheint, und das Beispiel, das wir erwähnten, war die Kontrolle der Struktur des Insulins beim Schwein. Wenn wir feststellen wollen, wie das genetische Material diese Funktion erfüllt, ist eine naheliegende Methode, nachzusehen, wie sich Veränderungen der DNA in Veränderungen der Struktur von Proteinen ausdrücken; aber bevor wir ein verändertes Insulin finden könnten, müßten wir das Protein aus Tausenden von einzelnen Schweinen isolieren und in jedem Falle die Struktur des Moleküls bestimmen.

Eine andere Möglichkeit wäre, von der Tatsache Gebrauch zu machen, daß Enzyme Proteine mit einer sehr spezifischen Struktur sind (s. Kapitel 5) und daß daher Veränderungen in ihrer Struktur sehr häufig zu einem Verlust der Enzymaktivität führen. Wenn wir daher einen Organismus finden könnten, dem ein spezielles Enzym verlorengegangen ist, könnten wir eine Möglichkeit finden, diesen Verlust mit einer Veränderung in Zusammenhang zu bringen, die in der DNA erfolgt ist. Bei den meisten Organismen ist es aber keineswegs einfach, aus der großen Zahl die herauszufinden, denen bestimmte Enzyme fehlen; denn wenn das Enzym für die Stoffwechselaktivität essentiell ist, werden wir nie ein Individuum ohne dieses Enzym finden und umgekehrt, wenn das Enzym nicht-essentiell ist, ist es für uns nicht einfach, den Verlust festzustellen.

Wir können diese Schwierigkeiten überwinden, indem wir mit Mikroorganismen arbeiten, weil wir mit Mikroorganismen die Bedingungen auf eine Weise ändern können, daß der Verlust eines Enzyms kompensiert wird. Nehmen wir z. B. an, daß ein Bakterium, das normalerweise in der Lage ist, Serin auf dem Wege zu bilden, den wir auf S. 170 beschrieben haben, eine Veränderung seiner DNA erleidet, die zu einem Verlust des Enzyms Phosphoserinphosphatase führt. Serin ist ein Bestandteil aller Proteine, die der Organismus bildet (s. S. 27) und folglich wird das Bakterium nicht in der Lage sein, ohne Serin zu wachsen. Wenn wir jedoch dem Kulturmedium Serin zusetzen, wird das Bakterium normal wachsen, und wir sind in der Lage, es zu studieren. Wir können in diesem Falle sagen, daß Serin für das Bakterium eine essentielle Aminosäure geworden ist. Dieses Beispiel läßt erkennen, daß die Ursache, warum einige Aminosäuren für bestimmte Tierspecies essentiell (S. 42) sind, darin zu suchen ist, daß die DNA dieser Tiere im Verlauf der Evolution so verändert worden ist, daß die zu ihrer Synthese notwendigen Enzyme verloren gegangen sind.

Eine Veränderung in der Struktur der DNA wird *Mutation* genannt, und ein Organismus, der eine Mutation aufweist, heißt eine *Mutante*. Im Gegensatz dazu bezeichnet man den normalen Organismus, bei dem die Mutation aufgetreten ist, als „Wildtyp". (Diese Definition läßt sich nicht streng handhaben, da Organismen überwiegend auf Grund von Vereinbarungen als Wildtypen bezeichnet werden. In der Praxis treten jedoch dadurch nur selten Schwierigkeiten auf.) Die Genetik hat sich seit vielen Jahren der Mutationen bedient, ohne in der Lage zu sein, die genaue Veränderung zu definieren, die auftritt, wenn die DNA mutiert wurde. In jüngster Zeit ist es jedoch geglückt, einige Mutationen in der DNA direkt mit Veränderungen der Struktur der Proteine zu korrelieren.

Die grundlegende Technik, die bei genetischen Untersuchungen angewendet wird, besteht darin, Kreuzungen zwischen genetisch unterschiedlichen Typen einer Species – entweder zwischen einer Mutanten und einer anderen oder zwischen dem Wildtyp und einer Mutante – durchzuführen. (Es gibt verschiedene Mittel, um Kreuzungen zu erzielen, und die Nachkommen, die dadurch entstehen zu untersuchen, aber wir wollen nicht näher darauf eingehen). Der Wert genetischer Experimente besteht darin, daß ihre Ergebnisse es ermöglichen, genetische Karten aufzustellen. Gerade so wie die Karte einer Eisenbahnlinie die Anordnung der Stationen wiedergibt und die Entfernungen zwischen ihnen anzeigt, gibt eine genetische Karte die Anordnung der Mutationen entlang dem DNA-Molekül an und vermittelt einen Eindruck von den Abständen zwischen ihnen. Aus technischen Gründen, auf die wir hier nicht eingehen können, ist es besonders einfach, sehr detaillierte Karten der DNA von Bakterien (im Gegensatz zu höheren Organismen) aufzustellen. Wir wollen nun einige Ergebnisse erwähnen, die sich in der Bakteriengenetik ergeben haben; fast alle von ihnen stammen aus Untersuchungen der zwei nahe verwandten Species Escherichia coli und Salmonella typhimurium.

Als erstes muß erwähnt werden, daß bei mehreren, unabhängig voneinander isolierten Stämmen, denen allen ein bestimmtes Enzym fehlt, die Mutationen fast immer eng zusammenliegen. Bleiben wir bei dem Beispiel von vorhin. Es könnte möglich sein, einige Dutzend verschiedene Typen von E. coli zu isolieren, die alle keine Phosphoserinphosphatase besitzen. Stellt man das Genmuster dieser Mutationen auf, so ist es sehr wahrscheinlich, daß sie alle sehr eng beieinander in einem kleinen Segment der DNA zu finden sein werden. Diese Tatsache läßt vermuten, daß dieses Segment der DNA für die Festlegung der Struktur der Phosphoserinphosphatase verantwortlich ist und daß Mutationen an irgendeinem Ort in diesem Segment zum Verlust der Phosphatase führt. Wir sprechen von einem solchen DNA-Segment als von einem *Gen* – in diesem speziellen Beispiel vom Gen für die Serinphosphatphosphatase.

Nun gibt es Mutationen verschiedener Art. Die einfachste Möglichkeit einer Mutation ist die, daß eine Base der Polydesoxyribonucleotidkette (s. S. 67) durch eine andere Base ersetzt ist – z. B. kann Adenin durch Guanin ersetzt sein. [Da die Basen in der DNA komplementär sind (s. S. 67), wäre es genauer zu sagen, das Basenpaar Adenin-Thymin ist durch das Basenpaar Guanin-Cytosin ersetzt worden.] Diese Art von Mutation wird als *Basensubstitution* bezeichnet. Eine andere Art von Mutation besteht im Verlust eines ganzen Abschnitts von Nucleotiden (eventuell sogar viele hundert) aus den beiden DNA-Strängen; das nennt man *Deletion.* Noch eine andere Art ist der Einbau eines Abschnitts von Nucleotiden, die eigentlich woanders inmitten des Gens zu liegen hätten; das nennt man *Insertion.*

Wir wissen nicht im Detail, wie diese Veränderungen in der Struktur der DNA zustande kommen. Sie treten in geringer Zahl „spontan" auf, d. h. ohne experimentellen Eingriff, aber die Zahl ihres Auftretens kann stark gesteigert werden, indem Bakterien entweder mit bestimmten Chemikalien oder mit bestimmten Strahlen behandelt werden. Der Wirkungsmechanismus einiger dieser experimentellen Verfahren ist bekannt, und wir können uns vorstellen, daß die spontanen Mutationen in analoger Weise zustande kommen, insofern, als alle lebenden Organismen einer bestimmten Strahlenmenge ausgesetzt sind.

Bei Mutanten mit einem Mangel an einem bestimmten Enzym, die durch Basensubstitution entstanden sind, ist es oft möglich, in der Zelle ein Protein zu finden, das dem verlorengegangenen Enzym sehr ähnlich ist. In einigen Fällen ist es geglückt, nachzuweisen, daß dieses neue Protein tatsächlich identisch mit dem verlorengegangenen Enzym ist und sich nur durch Austausch eines einzelnen Aminosäure-Restes unterscheidet. In einigen Fällen, in der ein ganzer Satz von Mutanten eines einzelnen Gens entdeckt wurde, hat man gefunden, daß jede Mutante ein bestimmtes Protein enthält, das aus dem Originalenzym dadurch entstanden ist, daß ein einziger Aminosäure-Rest ausgetauscht worden ist. Wenn man nun diese Mutanten bei genetischen Kreuzungsversuchen benutzt, ist es möglich, die Lage ihrer Mutationen in dem einzelnen Gen festzulegen; und durch Untersuchungen der Mutantenproteine ist es möglich, die Aminosäure-Veränderungen in den einzelnen Proteinen zu erfassen. Diese beiden „Karten" stammen außerordentlich gut überein. Das Ergebnis zeigt, daß die lineare Sequenz der DNA genau mit der linearen Sequenz des Proteins zusammenhängt, mit anderen Worten, daß die Anordnung der Basen in der DNA genau der Anordnung der Aminosäuren entspricht und sie daher bestimmen muß. Im Kapitel 20 werden wir sehen, wie diese Anordnung der Aminosäuren tatsächlich festgelegt wird.

Nun wollen wir ein weiteres Ergebnis der genetischen Untersuchungen an Bakterien erwähnen. Wir haben schon gesehen, daß Mutationen, die zum Verlust eines einzelnen Enzyms führen, im allgemeinen sehr dicht beieinander liegen. In Bakterien liegen die Gene, die die Enzyme eines Stoffwechselweges determinieren, auch oft beieinander. Es gibt z. B. drei Enzyme, die speziell für den Abbau der Galaktose und nicht bei anderen Gärungsvorgängen notwendig sind. Die Struktur dieser drei Enzyme wird durch drei Gene bestimmt, und diese sind in der DNA von E. coli benachbart. Eine ähnliche Bündelung der Gene wird oft bei mehrstufigen Biosynthesereaktionen angetroffen. Ein bemerkenswertes Beispiel ist der Syntheseweg für das Histidin, der aus zehn Enzymen besteht. Die Gene, die den Aufbau dieser Enzyme determinieren, bilden ein ununterbrochenes Teilstück der bakteriellen DNA. Eine Bündelung dieser Art wird auch bei Bakterien nicht grundsätzlich gefunden (z. B. sind die Gene, die den Aufbau der Enzyme festlegen, die das Arginin bilden, über die DNA von E. coli verstreut). Aber wenn diese geschlossene Anordnung vorliegt, scheint sie auch bei der Kontrolle der Enzymsynthese wichtig zu sein.

Im vorliegenden Kapitel haben wir die Techniken und Ergebnisse der Genetik fast ausschließlich unter dem Blickwinkel der Bakterien abgehandelt, aber es soll nicht der Eindruck entstehen, daß es keine bedeutsamen und erfolgreichen Arbeiten mit anderen Mikroorganismen (besonders Pilzen) und mit höheren Organismen gibt. Über die menschliche Genetik ist z. B. sehr viel durch Untersuchungen über Mutationen in solchen Proteinen wie Hämoglobin bekannt. Die anzuwendenden Techniken der Genetik sind jedoch bei höheren Organismen sehr viel komplizierter als bei Bakterien. Beim Menschen ist es z. B. nicht zu rechtfertigen, experimentelle Kreuzungen zwischen genetisch interessanten Individuen vorzunehmen. Schon bei Tieren, wie z. B. bei Mäusen, werden Ergebnisse von Kreuzungen erst nach Wochen oder Monaten, statt nach Tagen erhalten. Die Genetik der Bakterien hat sich andererseits in den nur 25 Jahren seit dem Beginn der Forschung auf diesem Gebiet rapid entwickelt, und diese Fortschritte haben die Formulierung der meisten Prinzipien, die wir beschrieben haben, ermöglicht.

19. Die Synthese von DNA und RNA

Das genetische Material einer Zelle hat zwei grundlegende Aufgaben. Die eine ist die Kontrolle von Aktivitäten der Zelle, indem es die Struktur einzelner Komponenten, besonders der Proteine spezifisch beeinflußt. Wir haben im letzten Kapitel die Grundzüge erläutert, wie die lineare Sequenz der Nucleotide in der DNA mit der linearen Sequenz der Aminosäuren in den Proteinen zusammenhängt und werden diesen Befund im nächsten Kapitel im einzelnen abhandeln. Die zweite Funktion des genetischen Materials ist, für seine eigene Vermehrung zu sorgen, so daß (ausgenommen den Zufall einer Mutation) jede der zwei Tochterzellen, die bei der Teilung der Mutterzelle entstehen, eine genaue Kopie des elterlichen genetischen Materials enthält. Im vorliegenden Kapitel wollen wir beschreiben, wie sich die DNA repliziert, mit anderen Worten wie DNA in der Zelle synthetisiert und wie die Synthese gesteuert wird, damit die Struktur des neuen genetischen Materials genau gleich dem alten ist. Wir werden uns auch ansehen, wie RNA gebildet wird, weil dieser Vorgang viel mit der DNA-Synthese gemein hat und weil eine Beschreibung der RNA-Synthese für eine Betrachtung der Proteinsynthese (im nächsten Kapitel) notwendig ist.

Die Synthese sowohl der DNA als auch der RNA beginnt bei den Nucleosidtriphosphaten. – Desoxyadenosintriphosphat, Desoxyguanosintriphosphat, Desoxycytidintriphosphat und Thymidintriphosphat sind Vorstufen der DNA, und Adenosintriphosphat, Guanosintriphosphat, Cytidintriphosphat und Uridintriphosphat sind Vorstufen der RNA. Diese Nucleosidtriphosphate sind einfach Nucleosidmonophosphate, die wir schon als Bestandteile der DNA und RNA erwähnt haben (S. 67), nur tragen sie noch zwei zusätzliche Phosphatgruppen. ATP ist natürlich ein geläufiges Beispiel für ein Nucleosidtriphosphat, und die anderen sind analog gebaut. Wie wir oben (S. 67) gesehen haben, enthalten ATP und DesoxyATP *Adenin*, und GTP und DesoxyGTP enthalten *Guanin.* Sowohl Adenin als auch Guanin sind Purine. CTP und DesoxyCTP enthalten Cytosin, UTP enthält Uracil und TTP enthält Thymin; Cytosin, Uracil und Thymin sind alles Pyrimidine. Die meisten Organismen sind in der Lage, sowohl Purin als auch Pyrimidine zu synthetisieren, und wir wollen kurz ihre Synthesewege und die Bildung der Nucleosidtriphosphate abhandeln, bevor wir uns ansehen, wie die Polymerisation der DNA und RNA abläuft.

Die Synthese der Nucleotide

Die Synthese der Purine und die der Pyrimidine unterscheidet sich sehr voneinander. Beide Prozesse fixieren zwar Ammoniak, aber auf sehr verschiedenen Wegen. Wir haben schon gesehen (S. 167), daß eine außerordentlich wichtige Reaktion für die Fixierung von Ammoniak die Synthese von Glutaminsäure ist und daß dieser Vorgang auch zur Bildung der Aminogruppe in anderen Aminosäuren verantwortlich ist. Glutaminsäure kann nun in einer Reaktion ein weiteres Molekül Ammoniak aufnehmen und ergibt dadurch Glutamin.

$$\begin{array}{lcl} COOH & & CONH_2 \\ | & & | \\ (CH_2)_2 + NH_3 + ATP & \rightleftharpoons & (CH_2)_2 + ADP + P_a \\ | & & | \\ CHNH_2 & & CHNH_2 \\ | & & | \\ COOH & & COOH \\ \text{Glutaminsäure} & & \text{Glutamin} \end{array}$$

Glutamin wird, wie wir unten sehen werden, bei der Purinsynthese benötigt. Dagegen ist die Reaktion der Ammoniakfixierung, die bei der Pyrimidinsynthese beteiligt ist, die Bildung von Carbamylphosphat.

$$CO_2 + NH_3 + 2ATP \rightleftharpoons NH_2 \cdot CO \cdot O\textcircled{P} + 2ADP + P_a .$$

Wir wollen uns merken, daß beide ATP verbrauchen. Die Fixierung von Ammoniak mit α-Ketoglutarsäure, die auf S. 167 beschrieben ist, verbraucht kein ATP, aber statt dessen ein reduziertes Coenzym, das als äquivalent angesehen werden kann. (Wir müssen kurz abschweifen, um zu zeigen, daß sowohl Glutamin als auch Carbamylphosphat noch andere wichtige Aufgaben außer bei der Synthese der Purine und Pyrimidine haben.)

Glutamin ist ein Baustein von Proteinen, und es kann auch ein Stickstoffatom zu der Synthese der zyklischen Aminosäuren Histidin und Tryptophan (und verschiedenen anderen Verbindungen) beisteuern. Carbamylphosphat ist für die Synthese von Harnstoff notwendig, der Verbindung, die viele Tiere (einschließlich der Mensch) dazu benutzen, um überschüssigen Stickstoff auszuscheiden.

Der Weg der Purinbiosynthese ist kompliziert, und wir wollen ihn nicht in allen Einzelheiten besprechen. Der interessanteste

Punkt ist wohl, daß der Purinring Schritt für Schritt vom Ribose-5-phosphat ausgehend aufgebaut wird. Die Folge davon ist, daß das Molekül, wenn der Purinring fertig ist, bereits in der Nucleotidform vorliegt, genauer gesagt, es entsteht Inosinsäure (IMP), aus der leicht AMP und GMP gebildet werden kann. Wir erinnern uns, daß Ribose-5-phosphat durch Oxydation von Glucose-6-phosphat und anschließende Decarboxylierung und Isomerisierung gebildet wurde (S. 135–138). Als wir die Bedeutung dieser Reaktion besprachen, erwähnten wir, daß die Ribose ein essentieller Bestandteil der Nucleotide ist.

In der ersten Reaktion der Purinbiosynthese nimmt Ribose-5-phosphat eine Pyrophosphatgruppe vom ATP auf, so daß 5-Phospho-ribosylpyrophosphat entsteht.

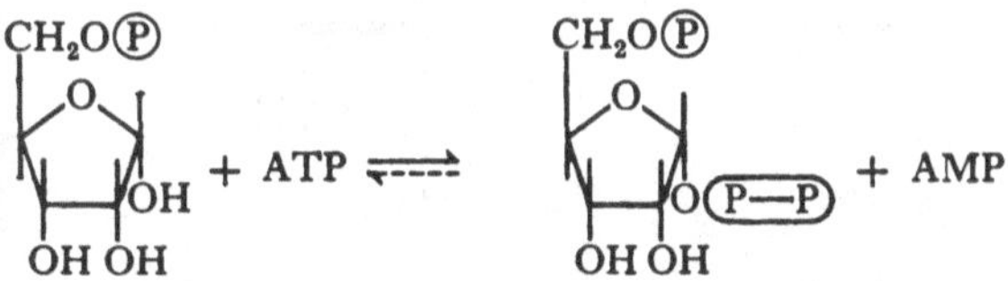

Ribose-5-phosphat 5-Phosphoribosyl-pyrophosphat

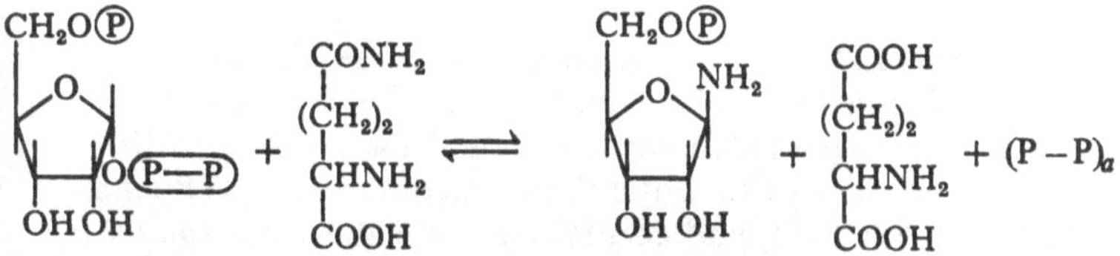

5-Phosphoribosyl-pyrophosphat Glutamin 5-Phospho-ribosylamin Glutaminsäure

Dieses Molekül reagiert mit Glutamin und ergibt 5-Phosphoribosylamin. Das Stickstoffatom, das nun in der Stellung 1 des Ribose-5-phosphats substituiert ist, bleibt in dieser Stellung während der gesamten Purinringsynthese. Während der Synthese reagieren verschiedene Moleküle schrittweise mit 5-Phosphoribosylamin – einschließlich eines weiteren Glutamin, das eines der anderen Stickstoffatome des Purinrings liefert. Die Endprodukte sind AMP und GMP, dessen Formeln im folgenden dargestellt sind.

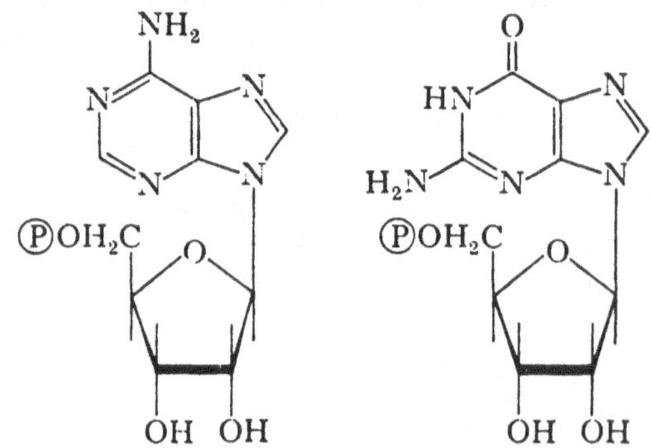

AMP GMP

GMP kann in einer durch eine Kinase katalysierten Reaktion eine weitere Phosphatgruppe vom ATP erhalten:

$$GMP + ATP \rightleftharpoons GDP + ADP.$$

Das Nucleosiddiphosphat kann in einer Reaktion, die eine Reduktion mit $NADPH_2$ enthält, in das Desoxynucleosiddiphosphat umgewandelt werden. GDP, DesoxyADP und DesoxyGDP können eine dritte Phosphatgruppe vom ATP erhalten. Die Reaktion wird ebenfalls durch eine Kinase katylisiert.

Damit ist die Synthese der vier Purin-Nucleosidtriphosphate vollendet, die – wie wir unten sehen werden – die Substrate für die Polymerase darstellen, die die Synthese von DNA und RNA katalysiert.

Die Biosynthese der Pyrimidine erfolgt nun nicht am Ribose-5-phosphat. Stattdessen wird zuerst der Pyrimidinring gebildet und dieser dann in ein Nucleotid umgewandelt. Die erste Reaktion bei der Bildung der Pyrimidine ist die Synthese von Carbamylaspartat aus Carbamylphosphat und Aspartat.

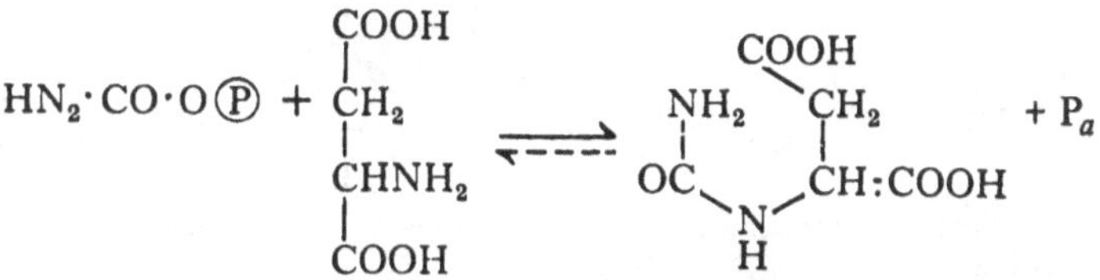

Carbamyl-phosphat Asparaginsäure Carbamylasparaginsäure

Diese Reaktion wird durch das Enzym *Aspartat-Transcarbamylase* katalysiert, die sehr intensiv untersucht wurde, weil sie ein Beispiel für ein Enzym darstellt, das der „Endprodukthemmung“ unterliegt. Wir werden diese Erscheinung ausführlicher im Kapitel 21 erörtern. Die Verwendung von Asparaginsäure [die aus Oxalessigsäure entsteht (S. 169)] für die Pyrimidinsynthese ist ein weiteres Beispiel für die Art und Weise, wie Citratzyklus-Intermediate Ausgangsmaterial für Biosynthesen liefern (s. S. 127 und vgl. S. 170, wo wir erwähnten, daß Aspartat für die Synthese anderer Aminosäuren benutzt wird).

Das Carbamylaspartat wird zum Ring geschlossen und das Produkt wird oxydiert. Das entstandene Pyrimidin wird Orotsäure genannt.

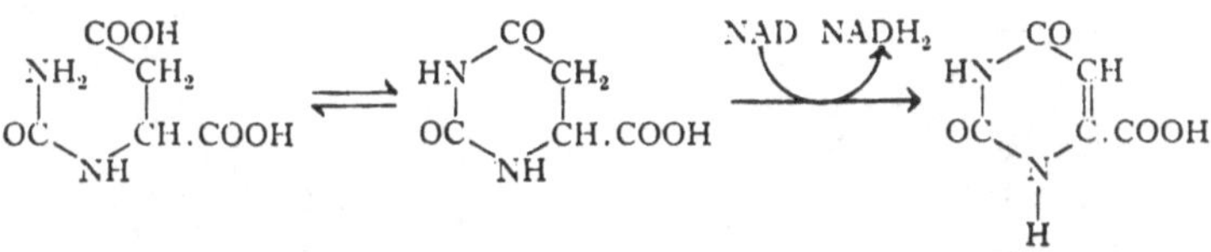

Carbamylasparaginsäure Orotsäure

Erst auf dieser Stufe wird Ribose-5-phosphat angehängt. Die reaktionsfähige Form ist wieder das 5-Phosphoribosylpyrophosphat.

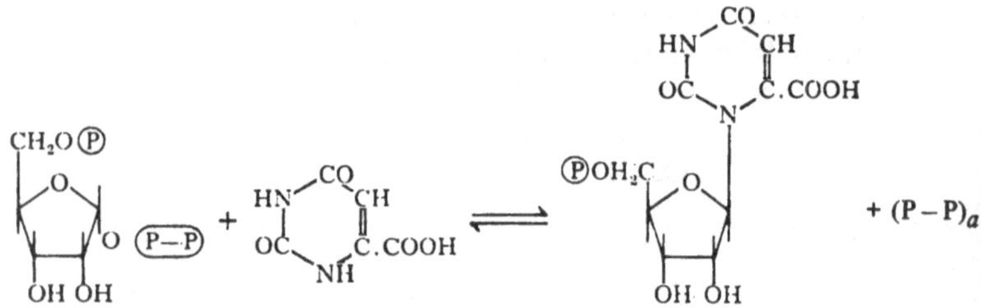

5-Phosphoribosyl-pyrophosphat Orotsäure

Das entstandene Orotidin-5'-phosphat wird decarboxyliert und ergibt Uridin-5'-phosphat (Uridylsäure oder UMP).

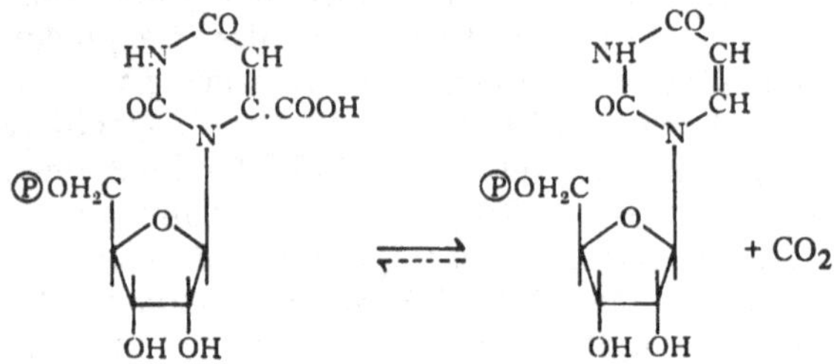

UMP

Durch zweimalige Umsetzung mit ATP kann UMP in UTP umgewandelt werden, und dieses kann mit Ammoniak (und ATP) CTP bilden.

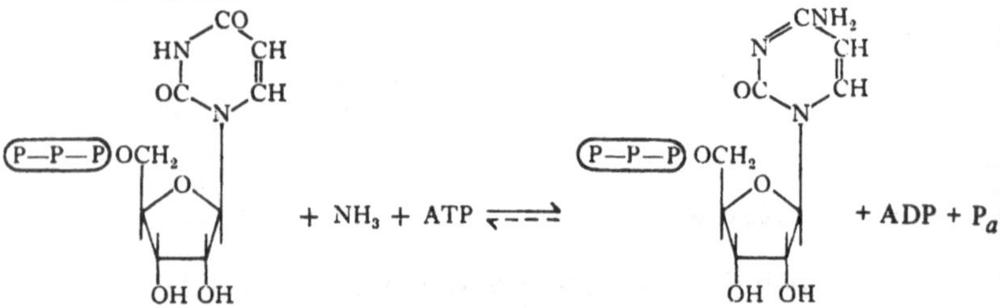

UTP CTP

CDP, das aus dem CTP entsteht, kann zu DesoxyCDP reduziert werden. Die Reaktion ähnelt der bei der Bildung von DesoxyADP und DesoxyGDP (S. 188) und benötigt $NADPH_2$. DesoxyCDP ergibt DesoxyCTP durch Phosphorylierung mit ATP; eine weitere Möglichkeit besteht für DesoxyCDP, das in einer komplizierten Reaktionsfolge in TTP[8] umgewandelt werden kann.

Diese etwas kurze Beschreibung der Bildung von DesoxyATP, DesoxyGTP, DesoxyCTP und TTP soll genügen. Die vier Moleküle sind die Bausteine, aus denen DNA gebildet wird, und wir müssen uns nun mit dem Mechanismus dieser Synthese befassen. Wir haben die Biosynthese von ATP, GTP, CTP und UTP auch schon abgehandelt, und wir werden später (S. 195) sehen, wie diese Nucleosidtriphosphate zur Synthese von RNA benutzt werden.

Die Synthese der DNA und RNA

Wir haben oben (S. 67) schon über die Wasserstoffbrückenbildung zwischen Purin- und Pyrimidinbasen gesprochen. Wir wollen jetzt annehmen, daß wir ein DNA-Molekül, das wir Muttersubstanz nennen wollen, replizieren wollen. Dazu stehen uns die Desoxyribonucleotide zur Verfügung. Wenn wir uns die zwei Stränge der Muttersubstanz getrennt vorstellen, ist leicht einzusehen, daß jeder Strang als Matrize dienen kann. Auf Grund der Spezifität der Wasserstoffbrückenbindungen zwischen den Basen ist gewährleistet, daß sich gegenüber eine *komplementäre* Sequenz von Nucleotiden aufreihen wird. Wenn diese Nucleotide nun polymerisiert werden und neue Polynucleotidstränge (Tochterstränge) bilden, haben wir zwei doppelsträngige DNA-Moleküle. In jedem Molekül hat der Tochterstrang die gleiche Sequenz wie der *entgegengesetzte* Mutterstrang (d.h. der Mutterstrang in dem anderen Molekül).

[8] Thymidylsäure-Derivate sind normalerweise Desoxyribose-Verbindungen, da Thymin nur ausnahmsweise in RNA zu finden ist.

Folglich besteht jedes Molekül aus einem Mutterstrang und einem Tochterstrang (d.h. er ist zur Hälfte neu und zur Hälfte alt), und außerdem ist jedes Molekül in der Sequenz identisch mit der Muttersubstanz.

Ein Beispiel soll das verdeutlichen. Unser mütterlicher Doppelstrang soll die Sequenz haben

....A-A-C-T-G-G-G-G-T-T-C-C-A-T-G
....T-T-G-A-C-C-C-C-A-A-G-G-T-A-C

Er spaltet sich in zwei Einzelstränge

....A-A-C-T-G-G-G-G-T-T-C-C-A-T-G

und

....T-T-G-A-C-C-C-C-A-A-G-G-T-A-C.

An jedem Einzelstrang wird nun ein komplementärer Strang synthetisiert, indem Schritt für Schritt ein Nucleotid nach dem anderen eingebaut wird. Bei dieser Polymerisation wird jeweils gezielt das zu jedem Nucleotid des Mutterstrangs komplementäre Nucleotid aus den vier zur Wahl stehenden ausgewählt. So entstehen zwei Tochterstränge. (Die Basen der Tochterstränge sind durch fettgedruckte Lettern gekennzeichnet.)

....A-A-C-T-G-G-G-G-T-T-C-C-A-T-G
....**T-T-G-A-C-C-C-C-A-A-G-G-T-A-C**

und

....**A-A-C-T-G-G-G-G-T-T-C-C-A-T-G**
....T-T-G-A-C-C-C-C-A-A-G-G-T-A-C.

Die entstandenen DNA-Moleküle sind miteinander und außerdem mit dem Ausgangsmolekül identisch. Wenn sich eine Zelle teilt, erhält jede Tochterzelle eines der beiden Moleküle und hat so genau die gleiche DNA wie die Mutterzelle.

Auf diese Weise erfolgt die Replikation der DNA. Nun hat sich unsere Beschreibung bisher nur darauf beschränkt, zu zeigen, wie die spezifische Basenpaarung benutzt wird, um zwei exakte Kopien des Original-DNA-Moleküls herzustellen. Jetzt müssen wir uns ansehen, wie die Replikation abläuft, indem die Nucleotide umgesetzt werden, und wie die Polymerisierungsreaktion der Desoxyribonucleotide abläuft, deren Synthese wir schon beschrieben haben.

Wir haben oben (S. 16) schon betont, daß man bei genauer Betrachtung eines einsträngigen Desoxyribonucleotids feststellen muß, daß die beiden Enden des Moleküls nicht identisch sind. Dieser Unterschied zwischen den beiden Enden betrifft nicht die dort lokalisierten Basen, sondern das Zuckerphosphatgerüst.

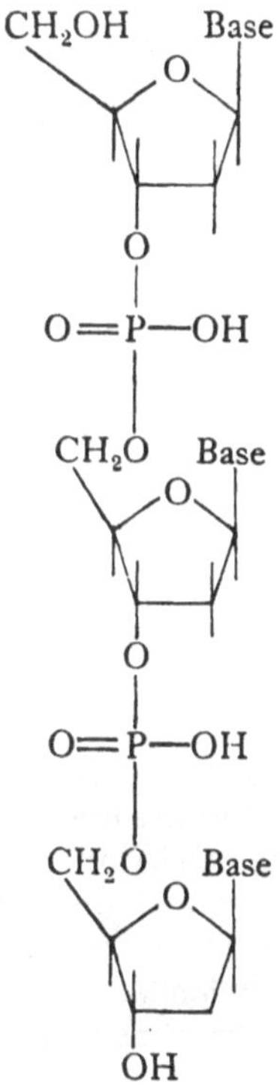

In der nebenstehenden Zeichnung ist der Einfachheit halber ein Tri-Desoxyribonucleotid dargestellt, obwohl tatsächlich die Stränge der Desoxyribonucleotide in der DNA außerordentlich lang sind. Dieser Miniaturstrang einer DNA genügt jedoch, um den Unterschied zwischen den beiden Enden klar werden zu lassen. Oben haben wir eine Desoxyribose, die am 5'-Kohlenstoffatom eine freie Hydroxylgruppe trägt. Unten steht eine Desoxyribose, die am 3'-Kohlenstoffatom eine freie Hydroxygruppe aufweist. In der Mitte hat die Desoxyribose weder ein freies 5'-Hydroxyl noch ein freies 3'-Hydroxyl; und in den natürlich vorkommenden Strängen der DNA befinden sich also Tausende oder sogar Millionen von Molekülen in einem solchen Zustand.

Der Syntheseweg der Desoxyribonucleosidtriphosphate, den wir weiter oben in diesem Kapitel beschrieben haben, führt zu Desoxynucleosiden mit 3 Phosphatgruppen am 5'-Kohlenstoffatom der Desoxyribose (s. S. 185 und 191). Bei der Synthese der DNA reagiert ein solches

Molekül mit dem freien 3'-Hydroxyl-Ende eines Stranges von Polydesoxyribonucleotid.

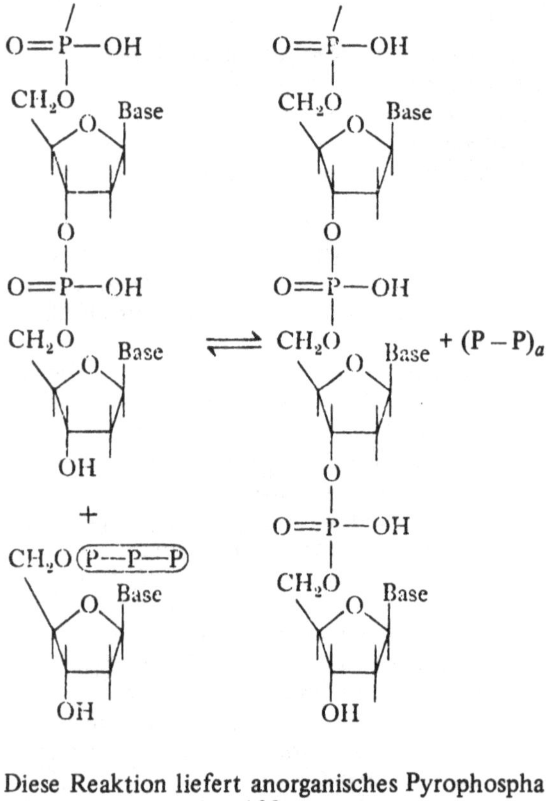

Diese Reaktion liefert anorganisches Pyrophosphat und kann daher aus dem auf S. 129 erwähnten Grund nicht in der umgekehrten Richtung ablaufen, also zum Abbau von DNA unter Nucleosidtriphosphatbildung benutzt werden. Wir wollen uns merken, daß nach der Anlagerung eines einzelnen Desoxyribonucleotids an die Kette ein neues freies 3'-Hydroxylende vorliegt, an das das nächste Desoxyribonucleosid-5'-phosphat sich anlagern kann.

Auf diese Weise wächst der neue Desoxyribonucleotid-Strang in der 5′ → 3′-Richtung. Es gibt noch einige ungelöste Probleme über die Eigenschaften des Enzyms (oder der Enzyme), die an der Reaktion beteiligt sind, aber das soll uns hier nicht interessieren. Wichtig ist festzuhalten, daß das Desoxyribonucleosid-5′-phosphat, das an den wachsenden Tochterstrang angeknüpft wird, durch Wasserstoffbrückenbindungen mit dem korrespondierenden Nucleotid in dem Mutterstrang ausgewählt wird. Dieser Mechanismus gewährleistet die exakte Replikation der DNA, und dieser Vorgang ist lebensnotwendig, wenn die DNA als Vererbungsträger fungieren soll.

Wir können uns nun der Synthese der RNA zuwenden, die in vieler Hinsicht der Synthese der DNA entspricht. Es gibt ein Enzym, das RNA-Polymerase heißt und in Gegenwart von DNA die Bildung von Ribonucleotid-Polymeren katalysiert. Dieses Enzym setzt Nucleosid-5′-triphosphat um, also Produkte der Biosynthesewege, die auf S. 185–191 beschrieben wurden. Dabei wird wieder für jedes in das Polymer eingebaute Nucleotid ein Pyrophosphat abgespalten. Das Enzym benötigt alle vier Nucleosidtriphosphate und synthetisiert das RNA-Molekül in der 5′ → 3′-Richtung.

Die Synthese von RNA durch dieses Enzym hängt von der Gegenwart von DNA ab. Sie dient als Matrize, die das Enzym kopiert oder wie man sagt „transcribiert". Diese Transcription basiert auf der Paarbildung zwischen Basen der einzubauenden Ribonucleotide, die das RNA-Molekül bilden sollen, und den Basen der Desoxyribonucleotide in der Matrizen-DNA. Die RNA-Polymerase transcribiert jedoch nur einen Strang der DNA und bildet ein einsträngiges RNA-Molekül, das eine ähnliche Sequenz hat (nur Uracil hat das Thymin ersetzt) wie der komplementäre Strang der DNA. Wir wollen wieder fettgedruckte Typen benutzen, um die *neuen* Nucleotide zu kennzeichnen. Dieses Mal sind es die, die die RNA bilden sollen.

. . . **U-U-G-A-C-C-C-C-A-A-G-G-U-A-C**
. . . A-A-C-T-G-G-G-G-T-T-C-C-A-T-G
. . . T-T-G-A-C-C-C-C-A-A-G-G-T-A-C.

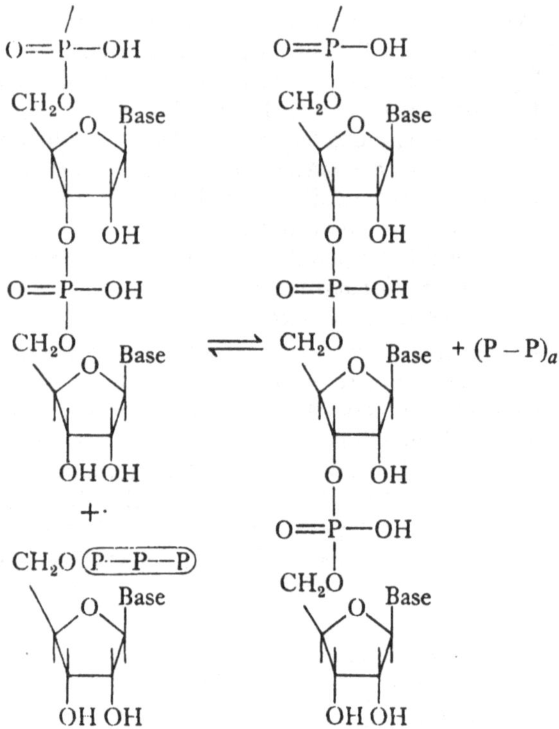

Auf diese Weise wird eine genaue Transcription der DNA in Form der RNA möglich. Genauer müßte man sagen, daß die RNA-Polymerase eine genau transcribierte RNA von einem bestimmten *Abschnitt* der DNA liefert, da die RNA-Moleküle viel kleiner sind als die DNA (s. S. 71).

Die große Bedeutung der RNA-Synthese liegt darin, daß sie eine gezielte Proteinsynthese möglich macht. Im nächsten Kapitel wollen wir im einzelnen die Rolle der RNA bei der Proteinsynthese besprechen.

20. Die Synthese von Proteinen

Wir haben bereits im Kapitel 18 einige Punkte erwähnt, die dafür sprechen, daß die lineare Sequenz der Basen in der DNA die lineare Sequenz der Aminosäuren in den Proteinen bestimmt. Aber bei der Beschreibung der RNA-Synthese im Kapitel 19 unterstellten wir, daß es die von der DNA transcribierte RNA und nicht die DNA selbst ist, die an der Proteinsynthese beteiligt ist.

Die größte Menge der in den Zellen vorhandenen RNA ist in kleinen Partikeln, genannt Ribosomen (S. 72), verankert. Die Ribosomen bestehen aus RNA und Protein etwa im Verhältnis 60 : 40. Die bakteriellen Ribosomen haben ein Molekulargewicht von etwa 2,6 Millionen und die Ribosomen aus Zellen höherer Organismen haben ein Molekulargewicht von 4–5 Millionen. Eine interessante Eigenschaft der Ribosomen ist, daß sie anscheinend immer aus zwei verschiedenen Untereinheiten (Subunits) bestehen: in Bakterien, deren Ribosomen am besten untersucht sind, haben diese Untereinheiten Molekulargewichte von 1,8 und 0,8 Millionen. Es ist üblich, den Ribosomen und ihren Subunits Bezeichnungen zu geben, die sich auf die Sedimentationsgeschwindigkeit in einem Schwerefeld beziehen. So nennt man die größere Untereinheit in den Bakterien die „50 S-Partikel“, die kleineren die „30 S-Partikel“ und das gesamte Ribosom das „70 S-Ribosom“. Die entsprechenden Namen für die Ribosomen höherer Zellen sind 60 S-, 40 S-Partikel und 80 S-Ribosomen. Das 30 S-Partikel der Bakterien enthält ein einzelnes RNA-Molekül(s. S. 72) und etwa zwanzig Proteinmoleküle (wahrscheinlich immer ein Exemplar von zwanzig verschiedenen Proteinen). Das 50 S-Partikel enthält zwei verschiedene RNA-Moleküle und etwa 35 verschiedene Proteinmoleküle.

Der Grund, warum wir die Ribosomen so genau beschrieben haben, ist darin zu suchen, daß sie den Ort der Proteinsynthese darstellen; wir werden später sehen, wie die Ribosomen diese Funktion ausüben. Jetzt müssen wir uns mit der Frage beschäftigen, ob es die RNA der Ribosomen ist, die an der

Festlegung der Proteinstruktur beteiligt ist, wie man erwarten könnte. Die ribosomale RNA wird wie alle RNA-Moleküle durch die RNA-Polymerase synthetisiert, die die Basensequenz der DNA in eine komplementäre Basensequenz der RNA transcribiert (s. S. 195). Nun haben wir gesehen (S. 183), daß die Sequenz der Basen in der DNA letztlich die Sequenz der Aminosäuren in den Proteinen bestimmt. So wäre es naheliegend, anzunehmen, daß die ribosomale RNA als ein Zwischenprodukt bei der Proteinsynthese wirkt und daß die Struktur des Proteins direkt von der ribosomalen RNA bestimmt wird.

Diese Annahme stellt sich als nicht zutreffend heraus. Man findet nämlich, daß Bakterien ihr Muster der Proteinsynthese wechseln können, ohne neue ribosomale RNA zu bilden, und es bestehen Anhaltspunkte dafür, daß alle Ribosomen in einer Zelle identische RNA-Moleküle enthalten, obwohl sie doch sehr viel verschiedene Proteine bilden können. Das Ribosom enthält mit anderen Worten die Maschinerie für den Zusammenbau der Proteine (d.h. zur Knüpfung der Peptidbindung), aber nicht die Information, die die Sequenz der Aminosäuren bestimmt. Diese Information erhält ein Ribosom von Zeit zu Zeit und richtet sich beim Aufbau des Proteins nach ihr, bis sie durch eine neue Information ersetzt wird.

Diese Informationen werden dem Ribosom in Form einer anderen Sorte von RNA übermittelt, die Messenger-RNA (Boten-RNA, m-RNA) genannt wird. Auch die Messenger-RNA wird durch die transcribierende Aktivität der RNA-Polymerase gebildet (S. 195); aber in diesem Falle bestimmt die Nucleotidsequenz, die transcribiert wird, spezifisch die Aminosäuresequenz in den Proteinen. Dagegen scheint die DNA-Sequenz, die bei der Bildung der ribosomalen RNA transcribiert wird, keine Beziehung zu einem speziellen Protein zu haben. Eine Folge dieses Unterschiedes ist, daß der größte Teil der DNA eines Organismus, der dazu dient, die Struktur der vielen Tausend von verschiedenen synthetisierten Proteinen zu bestimmen, in die Messenger-RNA transcribiert wird. Im Gegensatz dazu ist die Sequenz der DNA, die in die ribosomale RNA transcribiert wird, sehr kurz.

Weiter oben (S. 182) haben wir den Ausdruck „Gen“ dafür benutzt, um einen Abschnitt der DNA zu beschreiben, dessen Sequenz einem Protein entspricht. Auf der Seite 195 haben wir besprochen, wie die RNA-Polymerase einen RNA-Abdruck eines gewünschten Abschnitts der DNA herstellt. Wir können auf Grund der Kenntnis aller dieser Tatsachen nun sagen, daß die RNA-Polymerase ein Gen transcribiert und dabei die Messenger-RNA bildet, die jenem Gen entspricht. [Wir werden im nächsten Kapitel sehen, daß eine Messenger-RNA manchmal *mehreren* (benachbarten) Genen entsprechen kann.]

Das Ribosom erhält seine Information für die Festlegung der Sequenz eines Proteins in der Form der Messenger-RNA. Also wird ein Ribosom, das die Messenger-RNA aufnimmt, die dem Gen der Phosphoserin-Phosphatase entspricht, dadurch in die Lage versetzt, die Phosphoserin-Phosphatase synthetisieren zu können. In analoger Weise werden den Ribosomen die Instruktion zur Synthese irgendeines Proteins dadurch vermittelt, daß sie die Messenger-RNA erhalten, die von dem entsprechenden Gen transcribiert wurde. So lange wie diese Messenger-RNA intakt bleibt, wird sie das betreffende Protein synthetisieren.

Wenn aber nach einiger Zeit die Messenger-RNA abgebaut wird (s. S. 211), sind die Ribosomen wieder unbesetzt und können eine neue Messenger-RNA aufnehmen und ein neues Protein bilden. In gewissem Sinne ist daher das Ribosom immer der Diener *derjenigen* Messenger-RNA, die zu der betreffenden Zeit gerade an das Ribosom gebunden ist.

Bis jetzt haben wir nun die Feststellung getroffen, daß die Messenger-RNA das Ribosom „instruiert“, wie die Aminosäuren angeordnet sein müssen, damit ein bestimmtes Protein entsteht. Tatsächlich kann die einzige Spezifität, die ein Molekül von Messenger-RNA besitzen kann, nur in seiner Basensequenz begründet sein, in genau der gleichen Weise wie es bei der DNA der Fall ist (S. 182). Wie kann nun eine Basensequenz in der Messenger-RNA die Aufeinanderfolge der Aminosäuren in einem Protein bestimmen? Um diese Frage beantworten zu können, müssen wir uns das Schicksal der aktivierten Aminosäuren ansehen, das wir auf S. 176 beschrieben haben. Hier waren wir bis zur aktivierten Form der Aminosäuren gekommen. In dieser Form sind die Aminosäuren an AMP gebunden. In Wirklichkeit sind die Aminosäure-AMP-Verbindungen instabile Zwischenprodukte, die nur kurze Zeit existieren können. Die Aminosäuren werden sofort wieder von der AMP weiter übertragen. Die Moleküle, die die Aminosäuren nun übernehmen, gehören zu einer dritten Sorte von RNA. Sie wird Transfer-RNA oder t-RNA genannt (S. 72). Die Übertragungsreaktion wird durch die gleichen Enzyme katalysiert, die die Aminosäure-AMP-Zwischenprodukte gebildet haben; jedes Enzym ist streng spezifisch für eine bestimmte Aminosäure. Wir können nun die zwei Reaktionen, die durch diese Enzyme katalysiert werden, formulieren. (Auf S. 176 hatten wir die Besprechung des Prozesses nach der ersten Reaktion abgebrochen.)

$$R\cdot CHNH_2\cdot COOH + ATP \rightleftharpoons R\cdot CHNH_2\cdot CO\cdot AMP + (P-P)_a$$
$$R\cdot CHNH_2\cdot CO\cdot AMP + tRNA \rightleftharpoons R\cdot CHNH_2\cdot CO\cdot tRNA + AMP.$$

Da in der Reaktion Pyrophosphat entsteht, liegt das Gleichgewicht weit in Richtung der Aminoacyl-Transfer-RNA (s. S. 129).

Jedes Molekül der Transfer-RNA ist für eine bestimmte Aminosäure spezifisch, und da die enzymatische Reaktion auch für die Aminosäure spezifisch ist, ergibt sich, daß jede Aminosäure sich mit der für sie bestimmten Transfer-RNA paart. Wenn eine Aminosäure erst einmal an seine spezifische Transfer-RNA gebunden ist, ermöglicht es die spezifische Struktur der Transfer-RNA (und nicht die der Aminosäure), daß der Komplex „erkannt‘ werden kann.

Die Transfer-RNA-Moleküle sind eine Gruppe von ausgesprochen kleinen RNA-Molekülen. Sie haben ein Molekulargewicht von etwa 25 000 und enthalten 70–80 Nucleotide (s. Abb. 20.1 und Tab. 6.1). Das 3′-Hydroxylende des Moleküls (s. S. 16) weist immer die Sequenz Cytidin-Cytidin-Adenosin auf. Die Aminosäure ist an die 3′-Hydroxylgruppe des Adenosins gebunden. Da diese Bindung allen t-RNA-Molekülen gemeinsam ist, kann sie *nicht* die spezifische Eigenschaft darstellen, durch die jede Aminosäure erkannt wird.

Hinsichtlich der Erkennung der t-RNA muß man zwei Aspekte beachten. Als erstes muß das Molekül mit dem spezifischen Enzym reagieren, das die RNA mit der bestimmten Aminosäure belädt. Zweitens muß das t-RNA-Molekül während der

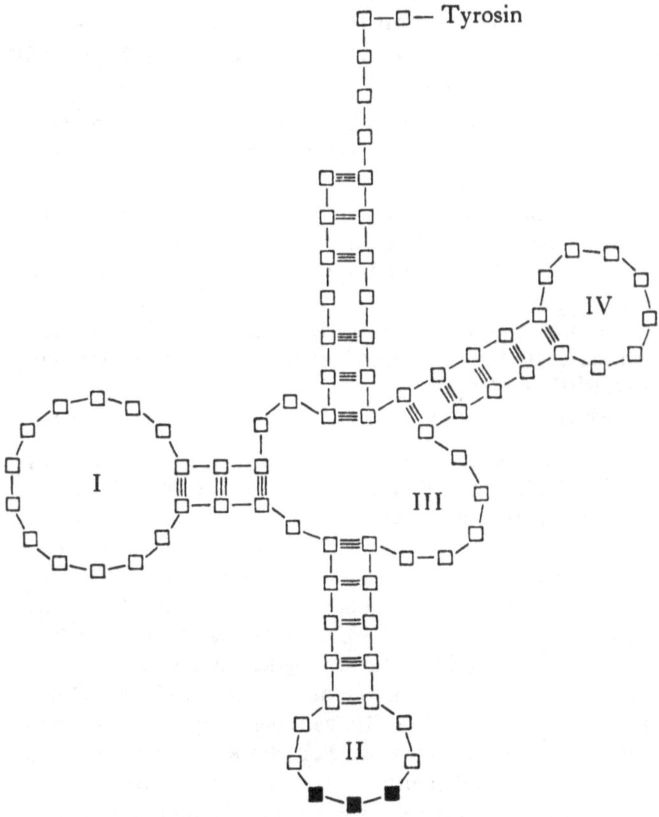

Abb. 20.1. Tyrosyl-Transfer-RNA

Translation der Messenger-RNA durch das Ribosom erkannt werden. Es konnte gezeigt werden, daß sich die t-RNA nur an dem Pumkt an den Messenger binden kann, wo der Translationsvorgang den Einbau der bestimmten Aminosäure, die die t-RNA trägt, erfordert. Der Erkennungsort für diesen Schritt ist bekannt: es ist eine Folge von drei Basen der t-RNA. Man hat gefunden, daß in denjenigen t-RNA-Molekülen, deren Struktur aufgeklärt worden ist, dieser Erkennungsort (in den Abbildungen 20.1–20.5 mit fettgedruckten Lettern gekennzeichnet) immer in der zweiten einsträngigen Region der Kette (gerechnet von 5′-Ende) liegt.

Es ist an dieser Stelle wohl angebracht, etwas zu wiederholen; denn wir haben nun die drei wichtigsten Reaktionsteilnehmer des Prozesses beschrieben, der zur Proteinbildung führt. Das Ribosom ist der Ort der Synthese der Proteine, und obwohl die Ribosomen RNA enthalten, bestimmt diese RNA nicht die Reihenfolge der Aminosäuren, die zusammengelagert werden sollen. Die Messenger-RNA enthält die Basensequenz, die die Aminosäuresequenz festlegt. Die Transfer-RNA trägt die Aminosäure, und jedes Molekül enthält eine für das Molekül charakteristische Sequenz von 3 Basen, die zur Erkennung dient, welche Aminosäure an seinem 3′-Hydroxylende hängt.

Wir haben oben (S. 192 u. 195) gesehen, daß die Wasserstoffbrücken zwischen den Basen es gestatten, daß eine Basensequenz in einer Polynucleotidkette eine komplementäre Sequenz in einer anderen Polynucleotidkette erkennt. Wir haben diese Wechselwirkung zuerst zwischen den zwei DNA-Strängen und später bei der Paarbildung zwischen DNA und RNA kennengelernt. Aber gleichermaßen ist es für eine Basensequenz in einem RNA-Molekül möglich, durch Wasserstoffbrückenbildung eine Basensequenz in einem anderen RNA-Molekül zu erkennen. So sollte es seiner Sequenz von 3 Basen, die für jedes Transfer-RNA-Molekül charakteristisch ist, möglich sein, eine komplementäre Sequenz von drei Basen in jedem Molekül von Messenger-RNA zu erkennen. Diese Vorstellung geht davon aus, daß Gruppen von drei Basen in jedem

Molekül der Messenger-RNA dazu benutzt werden könnten, um die Aminosäure festzulegen, die in das betreffende Protein eingebaut werden soll. Da es vier verschiedene Basen in der RNA gibt, existieren 4 x 4 x 4 (= 64) mögliche Kombinationen der drei Basen und das ist mehr als genug, um alle Aminosäuren verschlüsseln zu können.

Es ist jetzt sicher, daß der erwähnte Modus, durch den die Messenger-RNA bestimmen kann, welche Aminosäure mit der Polypeptidkette vereinigt wird, zutreffend ist. Jeder der Aminosäuren entspricht einer Sequenz von drei Basen in der Messenger-RNA, und jeder der möglichen Sequenzen von drei Basen kann eine Aminosäure zugeordnet werden. (Ausgenommen sind drei der 64 Möglichkeiten, die dazu benutzt werden, das Ende der Polypeptidkette festzulegen.) Diese Sequenzen von drei Basen werden gewöhnlich *Codons* genannt, da man von der Messenger-RNA sagt, daß sie ein bestimmtes Protein „codiert". Die komplementäre Sequenz der drei Basen in jeder Transfer-RNA, die für dieses Transfer-RNA-Molekül charakteristisch ist und zeigt, welche Aminosäure gebunden ist, wird als *Anti-Codon* bezeichnet. Die Tabelle 20.1 zeigt die Zuordnung der Codons zu den Aminosäuren.

Bis jetzt haben wir wenig über die Rolle der Ribosomen gesagt. Wie bereits früher erwähnt wurde, sind Ribosomen große und komplizierte Organellen. Sie werden z. Z. intensiv untersucht. Die Ergebnisse dieser Untersuchungen haben gezeigt, daß die Ribosomen viele Funktionen haben, aber man kann sagen, daß sie zwei Aufgaben zu erfüllen haben: erstens die Messenger-RNA in enge räumliche Beziehung mit einer Folge von RNA-Molekülen zu bringen und zweitens die wachsende Peptidkette zu fixieren.

Wir können den Mechanismus des Aneinanderreihens der Aminosäuren zu einem Protein dadurch beschreiben, daß wir als Beispiel die Translation eines kleinen Abschnitts der Messenger-RNA benutzen, deren Synthese wir im letzten Kapitel beschrieben haben. Diese Messenger-RNA habe die Sequenz . . . UUGACCCCAAGGUAC . . . . Wir haben schon gelernt,

Tab. 20.1.

Codon	Aminosäure	Codon	Aminosäure	Codon	Aminosäure	Codon	Aminosäure
UUU	Phenylalanin	UCU	Serin	UAU	Tyrosin	UGU	Cystein
UUC		UCC		UAC		UGC	
UUA	Leucin	UCA		UAA	*	UGA	*
UUG		UCG		UAG	*	UGG	Tryptophan
CUU	Leucin	CCU	Prolin	CAU	Histidin	CGU	Arginin
CUC		CCC		CAC		CGC	
CUA		CCA		CAA	Glutamin	CGA	
CUG		CCG		CAG		CGG	
AUU	Isoleucin	ACU	Threonin	AAU	Asparagin	AGU	Serin
AUC		ACC		AAC		AGC	
AUA		ACA		AAA	Lysin	AGA	Arginin
AUG	Methionin	ACG		AAG		AGG	
GUU	Valin	GCU	Alanin	GAU	Asparaginsäure	GGU	Glycin
GUC		GCC		GAC		GGC	
GUA		GCA		GAA	Glutaminsäure	GGA	
GUG		GCG		GAG		GGG	

* Diese Codons bezeichnen die Beendigung des Polypeptids.

daß eine Sequenz von drei Basen in einem Messenger-RNA-Molekül eine Aminosäure festlegt. Daher können wir das Messenger-RNA-Fragment wie folgt schreiben:
. . . UUG ACC CCA AGG UAC . . . . Aus der Tab. 20.1 können wir entnehmen, daß das entsprechende Peptid . . . Leucyl-threonyl-prolyl-arginyl-tyrosyl- . . . sein muß. Es ist sehr leicht, den Prozeß der Peptidkettenverlängerung zu beschreiben, sich mit anderen Worten den Prozeß in voller Aktion vorzustellen. Wir wollen annehmen, daß das erste Codon (UUG) unserer Messenger-RNA soeben übersetzt wurde, d. h. daß das Leucin in das Polypeptid eingebaut worden ist, so daß nun das Codon ACC darauf wartet, transferiert zu werden.

Wir können diese Situation schematisch in der Abb. 20.2 darstellen. Die Messenger-RNA ist an die 30 S-Untereinheit des Ribosoms gebunden; der Teil der Messenger-RNA, der zur Linken des Ribosoms liegt, ist schon abgelesen, und der Teil, der sich rechts anschließt, soll gerade übertragen werden. Das Ribosom enthält einen Peptid-Transfer-RNA-Komplex; dieser

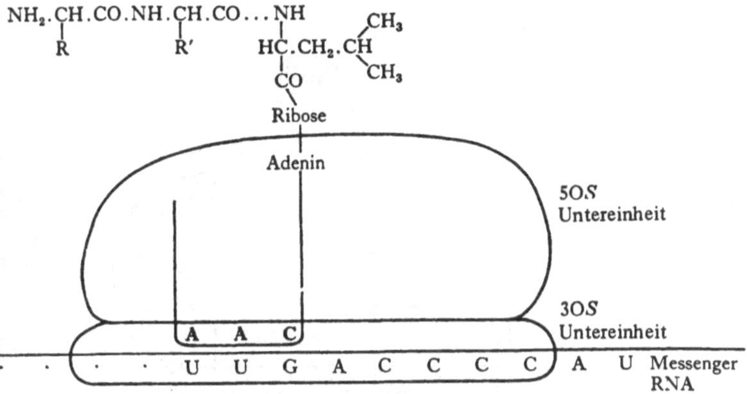

Abb. 20.2. Proteinsynthese: Stadium 1. Erklärungen s. Text

stellt das unvollständige Peptid dar, das bereits synthetisiert wurde und mit Leucin endet und an die leucinspezifische Transfer-RNA gebunden ist. Die letzte Feststellung wird bald klarer werden; an diesem Punkt muß betont werden, daß das Peptid vom freien NH_2-Ende aus gewachsen ist, so daß es als

$$NH_2\cdot\overset{\overset{R}{|}}{CH}\cdot CO\cdot NH\cdot\overset{\overset{R'}{|}}{CH}\cdot CO\cdot NH\cdot\overset{\overset{R''}{|}}{CH}\cdot CO \;—\; NH\cdot\overset{\overset{R'''}{|}}{CH}\cdot CO-tRNA$$

dargestellt werden kann.

Das Ribosom wird nun die nächste Aminoacyl-t-RNA binden, diejenige, die durch das Codon ACC (Threonyl-t-RNA) bestimmt wird. Die entstandene Situation zeigt die Abb. 20.3. In der nächsten Reaktion wird das Ribosom die Bildung einer Peptidbindung zwischen der Caboxylgruppe des Leucins und der Aminogruppe des Threonins katalysieren. Mit anderen Worten, es wird das Leucin von seiner t-RNA auf Threonin übertragen, so daß die leucin-spezifische t-RNA nicht länger verestert ist (Abb. 20.4). Das Ribosom bewegt sich um ein Codon an der Messenger-RNA weiter, während die verlängerte

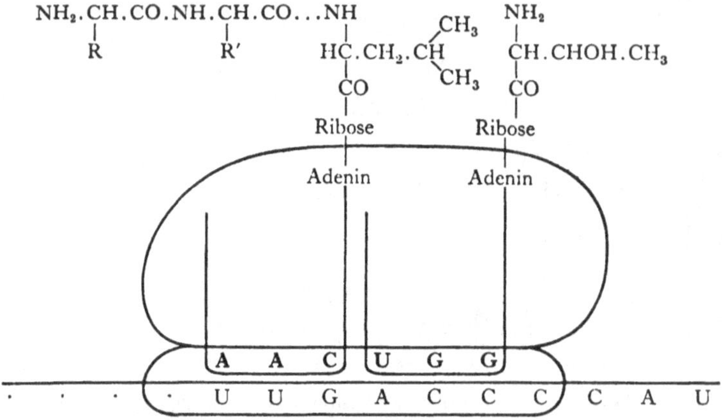

Abb. 20.3. Proteinsynthese: Stadium 2. Erklärungen s. Text

Peptidyl-t-RNA (die nun mit Threonyl-t-RNA endet) gegenüber dem Threonin-Codon liegt. [Auf dieser Stufe wird die leucinspezifische t-RNA abgestoßen. Sie kann wieder mit Leucin verestert werden (s. S. 176) und so erneut an den Reak-

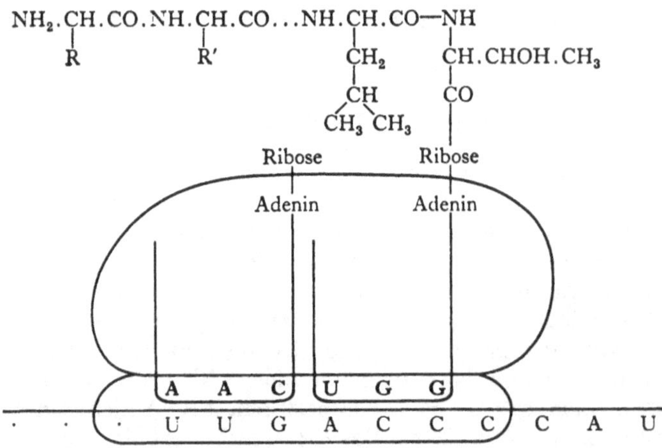

Abb. 20.4. Proteinsynthese: Stadium 3. Erklärungen s. Text

tionen der Proteinsynthese teilnehmen.] Die Abb. 20.5, die den bis jetzt erreichten Stand widergibt, ist ganz analog der Abb. 20.2. Durch Wiederholung dieser Reaktionen katalysiert das Ribosom den stufenweisen Einbau von Prolin, Arginin und Tyrosin in das Peptid.

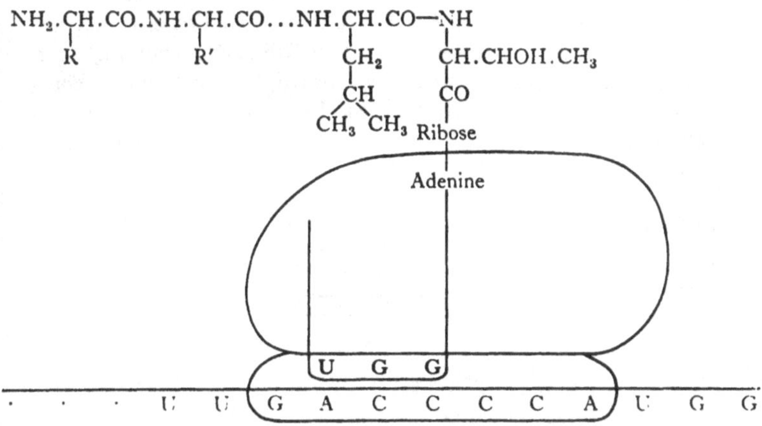

Abb. 20.5. Proteinsynthese: Stadium 4. Erklärungen s. Text

In der obigen Beschreibung sind zwei Punkte weggelassen worden, die noch erwähnt werden müssen. Erstens brauchten wir, indem wir nur die Verlängerung der Peptidkette erläutert haben, einige spezielle Probleme nicht zu berücksichtigen, die mit dem Start und der Beendigung der Synthese zusammenhängen. Zweitens wurde nicht erwähnt, daß die Synthese ein energieverbrauchender Prozeß ist. Neben dem Verbrauch von zwei energiereichen Bindungen bei der Bildung der Aminoacyl-t-RNA (S. 176) werden beim Einbau jeder Aminosäure in die Peptidkette während der Schritte, die in den Abb. 20.2–20.5 dargestellt sind, wenigstens zwei Moleküle GTP verbraucht.

Somit bewirken die Ribosomen ein Wachstum der Peptide, indem sie sich entlang der Messenger-RNA bewegen und

Aminoacyl-t-RNA-Moleküle gegenüber ihren entsprechenden Codons anheften. Da sich jedes Ribosom entlang der Messenger-RNA bewegt, gibt es den Anfangsteil der Messenger-RNA, an der es hängt, frei. Dadurch kann sich ein weiteres Ribosom an diesem Punkt binden und ebenso mit der Translation beginnen. Auf diese Weise entsteht eine Struktur, die als Polyribosom bezeichnet wird (Abb. 20.6). An der Proteinsynthese sind so im allgemeinen eine Zahl von Ribosomen beteiligt, die alle an der Translation mitwirken, obwohl sie sich alle in verschieden weit fortgeschrittenen Stadien der Proteinsynthese befinden.

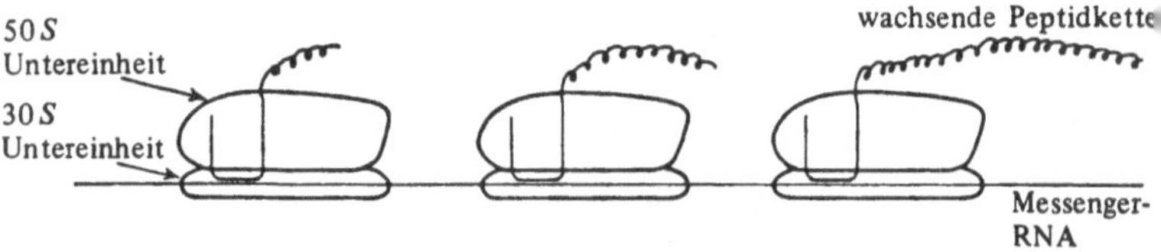

Abb. 20.6. Schematische Darstellung eines Polyribosoms

21. Regulationsmechanismen des Stoffwechsels

Im Abschnitt II dieses Buches haben wir eine Zahl von Stoffwechselreaktionen aufgezählt, die die Zellen ausführen können. Dem Leser wird dabei der Gedanke gekommen sein, daß diese fast unübersehbare Vielfalt eine sehr präzise Organisation und Kontrolle erfordert. Ähnlich war es in den beiden letzten Kapiteln, in denen wir die Art und Weise erläutert haben, wie die Information, die in der DNA verankert ist, in der Proteinstruktur zum Ausdruck gebracht wird. Auch hier wird sich der Leser verwundert gefragt haben, wie dieser komplizierte Prozeß reguliert wird. Im vorliegenden Kapitel wollen wir einige Mechanismen besprechen, durch die die Zellen die Geschwindigkeit der Enzymreaktionen kontrollieren. Im ersten Teil des Kapitels wollen wir die Mechanismen betrachten, durch die die Geschwindigkeit der *Enzymsynthese* reguliert wird, wobei wir annehmen können, daß die Kontrolle der Synthese nicht-enzymatisch aktiver Proteine ganz ähnlich ist. Im zweiten Teil wollen wir dann die Vorgänge besprechen, durch die die Enzym*aktivität* reguliert wird.

Die Kontrolle der Enzymsynthese

Wir haben oben (Kap. 19) gesehen, daß die RNA-Polymerase eine RNA-Kopie der DNA herstellen kann; und wir haben auch gehört, daß der größte Teil der DNA in der Zelle die genetische Information enthält, die die Struktur der Proteine festlegt (Kap. 18). Die RNA-Kopie dieser DNA wird Messenger-RNA genannt (S. 199), und die Messenger-RNA enthält in ihrer Sequenz die Information, die durch das Ribosom in eine Sequenz von Aminosäuren transferiert wird (S. 204–207).

Obwohl es natürlich eine Grundvoraussetzung ist, daß das genetische Material einer Zelle alle Informationen enthalten muß, die die Struktur jedes einzelnen Proteins festlegt, wird es kaum jemals vorkommen, daß die Zelle Bedarf an jedem einzelnen Protein haben wird, das sie potentiell zu bilden in der Lage ist. Wir können diesen Gedankengang am einfachsten an Bakterien demonstrieren. Escherichia coli-Zellen vom Wildtyp können alle Aminosäuren aus sehr einfachen Vorstufen wie Glucose, Ammoniak und ein paar anorganischen Salzen synthetisieren. Für die Biosynthese von Histidin müssen die Bakterien zehn Enzyme bilden, die für diesen Syntheseweg speziell benötigt werden (s. S. 183). Wenn sie jedoch in einem Medium kultiviert werden, das Histidin enthält, können sie das Histidin aus dem Medium aufnehmen, und unter diesen Umständen brauchen sie nicht mehr die zehn spezifischen Enzyme zu bilden. Ein etwas unterschiedlicher Aspekt ergibt sich bei Betrachtung des Systems, das für den Lactoseumsatz in E. coli verantwortlich ist. Zellen dieser Spezies sind potentiell in der Lage, das Disaccharid Lactose abzubauen. Sie besitzen die genetische Information, die notwendig ist, um die Struktur eines

Enzyms (β-Galactosidase) festzulegen, das Lactose in zwei Hexosen, nämlich Glucose und Galactose, spaltet. Diese beiden können dann im Embden-Meyerhof-Weg umgesetzt werden.

Wenn die Zellen aber in einem Medium mit Glucose statt mit Lactose wachsen, brauchen sie keine β-Galactosidase zu bilden, da sie eine direkte Quelle für die Hexose haben.

Wir haben gerade festgehalten, daß in Gegenwart von Histidin für E. coli keine Notwendigkeit besteht, die Enzyme der Histidinbiosynthese zu bilden, und daß in Gegenwart von Glucose und Fehlen von Lactose keine Notwendigkeit zur Synthese von β-Galactosidase besteht. Wenn wir sagen, es bestehe keine Notwendigkeit, so trifft das nicht ganz den Kern. Wir haben in den beiden letzten Kapiteln gesehen, daß die Vorgänge der Messenger-RNA-Synthese und der Proteinsynthese kompliziert und energetisch aufwendig sind. Die Bildung von Proteinen, die nicht benötigt werden, wäre deshalb für die Zelle nicht nur unwichtig, sondern wäre von Nachteil. Deshalb ist es für die Zelle durchaus bedeutsam, einen Mechanismus zu besitzen, der sicherstellt, daß keine unnötigen Proteine gebildet werden.

Die Kontrolle der Proteinsynthese stellt ein großes Gebiet dar, und wir wissen nur über einen kleinen Teil davon gut Bescheid. Wir sind ziemlich gut über die Kontrolle der Proteinsynthese in Bakterien informiert, aber viel weniger gut über die Situation in Zellen höherer Organismen. Aber auch in Bakterien beschränkt sich unser Wissen überwiegend auf die zwei Species Salmonella typhi murium und Escherichia coli. Es ist kein Zufall, daß gerade bei diesen beiden Species die genetischen Grundlagen am besten untersucht sind.

Bevor wir das System der Regulation der Proteinsynthese, das wir am besten kennen, etwas ausführlicher beschreiben, ist es angebracht, einige der möglichen Kontrollmechanismen, deren sich die Organismen prinzipiell bedienen können, zu erörtern. Man kann sie in zwei Klassen unterteilen: Kontrolle auf der Ebene der Messenger-RNA-Synthese und Kontrolle auf der Ebene des Ribosoms.

Bei unserer Beschreibung (Kap. 20) des Mechanismus der Proteinsynthese haben wir stillschweigend angenommen, daß das Ribosom ohne Unterschied jede Messenger-RNA transferiert, die in der Zelle vorkommt. Wenn diese Annahme zutrifft, dann müßte die Geschwindigkeit der Synthese eines bestimmten Proteins nur von der Konzentration der betreffenden Messenger-RNA abhängen. Die Konzentration irgendeiner Messenger-RNA wird wiederum von ihrer Synthese- und Abbaurate abhängen. Andererseits erscheint es denkbar, daß, auch wenn mehrere Arten von Messenger-RNA in einer Zelle in der gleichen Konzentration vorliegen, eine davon mit einer größeren Geschwindigkeit als die anderen transferiert werden könnte. Mit anderen Worten, man könnte erwarten, daß eine gewisse Kontrolle auf der Ebene der Ribosomenfunktion ausgeübt wird.

So haben wir drei potentielle Kontrollpunkte: die Geschwindigkeit der Synthese von Messenger-RNA für ein bestimmtes Protein, die Geschwindigkeit des Abbaus dieser Messenger-RNA und die Geschwindigkeit der Translation der Messenger-RNA durch das Ribosom. Es gibt viel mehr experimentelle Befunde, die sich mit der ersten dieser Möglichkeiten als mit den zwei anderen befassen, und in dem bakteriellen System, das wir beschreiben werden, ist es die Kontrolle der Messenger-RNA-Synthese, die mehr oder weniger allein die Synthese der spezifischen Proteine reguliert. In höheren Zellen dürften die anderen zwei Arten der Kontrolle aber in einem beträchtlichen Umfang mitwirken (siehe unten). Wir müssen deshalb festhalten, daß das System, das wir beschreiben werden, nicht als Modell für alle Regulationsmechanismen der Proteinsynthese gelten kann. Der Grund, warum wir dieses Modell wählen, liegt darin, daß es ein Beispiel für einen möglichen Kontrollmechanismus in Bakterien darstellt, und weil es das Ergebnis einer außergewöhnlich fruchtbaren und glänzenden Zusammenarbeit zwischen Biochemikern und Genetikern ist.

Wenn Wildtyp-Zellen von E. coli auf Glucosemedium wachsen, bilden sie nur sehr kleine Mengen von β-Galactosidase (das ist das Enzym, das die Hydrolyse von Lactose zu Glucose und Galactose katalysiert). Wenn die Glucose durch Lactose ersetzt wird, steigt die Synthese der β-Galactosidase um viele hundert Mal. Dieses Phänomen (die Zunahme der Bildungsgeschwindigkeit eines Enzyms) wird Induktion genannt, und eine Substanz, die durch ihre Anwesenheit im Medium eine Induktion bewirkt, heißt ein Induktor. Obwohl die Lactose einen wirkungsvollen Induktor der β-Galactosidase darstellt, ist sie nicht der stärkste unter den bisher bekannten. Auch verschiedene synthetische Verbindungen, die alle chemische Analoga der Lactose sind, wirken als Induktoren.

Die β-Galactosidase ist essentiell für ein Wachstum der Zellen auf Lactose, und wenn man Mutanten von E. coli isoliert, die nicht auf Lactose wachsen können, stellt man fest, daß die meisten von ihnen nicht in der Lage sind, β-Galactosidase zu synthetisieren. Einigen von ihnen fehlt jedoch nicht die β-Galactosidase, sondern ein anderes Enzym, das Galactosid-Permease genannt wird und das essentiell für die Aufnahme von Lactose aus dem Medium in die Zellen ist. Experimente mit Induktoren haben gezeigt, daß β-Galactosidase und Galactosid-Permease in Wildtyp-Zellen immer *zusammen* induziert werden. Fehlt der Induktor, so werden beide mit sehr geringer Geschwindigkeit gebildet. Ist der Induktor vorhanden, werden beide normalerweise mit sehr großer Geschwindigkeit synthetisiert. Beim Vorliegen einer kleinen Induktorkonzentration, die nur zu einer partiellen Induktion ausreicht, werden beide mit einer mittleren Rate gebildet. Die Synthese der zwei Proteine muß daher gemeinsam kontrolliert werden.

Man konnte eine weitere Mutante entdecken, die in der Lage ist, sowohl β-Galactosidase als auch die Permease zu synthetisieren, die aber nicht in der Lage ist, diese Synthese zu kontrollieren. Als Folge davon werden von diesen mutierten Zellen beide Proteine auch beim Fehlen des Induktors gebildet. Dieses Phänomen heißt konstitutive Synthese und die Stämme werden konstitutive Mutanten genannt.

Durch genetische Techniken kann man die Gene der β-Galactosidase und der Galactosid-Permease lokalisieren, und dabei stellt man fest, daß sie benachbart sind. Es ist auch möglich, die Mutanten genetisch zu untersuchen, die die zwei Proteine konstitutiv synthetisieren. Bei jeder der beiden findet man eine Mutation in einem Gen, das in der Nähe aber nicht benachbart zu den Genen der β-Galactosidase und der Galactosid-Permease liegt. Ferner ist es möglich zu beweisen (ebenfalls mit genetischen Verfahren), daß Wildtyp-Stämme in der Lage sind, eine Substanz zu bilden, die konstitutive Stämme *nicht* synthetisieren können. Mit anderen Worten, dieser Stamm ist aus Mangel an diesem Produkt konstitutiv. Daraus folgt, daß in Wildtyp-Stämmen beim Fehlen des Induktors die Synthese der β-Galactosidase und der Galactosid-Permease normalerweise verhindert oder reprimiert ist. Eine Substanz, die auf diese Weise wirkt, ist als Repressor bekannt. Es hat sich gezeigt, daß der Repressor ein Protein ist, das den konstitutiven Stämmen fehlt.

Bis jetzt haben wir drei Proteine beschrieben: β-Galactosidase, Galactosid-Permease und den Repressor sowie ihre genetischen Grundlagen. Außerdem enthält das System zwei weitere genetische Elemente, die offenbar keine Proteine determinieren. Diese sind der Promotor und der Operator. Ihre Funktionen werden wir später besprechen. Die fünf Bestandteile sind in der DNA in der Reihenfolge Repressor-Gen – Promotor – Operator – β-Galactosidase-Gen – Galactosid-Permease-Gen angeordnet. Jetzt können wir eine komplette Beschreibung des Funktionierens des Systems geben.

Beim Fehlen eines Galactosids als Induktor bindet sich der Repressor (der das produzierte Protein des Repressor-Gens ist) an die Operator-DNA-Region. Diese hoch spezifische Wechselwirkung zwischen Protein und DNA hemmt die Transcription durch die RNA-Polymerase, die die Synthese der Messenger-RNA nur durch Bindung an den Promotorort auf der DNA in Gang bringen kann. Daher wird in Abwesenheit eines Induktors keine spezifische Messenger-RNA gebildet. Induktoren wirken dadurch, daß sie an den Repressor gebunden werden. Dieser Komplex von Induktor und Repressor kann sich nicht mehr an den Operator binden. Unter diesen Umständen kann die RNA-Polymerase an den Promotor heran und ein Messenger-RNA-Molekül synthetisieren, das sowohl die β-Galactosidase als auch die Permease codiert. Diese Messenger-RNA wird durch die Ribosomen transferiert. Damit wird beim Vorhandensein eines Induktors β-Galactosidase und Galactosid-Permease gebildet.

Wir haben bereits oben betont, daß dieses System nicht als Modell für alle Kontrollfaktoren gelten kann, auch nicht bei Bakterien. Es enthält jedoch verschiedene Aspekte, die sehr charakteristisch für die Proteinsynthese der Bakterien sind. Wir werden sehen, daß die Messenger-RNA, die unter dem Einfluß des Promotors synthetisiert wurde, sowohl der β-Galactosidase als auch der Galactosid-Permease entspricht. Eine Messenger-RNA dieser Art, die mehr als einem Protein entspricht, wird eine polycistronische Messenger-RNA genannt. Solche polycistronischen Messenger-RNA-Moleküle sind in Bakterien üblich. Ein eindrucksvolles Beispiel sind die Enzyme der Histidinbiosynthese, bei der die Messenger-RNA *zehn* Enzymen entspricht. Es ist klar, daß es in Systemen, die entweder biosynthetische oder abbauende Reaktionsfolgen darstellen, für die Synthese aller beteiligter Enzyme sehr günstig ist, gemeinsam kontrolliert zu werden: entweder es ist Histidin im Medium, dann wird in diesem Falle keines der Enzyme der Biosynthese benötigt, oder das Histidin fehlt, dann werden alle Enzyme zusammen gebraucht. Daran liegt es wahrscheinlich, daß die Gene für einen bestimmten Synthese- oder Abbauweg oft zusammenliegen (S. 183).

Ein weiterer grundsätzlicher Gesichtspunkt, der sich aus der Betrachtung des Lactose-Systems ergibt, ist, daß jedes Gen oder jede Gengruppe, die zusammen transcribiert wird, wahrscheinlich seinen eigenen Promotor hat, an dem sich die RNA-Polymerase bindet und die Transcription beginnt. Wenn diese Orte eine unterschiedliche Affinität für die Polymerase haben, ist leicht einzusehen, wie es kommt, daß sich verschiedene Gene oder Gengruppen mit unterschiedlicher Geschwindigkeit manifestieren. Das Repressor-Gen wird z.B. nur mit einer sehr kleinen Geschwindigkeit arbeiten, da der Repressor nur in sehr kleinen Mengen produziert werden muß. (In jeder Zelle ist nur etwa ein Dutzend Repressormoleküle im Vergleich zu etwa 10^5 Molekülen von β-Galactosidase in einer voll induzierten Zelle.) Das legt die Vermutung nahe, daß das Repressor-Gen einen schwachen Promotor hat.

Es gibt noch eine weitere Eigenschaft des Lactose-Systems, die wir noch nicht erwähnt haben, die aber Allgemeingültigkeit bei Bakterien besitzt. Wenn ein Galactosid-Induktor einer Bakterienkultur zugesetzt wird, beginnt die Synthese der β-Galactosidase und der Permease sehr schnell. Gleichermaßen hört die Synthese sehr schnell auf, wenn der Induktor entfernt wird. Der schnelle Stopp scheint auf die hohe Abbaugeschwindigkeit der Messenger-RNA zurückzuführen zu sein, und im allgemeinen findet man, daß bei Bakterien die Messenger-RNA sehr schnell abgebaut wird. Das ist teilweise der Grund, warum Bakterien in der Lage sind, sich schnell an Änderungen des Mediums anzupassen, indem sie den Ablauf der Proteinsynthese verändern: wenn eine bestimmte Sorte von Messenger-RNA abgebaut worden ist, sind die Ribosomen, die diese RNA transferiert haben, frei, um neugebildete Messenger-RNA übertragen zu können (s. S. 199). (Daher muß die entsprechende Messenger-RNA ständig neu gebildet werden, wenn die Auswirkung der Induktion einer bestimmten Gengruppe aufrechterhalten werden soll.) In höheren Zellen besteht jedoch keine Notwendigkeit, sich an Änderungen des Mediums anzupassen (siehe unten) und die Messenger-RNA wird anscheinend nicht so schnell abgebaut. Es kann sein, daß die Kontrolle der Proteinsynthese zum Teil durch verschieden schnelle Abbaugeschwindigkeiten der verschiedenen Arten von Messenger-RNA ausgeübt wird, jedoch gibt es keine sicheren Anhaltspunkte für diese Möglichkeit.

Wir haben oben erwähnt (S. 211), daß die Proteinsynthese neben Änderungen der Geschwindigkeit von Synthese und Abbau der Messenger-RNA zum Teil auf der Ebene der Translation von Messenger-RNA durch das Ribosom reguliert werden könnte. Ein interessantes Beispiel ist die polycistronische Messenger-RNA. Wenn es keine Kontrolle der Translation gäbe, müßten die Endprodukte einer polycistronischen Messenger-RNA, die Proteine, in äquimolaren Mengen gebildet werden. In natura findet man, daß diese Regel nicht immer erfüllt ist, so daß es scheint, als ob es eine Kontrolle der Translation der Messenger-RNA ebenso wie eine Kontrolle der Synthese (und entsprechend des Abbaus) der Messenger-RNA gibt. Es besteht Grund zu der Annahme, daß in höheren Zellen die Kontrolle der Translation eine wichtige Rolle bei der gesamten Proteinsynthese spielt.

Tatsächlich hat die Kontrolle der Proteinsynthese in höheren Zellen ganz andere Aufgaben als in Bakterien. Wir haben am Anfang des Kapitels davon gesprochen, daß es für Bakterien vorteilhaft ist, wenn sie die Geschwindigkeit bestimmter Enzyme als Antwort auf Veränderungen des Milieus sehr schnell ändern können. In Vielzellern treten abrupte Veränderungen des Zellmilieus normalerweise nicht auf (s. S. 219), und die gleiche Art einer schnellen Umschaltung der Proteinsynthese wird nicht benötigt (obwohl es eine Enzyminduktion in beschränktem Ausmaß auch bei Tieren gibt). Was für diese Organismen andererseits wichtig ist, ist die Fähigkeit, ihre Zellen zu differenzieren, insofern sind verschiedene Gewebe auf die Synthese von verschiedenen Proteinen spezialisiert. Trotz dieser Differenzierung enthalten alle Zellen im Organismus einen kompletten Satz des genetischen Materials. Eine Pankreaszelle trägt z. B. die genetische Information für die Synthese von Hämoglobin, obwohl diese nie zum Ausdruck kommt. Aus diesem Grunde müssen die Zellen ständig in der Lage sein, die Wirkungen eines großen Teils ihrer DNA zu reprimieren. Es könnte sich durchaus noch herausstellen, daß die bakteriellen Kontrollsysteme, die wir beschrieben haben, nur eine sehr entfernte oder überhaupt keine Ähnlichkeit mit diesem Prozeß haben.

Die Kontrolle der Enzymaktivität

In den Kapiteln über den intermediären Stoffwechsel haben wir die Wege für den Abbau und die Synthese der verschiedensten Verbindungen beschrieben. Wir haben z.B. den Abbau- und auch den Syntheseweg für Glycogen (die sich, wie wir sahen, etwas voneinander unterschieden) abgehandelt. Aber eine Zelle, auch wenn sie die Enzyme für beide Wege enthält, wird nicht im gleichen Augenblick sehr schnell Glycogen abbauen und aufbauen. Es muß daher ein Kontrollsystem geben, daß es ermöglicht, daß ein Weg aktiv und der andere gehemmt ist, so wie es den Bedürfnissen entspricht.

In gleicher Weise muß es Mittel geben, die Synthese von Zwischenprodukten oder Bausteinen zu verhindern, die nicht benötigt werden. Beziehen wir uns wieder auf die Histidinsynthese in Bakterien, so haben wir schon gesehen, daß der Zusatz von Histidin zum Medium die Bildung der für die Histidinbiosynthese erforderlichen Enzyme reprimiert. Die Enzyme jedoch, die schon in der Zelle vorhanden sind, dürften für eine verhältnismäßig lange Zeit noch aktiv sein und würden, wenn es kein wirksames Mittel für ihre Inaktivierung gäbe, Bausteine und Energie verschwenden, indem sie überflüssige Mengen der Verbindung bilden. Tatsächlich findet man, daß der Zusatz einer Aminosäure, eines Purins oder Pyrimidins zu einer Bakterienkultur oft die eigene Synthese hemmt. Diese Hemmung tritt so rasch auf, daß die Repression der Enzymsynthese nicht ausreicht, um das beobachtete Ergebnis zu erklären.

Diese Beispiele lassen vermuten, daß es zusätzlich zu den Möglichkeiten der Repression und Induktion der Enzymsynthese, die wir im vorigen Abschnitt beschrieben haben, Mechanismen gibt, um eine Enzymaktivität zu hemmen oder zu fördern. Die bestuntersuchten Beispiele sind die, die wir im letzten Kapitel erwähnten, nämlich die Hemmung der eigenen Synthese bei Aminosäuren, Purinen und Pyrimidinen. Hier spricht man von Endprodukt-Hemmung. Darüber wollen wir uns zunächst etwas genauer informieren. Später werden wir einige dieser Prinzipien benutzen, um die Art zu beschreiben, in der die Synthese und der Abbau von Kohlenhydraten kontrolliert werden.

Zwei wichtige Merkmale der Endprodukthemmung sind, daß das Endprodukt nicht alle Enzyme hemmt, die an seiner Synthese beteiligt sind, sondern das erste für diesen Weg spezifische Enzym, und daß diese Hemmbarkeit eine Eigenschaft des betreffenden Enzyms selbst ist und auch außerhalb der Zelle an einer gereinigten Enzympräparation beobachtet werden kann. In diesen beiden Punkten unterscheidet sich die Endprodukthemmung von der Repression. Eine eingehende Diskussion der Endprodukthemmung würde eine Behandlung der Enzymkinetik erfordern, die den Rahmen dieses Buches übersteigt. Aber wir können einige Hauptprinzipien andeuten, ohne deshalb das Verhalten des gehemmten Enzyms näher erläutern zu müssen.

Eines der am besten untersuchten Enzyme, die einer Endprodukthemmung unterworfen sind, ist die Aspartat-Transcarbamylase, das erste Enzym im Syntheseweg der Pyrimidine (s. S. 189). Es ist bekannt, daß das $\Delta G^{0\prime}$ der Reaktion, die durch dieses Enzym katalysiert wird, die Synthese von Carbamylaspartat ganz enorm begünstigt. Das ist eine wichtige Eigenschaft der Reaktionen, die einer Endprodukthemmung unterworfen sind. Wir haben in den vorangegangenen Kapiteln immer wieder gesehen, daß „reversible" Reaktionen (d.h. solche, in denen $\Delta G^{0\prime}$ so klein ist, daß in beiden Richtungen nennenswerte Mengen der Produkte entstehen können) im allgemeinen sowohl für den Abbau- als auch für den Syntheseweg benutzt werden. Deshalb wäre es bei der Kontrolle der Aufbau- oder Abbaugeschwindigkeit wirkungslos, wenn ein Enzym, das eine solche Reaktion katalysiert, der Endprodukthemmung oder irgendeiner anderen Hemmung oder Aktivierung unterliegen würde. Wir werden auf diesen Punkt noch einmal zurückkommen, wenn wir die Kontrolle des Abbaus und der Synthese von Kohlenhydraten besprechen.

Das Enzym Aspartat-Transcarbamylase wird durch CTP gehemmt, das eines der Endprodukte des Syntheseweges für

Pyrimidine ist. Die Wirkung von CTP auf das Enzym ist interessant. Der erste Schritt bei einer Enzymreaktion ist die Bindung des Substrats (s. S. 61). Unser Enzym muß sowohl Aspartat als auch Carbamylphosphat binden. Nun findet man, daß in Gegenwart von CTP das Enzym eine Veränderung der Quartärstruktur erleidet, und das Ergebnis ist, daß die Affinität für Aspartat sehr stark abnimmt. Damit ist die Reaktionsgeschwindigkeit bei einer gegebenen Konzentration von Aspartat in Gegenwart von CTP viel kleiner als in seiner Abwesenheit. (Die Veränderung der Konfiguration der Aspartat-Transcarbamylase ist reversibel, so daß man durch Entfernen des CTP die normale Aktivität wieder herstellen kann.) Die molekulare Grundlage für dieses Phänomen ist analog dem Mechanismus, durch den die Aufnahme eines Moleküls Sauerstoff durch das Hämoglobin seine Affinität für die weiteren Sauerstoffmoleküle steigert (s. S. 56).

Diese Enzymeigenschaften sind offensichtlich in einem Organismus nützlich, der Veränderungen seiner Umgebung unterworfen ist. Ein Bakterium wird sich z. B. beim Fehlen von Pyrimidinen im Medium seine eigenen Pyrimidine auf dem Wege herstellen, den wir auf den S. 189–191 beschrieben haben. Dazu zählt auch die Reaktion, die durch die Aspartat-Transcarbamylase katalysiert wird. Wenn man dem Medium ein Pyrimidin zusetzt, so wird etwas davon in CTP umgewandelt und dieses hemmt das Enzym. Aber außerdem ist die Endprodukthemmung eine sehr wertvolle Kontrolleinrichtung für die interne Regulierung des Zellstoffwechsels. Nehmen wir an, daß z. B. die Geschwindigkeit der RNA-Synthese in irgendeiner Zelle aus einem Grund plötzlich verringert ist. Dann führt diese Abnahme zu einer Anhäufung von Vorstufen der RNA-Synthese, und eine davon ist das CTP. Die Endprodukthemmung wird nun die Geschwindigkeit der Pyrimidinsynthese vermindern, bis die Konzentration des CTP auf seinen normalen Spiegel abgesunken ist. Dann wird die Pyrimidinsynthese wieder schnell einsetzen.

Veränderungen der Affinität der Enzyme für ihre Substrate sind ein übliches Mittel, um die Stoffwechselaktivität zu regulieren. Sie werden oft durch die Endprodukte hervorgerufen (wie bei der Aspartat-Transcarbamylase) und dann wirken sie allgemein hemmend, d.h. das Endprodukt verringert die Affinität eines Enzyms für sein Substrat. Manchmal werden diese Veränderungen der Affinität jedoch durch andere Substanzen hervorgerufen, und dabei kann es dann entweder zu einer Abnahme oder zu einer Zunahme der Affinität kommen. Interessante Beispiele kennen wir aus Untersuchungen über die Kontrolle der Glykolyse und der Kohlenhydratsynthese.

Die Glykolyse ist ein Prozeß, der aus Gründen der Zellökonomie kontrolliert werden muß. Es gibt kein Endprodukt, das wie ein Pyrimidin plötzlich in einem großen Überschuß im Medium, das die Zellen umgibt, vorhanden wäre. Andererseits ist die Glykolyse von grundlegender Bedeutung für die Energieversorgung und damit ganz allgemein für alle Zellaktivitäten. Ihre Kontrolle ist für den Stoffwechsel unumgänglich.

Obwohl nun die Glykolyse kein regulatorisch wirksames Endprodukt besitzt, kann man in gewissem Sinne ATP als Endprodukt betrachten. Beim Vorliegen einer Stoffwechsellage, in der ATP im Überfluß vorhanden ist, besteht nur ein Bedarf für eine stark verringerte glykolytische Aktivität. Umgekehrt muß die Glykolyse stimuliert werden, wenn ein Mangel an ATP vorliegt.

Wenn wir den Weg der Glykolyse (Kap. 10) mit dem Weg der Kohlenhydratbiosynthese (Kap. 15) vergleichen, sehen wir, daß die meisten Reaktionen beiden Wegen gemeinsam sind, d.h. daß diese Reaktionen in beiden Richtungen Produkte bilden können. Es gibt jedoch eine Reaktion, die an einer entscheidenden Stelle lokalisiert ist und ein stark negatives $\Delta G^{0\prime}$ hat, nämlich die Phosphorylierung von Fructose-6-phosphat durch ATP mit Hilfe der Phosphofructokinase. Ob das Substrat der Glykolyse Glucose oder Glykogen oder Galactose ist, die Phosphofructokinase stellt einen geeigneten Kontrollpunkt für den ganzen Prozeß dar. Es ist deshalb nicht überraschend, daß die Phosphofructokinase durch ATP gehemmt wird. Weiterhin sind die Adeninnucleotide in der Zelle in einem Gleichgewicht, entsprechend der folgenden enzym-katalysierten Reaktion:

$$ATP + AMP \rightleftharpoons 2\,ADP\ .$$

Daher ist die Konzentration von AMP niedrig, wenn die des ATP hoch ist. Phosphofructokinase wird stark durch AMP stimuliert und durch ATP gehemmt (wobei ATP auch eines der Substrate ist).

Genau die umgedrehten Argumente lassen sich auf die Synthese von Glykogen aus Milchsäure oder aus Substraten des Krebszyklus anwenden. Unter Bedingungen, bei denen reichlich ATP anfällt und daher infolge der oben angeführten Reaktion die Konzentration von AMP niedrig ist, ist es wünschenswert, daß die Zelle in der Lage ist, Kohlenhydrate aus einfachen Vorstufen zu synthetisieren und so seine Vorräte an Substraten aufzufüllen. Wenn die Konzentration von ATP fällt und die von AMP ansteigt, ist es günstig, die Synthese von Kohlenhydraten zu bremsen. Nun haben wir gesehen (S. 156), daß eine der für die Kohlenhydrat-Synthese spezifischen Reaktionen die Hydrolyse von Fructose-1,6-diphosphat zu Fructose-6-phosphat ist (katalysiert durch die Fructosediphosphatase). Man findet nun, daß dieses Enzym durch AMP kräftig gehemmt wird.

Unser letztes Beispiel für einen Mechanismus, durch den die Enzymaktivität kontrolliert werden kann, finden wir beim Abbau des Glykogens. Die Reaktion, die Glykogen zu Glucose-1-phosphat abbaut, wird durch das Enzym Phosphorylase katalysiert (S. 119). Die Phosphorylase kommt im tierischen Muskel in zwei Formen, *a* und *b*, vor. Davon ist *a* die aktivere Form. Die Phosphorylase *b* kann in die *a*-Form durch eine ziemlich komplizierte Folge von Reaktionen umgewandelt werden. Das Ergebnis dieser Umwandlungen ist, daß die Gesamtaktivität des Enzyms ansteigt. Somit ist gesichert, daß Glykogen schneller abgebaut werden kann. Einer der Stoffe, der das System aktiviert, das die Phosphorylase *b* in die Phosphorylase *a* umwandelt, ist das Hormon Adrenalin. Dieser Vorgang ist damit ein Beispiel, wie wir die Wirkung eines Hormons (dessen physiologische Wirkungen schon seit langer Zeit bekannt sind) auf der biochemischen Ebene erklären können.

In dem vorliegenden Buch wurde immer wieder darauf hingewiesen, daß es viele biochemische Reaktionen gibt, die in beiden Richtungen eine Netto-Bildung der Produkte bewirken können, und daß es andere Reaktionen gibt, die das (ohne Zufuhr von Energie) nicht können, weil ihr $\Delta G^{0\prime}$ sehr stark negativ ist. Die Beispiele, die wir auf den letzten Seiten gebracht haben, zeigen, wie diese zuletzt erwähnten Reaktionen kontrolliert werden können und wie Veränderungen der Aktivität von Enzymen, die diese Reaktionen katalysieren, ganze Wege kontrollieren können. Im Gegensatz dazu gehören Reaktionen wie die Isomerisierung der Triosephosphate im allgemeinen sowohl zu einem Abbau- als auch zu einem Syntheseweg (s. S. 114 bzw. 155). Eine Kontrolle dieser Reaktion hätte keine sinnvolle Auswirkung. Diese Prinzipien wirken bei der Kontrolle der Bildung und des Abbaus nicht nur der wichtigsten Substrate (Kohlenhydrate und Fette), sondern auch der wichtigsten Bausteine der Makromoleküle (Aminosäuren, Purine und Pyrimidine) und der Nucleinsäuren und Proteine mit.

Register

Acetacetat 133
Acetaldehyd 117
Acetalhydroxylgruppe 16
Acetessigsäure 133
Acetyl-CoA 90, 106, 121, 122, 124, 126, 130, 159, 161, 172
Achsenverhältnis von Proteinen 32, 44, 47
Aconitase 122
ACP s. Acylcarrier-Protein 161-163
Actin 46
Acylcarrier-Protein 161-163
Acyl-CoA 129, 165
Acyl-CoA-Dehydrogenase 129
Acylphosphate 90
Adenin 68
Adenosindiphosphat 93
Adenosinmonophosphat 187, 188, 221
Adenosintriphosphat 46, 88, 89, 90, 93, 103, 142, 220
Adenosintriphosphat, Synthese 100-103, 107, 115, 116, 118, 125, 143
ADP s. Adenosindiphosphat 93
Aktivierung von Aminosäuren 175, 176
Aktivität, biologische 40
-, enzymatische 60
Alanin 28, 152, 169
Aldolase 114, 148, 155
Aminoacyl-AMP 176, 200
Aminoacyl-t-RNA 205
Aminogruppe, terminale 15
Ammoniak 167, 168, 172, 185, 186
AMP s. Adenosinmonophosphat 187, 188, 221
Aminosäuren, allgemein 19, 26-31, 72
-, aromatische 28, 58
-, essentielle 42, 171
-, glucoplastische 173
-, ketoplastische 173
-, Stoffwechsel 166-177
-, Synthese 43
Amylopektin 74
Amylose 74, 158
Anämie 57
Anticodon 203
Antigen 49, 50
Antikörper 50
Äpfelsäure s. Malat
Arginin 29, 58, 72, 170, 207
Aspargin 29
Asparginsäure s. Aspartat
Aspartat 29, 126, 152, 169, 170
Aspartat-Transcarbamylase 189, 218, 219
Asymmetriezentrum von Kohlenstoffverbindungen 30
Äthanol 117
ATP s. Adenosintriphosphat

Basenpaare der Nucleinsäuren 69, 182
Bernsteinsäure s. Succinat
Bindungen, energiereiche 86-93
-, kovalente 21
Bindungskräfte, nicht-kovalente 21, 22, 23, 47, 70, 76
Biotin 41, 161
Blutgerinnung 47
Brenztraubensäure s. Pyruvat

Calvin-Zyklus 146–152
Carbamylasparaginsäure 189
Carbamylphosphat 167, 186, 189
Carboxylgruppe, terminale 15
Carboxylierung 127, 153, 160, 161, 171
Carotinoide 122
Carrier 48, 52, 54
Casein 43
Cellulose 73, 74, 158
Chlorophyll 85, 141, 142
Chloroplasten 87, 141
Chromosom 71
Chymotrypsin 58, 62
Citronensäure 122
Citronensäurezyklus 120–127
Codierung 203
Codon 203–205, 208
CoA s. Coenzym A
Coenzym A 41, 120, 122
Coenzyme 41
Cofaktoren 40–42
Collagen 45
Creatinphosphat 90
Crotonsäure 91
CTP s. Cytidintriphosphat
Cuticula der Insekten 46
Cyanid 100
Cystein 29, 31, 152
Cystin 31
Cytidintriphosphat 218
Cytochrome 52, 96, 97, 98, 100, 142
Cytosin 68

Decarboxylierung, oxydative 120
Dehydrogenasen 95
Deletion 182
Denaturierung von Proteinen 38, 43, 47
Desoxyribonucleinsäure 67–71, 179–184
(s. auch DNA-)
Desoxyribose 67
–, Synthese 136, 188, 191
Diabetes 133
Diglycerid 165
Dihydroxyacetonphosphat 82, 114, 118, 148, 155, 165
1,3-Diphosphoglycerinsäure 90, 115, 140, 146, 154
Dipolkräfte 23
Dissoziation 8
Disulfidbrücke 32, 33, 45
DNA s. Desoxyribonucleinsäure
DNA-Polymerase 195
DNA-Synthese 184, 191–195
Doppelhelix 67, 70
Doppelstrang der DNA 70

Eisen 53, 54
Eiweiß s. Protein
Elektronentransport 94–100
Endprodukthemmung 189, 217–221
Energie, chemische 77–80
–, freie 59, 60, 61, 63, 77–85
–, mechanische 77–80
–, potentielle 85
Energiebarriere bei Reaktionen 60, 61
Energiegewinn des Citratzyklus 125
– der Fettsäureoxydation 131
– der Glykolyse 118
Enolase 115
Enolphosphat 90
Enoyl-CoA 129
Entropie 63
Enzyme, allgemein 48, 57–66
–, Aktivität 60
–, –, Regulation 217–222
–, Wirkung 61–66
Enzymsynthese, Regulation 209–216
Erythrose-4-phosphat 138, 149
Escherichia coli 181, 209
Esterase 59

FAD s. Flavinadenin-dinucleotid
Faltblattstruktur 35, 44
Faltung der Peptidkette 40
Ferredoxin 143
Fette s. Lipide
Fettsäuren, langkettige 75, 128, 159, 163
Fettsäureoxydation 128–133
Fibrin 47
Fibrinogen 47
Fibroin 44
Flavinadenin-dinucleotid 96, 124, 130
Flavinmononucleotid 95
Flavoprotein 95, 96
FMN s. Flavinmononucleotid
Fructose 118
Fructose-1,6-diphosphat 8, 113, 114, 138, 148, 155
Fructose-1,6-diphosphatase 113, 138, 156
Fructose-6-phosphat 8, 81, 84, 113, 138, 156, 157
Fumarat 62, 124

Galactose 119
Gärung 111, 118, 133
Gaskonstante 80
Gen 182–184, 199
Genetik 178–184
Gleichgewichtskonstante 80, 89, 93
Glucose 112
Glucose-1-phosphat 113, 119, 152, 156, 157, 158
Glucose-6-phosphat 81, 84, 112, 119, 134, 140
Glucose-6-phosphatase 113, 119
Glucose-6-phosphat-Dehydrogenase 134
Glutamin 29, 186, 187
Glutaminsäure 29, 126, 166–169, 186, 187
Glycerin 75, 106, 118, 128, 164
Glycerinester 127 (s. auch Lipide)
Glycerophosphat 118, 164, 165
Glycin 28
Glykogen 12, 106, 110
–, Synthese 158, 159
Glykolyse 110–119, 133, 153, 220
Glykoproteine 75
Glykosidbindung 16, 18, 67
Gruppen, hydrophile 24, 25, 29, 70, 72
–, hydrophobe 23, 24, 28, 31, 38, 39, 50, 54, 58, 70, 76
–, ionisierte 31
–, prosthetische 40, 41, 85
GTP s. Guanosintriphosphat
Guanin 68
Guanosinmonophosphat 90
Guanosintriphosphat 124, 153, 207

Haare 44
Häm 53
Hämoglobin 41, 48, 52–57, 219
Harnstoff 58
Haut 44
Helix 34, 35, 44, 67
Hemmstoffe, kompetitive 62
Hexose 73
Hexosephosphat-Isomerase 113, 156
Hinreaktion 60
Histidin 29, 54, 209, 210
Histon 72
Hormone 48, 49, 221
Hunger 133
Hydrolyse von Bindungen 58, 63, 66
Hydroxyacyl-CoA 130
β-Hydroxybuttersäure 133

Immunproteine 48, 49
Induktion 212, 216
Induktor 212, 213

Information, genetische 71, 72, 178, 216
IMP s. Inosinsäure
Inosinsäure 187
Insertion 182
Insulin 49
Ionenbindung 22, 32
Isoalloxazin 99
Isocitrat-Dehydrogenase 123
Isocitronensäure 122, 123
Isoleucin 28, 173

Kalium 52
Katalysator 57–60
Kennlinie, sigmoide 55, 56
Keratin 44–46
Ketoacyl-CoA 129
α-Ketoglutarat 123, 126, 166–169
α-Ketoglutarat-Dehydrogenase 123
Ketonkörper 132, 133
β-Ketothiolase 130, 163, 174
Kinasen 119, 188
Kohlendioxid 137
–, Fixierung 141, 147
Kohlenhydrate s. Stärke, Glykogen, einzelne Monosaccharide
–, Abbau, Schema 107
–, Synthese, Schema 108
Kohlenmonoxid 54
α-Kohlenstoffatome 30
Kolloide 38
Kopplung, energetische 77, 78, 91

Lactat 7, 112, 117, 152, 153
Lactonase 134
Lactose 209, 210
Leucin 28, 205, 206
Lichtreaktion der Photosynthese 141–144
Lipide 75, 76, 106, s. auch Fettsäuren
Lipide, Abbau, Schema 107
–, Synthese 160–166
–, –, Schema 108
Liponsäure 121
Lysin 29, 58, 72, 170

Makromoleküle 15–26
Malat 124, 125
Malonat 62
Malonyl-CoA 161, 164
Matrize 195
Membran 49, 52, 75, 76
Membranlipide 75
Messenger-RNA 71, 72, 198 bis 200, 209, 213–216
–, Umsatz 215
Methionin 28, 170
Milchsäure s. Lactat
Mitochondrien 12, 76, 87
Molekularbiologie 178–222
Mononucleotide s. Nucleotide
Monosaccharide 16
m-RNA s. Messenger-RNA
Mucopolysaccharide 75
Muskeleiweiße 46
Muskelkontraktion 77
Mutanten, konstitutive 212
Mutation 56, 180–184
Mutterstrang der DNA 191–193
Myosin 46

NAD s. Nicotinamid-adenin-dinucleotid
NADP s. Nikotinamid-adenin-dinucleotid-phosphat
Nahrungsproteine 43
Natrium 52
Nicotinamid 95
Nicotinamid-adenin-dinucleotid (NAD) 7, 41, 91, 92, 95, 117, 125, 130, 153, 154
Nicotinamid-adenin-dinucleotid-phosphat (NADP) 7, 41, 91, 92, 95, 134, 136, 137, 140, 141, 143–145, 147, 155, 160, 162–164, 188

Nettosynthese 81
Nucleinsäuren 15, 19, 67–73
Nucleoproteide 72
Nucleotide 15, 19, 184–196

Operator-Gen 213
Orotidinphosphat 190
Orotsäure 189, 190
Oxalacetat 122, 125, 126, 130, 153, 169, 171
Oxalessigsäure s. Oxalacetat
Oxalsuccinat 123
α-Oxoglutarat s. α-Ketoglutarat
Oxydation 87, 93–103
β-Oxydation, Energieausbeute 100

Palmitinsäure 128
Pentose 16, 73
Pentosephosphat-Zyklus 133–140
Peptidbindung 15, 16, 31, 32
–, Hydrolyse 58
Peptidkette 15
pH 63
Phenylalanin 28
Phosphat, anorganisches 7, 8
Phosphatidsäure 165
Phosphodiester 16, 67
Phosphoenol-brenztraubensäure s. Phospho-enol-pyruvat
Phospho-enol-pyruvat 84, 90, 115, 153, 154
Phospho-enol-pyruvat-Carboxykinase 153
Phosphofructokinase 106, 113, 220, 221
6-Phosphogluconolacton 134
6-Phosphogluconsäure 134, 135
6-Phosphogluconsäure-Dehydrogenase 134
3-Phosphoglycerinaldehyd 82, 90, 114, 138, 139, 146–148, 154, 155
2-Phosphoglycerinsäure 116, 154
3-Phosphoglycerinsäure 116, 146, 154
Phosphoribosylamin 187
Phosphoribosylamin-pyrophosphat 187, 189
Phosphorylase 119, 221
Phosphorylierung, oxydative 89, 91, 92, 93, 94, 100–103
–, photosynthetische 89 (s. auch Substratkettenphosphorylierung)
Phosphorsäureanhydridbindung 88
Phosphoserin-Phosphatase 170, 180, 181
Photosynthese 85, 92, 137, 140–152
Pigmentsysteme der Photosynthese 142–144
Polysaccharide 16, 73
Porphyrine 41, 53, 54, 96, 97
Primärstruktur der Proteine 31
Primer 158
Prolin 29, 31, 170, 207
Promotor 213
Propionyl-CoA 174
Proteine, allgemein 26–40
–, elastische 44, 45
–, fibrilläre 32, 44
–, Funktion 42–66
–, globuläre 32
–, kollagene 44–45
–, Struktur 32–38, 42
–, Synthese 197–207
–, –, Regulation 210–216
Protonen 63
Prozesse, endergone 87
–, exergone 87
Puffer 56
Purinbasen 15, 67, 68, 186–188
–, Synthese 186–188
Pyridoxal-phosphat 41, 168
Pyridoxin 41, 168

Pyrimidinbasen 15, 67, 68, 188–190, 218
Pyrimidin, Synthese 188–190
Pyrophosphat 8, 90, 129, 158, 194, 195, 200
Pyrophosphatase 129
Pyrophosphorylase 158
Pyruvat 8, 84, 116, 117, 120, 152, 153, 169, 172
Pyruvatcarboxylase 127
Pyruvatdehydrogenase 120
Pyruvatkinase 115

Quartärstruktur 36, 38, 56, 73

Reaktionen, endergone 87
–, exergone 87
–, irreversible 84, 218
–, reversible 84, 218
Reaktionsbarriere 60, 64, 78
Reduplikation, identische 67
Regulation des Stoffwechsels 208–222 (s. bei Stoffwechselwegen)
Repression 213
Repressor-Gen 213
Reproduktion 67
Reticulum, endoplasmatisches 76
Riboflavin 41, 96, 99
Ribonucleinsäure 67, 68, 71–73 (s. auch Messenger- und Transfer-RNA)
–, Synthese 184, 195, 196
Ribose 67, 68, 136
Ribose-5-phosphat 135, 187
Ribosom 12, 72, 197–208, 209
Ribosomen-RNA 72, 197–208
Ribulose-1,5-diphosphat 83, 88, 146, 147
Ribulose-5-phosphat 83, 88, 135, 140
RNA s. Ribonucleinsäure
RNA-Polymerase 195, 198, 199, 213

Salmonella typhimurium 181
Sauerstoff und Hämoglobin 52–57
Sedoheptulose-7-phosphat 138, 149
Seide 44
Sekundärstruktur der Proteine 35
Sequenzen der Aminosäuren 20
– der Nucleotide 20, 70
Serin 29, 170, 180
Sigmoidizität s. Kennlinie
Stärke 74, 110
Stearinsäure 128
Steroidbiosynthese 122
Stoffwechsel, intermediärer 77, 103–110
–, Regulation 208–222
Stoffwechselwege 107
Strukturproteine 44–46, 47
Substratbindung an Enzyme 63
Substratkettenphosphorylierung 89, 115
Succinat 62, 124, 130
Succinat-Dehydrogenase 124
Succinyl-CoA 123, 175

Tertiärstruktur von Proteinen 32, 38, 49, 67
Tetramer 56
Thermodynamik von Reaktionen 60, 63, 77–85
Thiaminpyrophosphat 41, 120
Thioester 90, 124, 161 (s. auch Coenzym A)
Thiokinase 129, 163
Thiolase s. β-Ketothiolase
Threonin 29, 170, 205
Thymidylsäure 191
Thymin 68
Tochterstrang der DNA 191 bis 193
Transaldolase 137, 138, 140
Transaminase 168
Transaminierung 167–172

Transfer-RNA 72, 200–202
Transcription 195, 213–215
–, Regulation 213–215
Translation 71, 202, 203
–, Regulation 216
Tricarbonsäurezyklus
s. Citronensäurezyklus
Triglyceride 128, 165
Triosephosphate 114
Triosephosphat-Dehydrogenase 114, 146
Triosephosphat-Isomere 114, 148, 155
t-RNA s. Transfer-RNA
Trypsin 58, 62
Tryptophan 28
Tyrosin 28, 207

Ubichinon 98, 99
UDP s. Uridindiphosphat
UDP-Glucose 158, 176
UMP s. Uridinmonophosphat
Untereinheiten von Proteinen 38
Uracil 68
Urease 58
Uridindiphosphat 157, 158
Uridinmonophosphat 190
Uridintriphosphat 157, 158
UTP s. Uridintriphosphat

Valin 28, 175
Verbindungen, energiereiche 86–93
Verdauungsenzyme 58
Vernetzungen 18, 32, 73
Virus-RNA 71, 73
Vitamin B_1 41
Vitamin B_2 41
Vitamin B_6 41
Vitamin H 41

Wasser 22, 24
Wasserstoffbrücke 22, 23, 32, 35, 44, 47, 67, 202
Wasserstoffperoxid 58
Wertigkeit, biologische von Proteinen 172
Wildtyp von Bakterien 180, 209
Wirkungsgrad, energetischer 93

Xylulose-5-phosphat 135, 138, 149

Zelle 12
Zentrum, aktives von Enzymen 25
Zucker s. Glucose, Monosaccharide

FSC
www.fsc.org
MIX
Papier | Fördert
gute Waldnutzung
FSC® C083411

Zeitfracht Medien GmbH
Ferdinand-Jühlke-Straße 7
99095 Erfurt, Deutschland
produktsicherheit@kolibri360.de